高等院校计算机教育系列教材

数据结构与算法——C++实现

吴克力　主编

清华大学出版社
北　京

内 容 简 介

本书主要介绍数据结构与算法的编程实现，内容包括线性表、栈和队列、数组、树和二叉树、图等基础数据结构，以及查找与排序等相关技术。全书分 7 章，共 57 个例程，涵盖了数据结构中主要算法的实现，包括 KMP、Prim、Kruskal、Dijkstra、Folyd、拓扑排序、关键路径和 Shell 排序等算法，以及哈夫曼树、七巧板涂色和荷兰国旗等著名问题的实现。

书中程序用 C++语言编写，Visual C++ 2010 平台调试通过，分为 Windows 控制台程序和窗体程序两类，其中窗体程序界面部分用 C++/CLI 语言实现。

本书用结构完整的程序讲授数据结构与算法的实现，适合初学者研习与借鉴，可作为普通高等院校应用型本科相关专业数据结构课程的辅助教材，也可作为编程开发人员的培训或自学用书。

本书封面贴有清华大学出版社防伪标签，无标签者不得销售。
版权所有，侵权必究。举报: 010-62782989, beiqinquan@tup.tsinghua.edu.cn。

图书在版编目(CIP)数据

数据结构与算法——C++实现/吴克力主编. —北京: 清华大学出版社，2021.1（2022.7 重印）
高等院校计算机教育系列教材
ISBN 978-7-302-57304-3

Ⅰ. ①数… Ⅱ. ①吴… Ⅲ. ①数据结构—高等学校—教材 ②算法分析—高等学校—教材 ③C++语言—程序设计—高等学校—教材 Ⅳ. ① TP311.12 ②TP312.8

中国版本图书馆 CIP 数据核字(2021)第 005905 号

责任编辑:	章忆文　杨作梅
封面设计:	李　坤
责任校对:	吴春华
责任印制:	丛怀宇
出版发行:	清华大学出版社
网　址:	http://www.tup.com.cn, http://www.wqbook.com
地　址:	北京清华大学学研大厦 A 座　　**邮　编:** 100084
社 总 机:	010-83470000　　**邮　购:** 010-62786544
投稿与读者服务:	010-62776969, c-service@tup.tsinghua.edu.cn
质量反馈:	010-62772015, zhiliang@tup.tsinghua.edu.cn
课件下载:	http://www.tup.com.cn, 010-62791865
印 装 者:	北京国马印刷厂
经　销:	全国新华书店
开　本:	185mm×260mm　　**印　张:** 20.25　　**字　数:** 492 千字
版　次:	2021 年 1 月第 1 版　　**印　次:** 2022 年 7 月第 2 次印刷
定　价:	58.00 元

产品编号: 089835-01

前　言

　　数据结构是计算机及相关专业的核心课程，目前的教材普遍采用 C++模板描述数据结构中的算法。数据结构又是一门理论与实践并重的课程，编程实现各种数据结构与算法，无疑是提升教学效果的有效途径之一。由于数据结构课程通常在大学二年级开设，学生的软件设计能力较弱，学生普遍反映算法实现困难。

　　本书为初学者学习编写数据结构与算法程序而著，没有过多地讨论常规教材中已有的基本概念与基础理论，旨在使本书成为一本用于编程参考的工具书。

　　本书采用标准 C++ 98 的模板技术实现算法，编程平台是 Visual C++ 2010，其中控制台程序用本地 C++编程，窗体程序用本地 C++与 C++/CLI 混合方式编程，C++/CLI 主要用于窗体界面的设计。所有程序均在 Windows 10 系统中调试通过。

　　全书共 7 章，内容依次为线性表、栈和队列、字符串和多维数组、树和二叉树、图、查找、排序。书中共有例程 57 个，其中控制台程序 21 个，窗体程序 36 个，部分窗体程序可用于教学演示。具体章节的组织与内容如下。

　　第 1 章介绍了顺序表、单链表、循环双链表和静态链表类模板及相关算法的设计与实现，此外还设计了单链表窗体演示程序和一元多项式求和应用程序。

　　第 2 章介绍了顺序栈、链栈、循环队列和链队列类模板的设计与实现。顺序栈窗体演示程序和循环队列窗体演示程序可用于教学演示。进制转换和舞伴配对问题分别介绍了栈与队列的应用。

　　第 3 章首先介绍了 BF 模式匹配算法和 KMP 模式匹配算法的实现。其次介绍了对称矩阵的压缩存储、三元组表法和十字链表法进行矩阵压缩存储的实现，其中十字链表法为窗体程序，可用于教学演示。最后介绍了奇数阶幻方矩阵的实现。

　　第 4 章介绍了二叉树用顺序存储和链表存储结构实现的类模板，此外还给出了用于教学演示的窗体程序。在线索二叉树一节，介绍了中序线索二叉树的实现。此外，还介绍了二叉树遍历的非递归算法以及哈夫曼树的实现。

　　第 5 章介绍了图的邻接矩阵、邻接表和十字链表存储结构，以及深度优先遍历和广度优先遍历算法的实现。用 C#语言设计了顶点与边的自定义控件，供窗体程序引用。图中一些重要的算法均用窗体程序给予了实现，包括 Prim 算法、Kruskal 算法、Dijkstra 算法、Folyd 算法、拓扑排序算法和关键路径算法。最后介绍了七巧板涂色问题的实现。

　　第 6 章介绍了顺序、折半、二叉排序树和散列表等查找算法的实现，其中折半查找、树表查找、平衡二叉排序树调整、闭散列表和开散列表查找等窗体程序可用于教学演示。最后介绍了 MD5 散列算法在密码保护上的应用。

第 7 章介绍了插入、交换、选择、归并和分配几大类排序算法的实现，所有程序均为窗体程序，可用于教学演示。实现的算法有直接插入排序、希尔排序、冒泡排序、快速排序、简单选择排序、堆排序、二路归并排序、桶排序和基数排序等。最后介绍了荷兰国旗问题的实现。

  书中例程绝大多数源自作者从事数据结构课程教学的积累。教材编写力求简明易懂，并为关键部分代码加了注释。书中源代码均可从清华大学出版社官网下载。

  限于作者水平，书中不足之处在所难免，敬请读者批评指正。

编 者

目　　录

第 1 章　线性表 1

 1.1　线性表抽象类的定义 2
 1.2　顺序表类模板 2
 1.3　单链表 6
  1.3.1　单链表类模板 6
  1.3.2　单链表窗体演示程序 10
 1.4　循环双链表类模板 14
 1.5　静态链表类模板 20
 1.6　一元多项式求和 24
 习题 27

第 2 章　栈和队列 33

 2.1　栈抽象类的定义 34
 2.2　顺序栈 34
  2.2.1　顺序栈类模板 34
  2.2.2　顺序栈窗体演示程序 37
 2.3　链栈类模板 40
 2.4　进制转换 42
 2.5　队列抽象类的定义 45
 2.6　循环队列 46
  2.6.1　循环队列类模板 46
  2.6.2　循环队列窗体演示程序 48
 2.7　链队列类模板 52
 2.8　舞伴配对问题 55
 习题 57

第 3 章　字符串和多维数组 63

 3.1　BF 模式匹配算法 64
 3.2　KMP 模式匹配算法 67

  3.2.1　next 数组求解窗体程序 67
  3.2.2　KMP 算法的实现 71
 3.3　特殊矩阵的存储 72
  3.3.1　对称矩阵的压缩存储 72
  3.3.2　三元组表法存储稀疏矩阵 75
  3.3.3　十字链表法存储稀疏矩阵 80
 3.4　奇数阶幻方矩阵 89
 习题 92

第 4 章　树和二叉树 95

 4.1　树抽象类的定义 96
 4.2　二叉树的顺序存储结构 96
  4.2.1　二叉树顺序存储控制台
     程序 96
  4.2.2　二叉树顺序存储窗体
     演示程序 100
 4.3　二叉树的链式存储结构 103
  4.3.1　二叉树链式存储控制台
     程序 103
  4.3.2　二叉树链式存储窗体
     演示程序 108
 4.4　线索二叉树 116
 4.5　二叉树遍历的非递归算法 120
 4.6　哈夫曼树 123
 习题 129

第 5 章　图 133

 5.1　图的存储结构 134
  5.1.1　邻接矩阵存储结构 134

5.1.2 邻接表存储结构 138
　　5.1.3 十字链表存储结构 157
5.2 图的遍历 170
　　5.2.1 深度优先遍历算法实现 171
　　5.2.2 广度优先遍历算法实现 172
5.3 最小生成树 174
　　5.3.1 Prim 算法实现 175
　　5.3.2 Kruskal 算法实现 186
5.4 最短路径 188
　　5.4.1 Dijkstra 算法实现 189
　　5.4.2 Folyd 算法实现 200
5.5 有向无环图及其应用 202
　　5.5.1 拓扑排序算法实现 202
　　5.5.2 关键路径算法实现 209
5.6 七巧板涂色问题 213
习题 218

第 6 章 查找 225
6.1 线性表的查找 226
　　6.1.1 顺序查找算法实现 226
　　6.1.2 折半查找算法实现 230
6.2 树表的查找 234
　　6.2.1 二叉排序树查找算法实现 234
　　6.2.2 平衡二叉排序树调整算法
　　　　　实现 242

6.3 散列表的查找 250
　　6.3.1 闭散列表查找算法实现 250
　　6.3.2 开散列表查找算法实现 255
6.4 MD5 散列算法 259
习题 262

第 7 章 排序 265
7.1 插入排序 266
　　7.1.1 直接插入排序算法实现 266
　　7.1.2 希尔排序算法实现 271
7.2 交换排序 275
　　7.2.1 冒泡排序算法实现 275
　　7.2.2 快速排序算法实现 280
7.3 选择排序 285
　　7.3.1 简单选择排序算法实现 285
　　7.3.2 堆排序算法实现 290
7.4 二路归并排序算法实现 293
7.5 分配排序 296
　　7.5.1 桶排序算法实现 296
　　7.5.2 基数排序算法实现 303
7.6 荷兰国旗问题 310
习题 315

参考文献 318

第 1 章
线 性 表

线性表是一种最简单、最基本、最重要的数据结构。线性表应用广泛，是非线性数据结构树与图的基础。掌握线性表的存储方法、算法设计与实现技术，是学好数据结构课程的基础。

本章学习要点

本章介绍了线性表的基本概念和存储方法，重点讲解了顺序表、单链表、循环双链表和静态链表的实现方法，最后给出了线性表应用示例。1.1 节给出了线性表抽象类模板的定义，其中列出了线性表的基本操作，它是顺序表、单链表等类模板的基类。1.2 节介绍了顺序表的设计方法，顺序表的插入与删除算法需要重点掌握。1.3 节首先介绍了线性表的链接式存储方法，给出了单链表的实现代码。其次，设计了单链表窗体演示程序，用图形方式展示了单链表的结构。链表中插入与删除元素是难点，需要强化练习。1.4 节介绍了循环双链表的实现。双链表中插入与删除元素较单链表更加复杂。1.5 节静态链表是用顺序存储方式模拟链接式存储，其插入与删除元素的实现方法与链表有本质的区别。1.6 节介绍了应用单链表实现一元多项式求和的方法。

1.1 线性表抽象类的定义

线性表是由具有相同类型的数据元素组成的有序序列。元素之间为序偶关系，第一个元素没有前驱，最后一个元素没有后继，其他元素有且仅有一个前驱和后继。

在 C++中，可以用含有纯虚函数的抽象类定义线性表抽象数据类型。抽象类不能用于对象的声明，通常作为其他类的基类。线性表抽象类中仅声明了线性表的基本操作，但没有实现，实现在派生类中完成。用 C++的模板定义线性表抽象类 List 的程序如下：

```cpp
//文件名：List.h
#ifndef LIST_H
#define LIST_H
template <typename T>
class List{                                //定义线性表抽象类
public:
    virtual void InitList()=0;             //表初始化
    virtual void DestroyList()=0;          //销毁表
    virtual int Length()=0;                //求表长
    virtual T Get(int i)=0;                //取表中元素
    virtual int Locate(T & x)=0;           //元素查找
    virtual void Insert(int i,T x)=0;      //插入新元素
    virtual T Delete(int i)=0;             //删除元素
    virtual bool Empty()=0;                //判断表是否为空
    virtual bool Full()=0;                 //判断表是否为满
};
#endif
```

程序说明：

(1) List 类中的函数均为纯虚函数，所以它是抽象类，无成员函数的实现代码。

(2) List 类是顺序表、链表等类的基类，派生类中需要实现基类中的纯虚函数，否则派生类也是抽象类，无法定义对象。

1.2 顺序表类模板

顺序表是一种采用顺序存储结构保存数据元素的线性表。在 C++中，用数组数据类型描述顺序存储结构。本节设计的 SeqList 顺序表类模板的存储结构如图 1-1 所示。

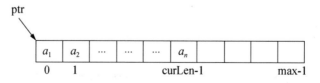

图 1-1 顺序表存储结构示意图

顺序表类模板定义如下：

```cpp
//文件名：SeqList.h
#ifndef SEQLIST_H
#define SEQLIST_H
#include <iostream>
#include "List.h"                              //导入1.1节 List.h 文件
using namespace std;
template <typename T>
class SeqList : public List <T>{               //List 抽象类派生 SeqList 类
    template <typename T>
    friend ostream & operator<<(ostream & os,const SeqList <T> & sl);
public:
    SeqList(int=20);
    SeqList(T ary[],int n,int max);
    SeqList(const SeqList & s){
        max=s.max;
        ptr=new T[max];
        curLen=s.curLen;
        for(int i=0;i<curLen;i++)
            ptr[i]=s.ptr[i];
    }
    ~SeqList();
    virtual void InitList(){curLen=0;}         //表初始化
    virtual void DestroyList(){delete [] ptr;} //销毁表
    virtual int Length(){return curLen;}       //求表长
    virtual T Get(int i);                      //取表中元素
    virtual int Locate(T & x);                 //元素查找
    virtual void Insert(int i,T x);            //插入新元素
    virtual T Delete(int i);                   //删除元素
    virtual bool Empty(){return curLen==0;}    //判断表是否为空
    virtual bool Full(){return curLen==max;}   //判断表是否为满
    SeqList <T>& operator=(SeqList <T> & s);   //赋值运算符重载函数
private:
    int max;                                   //顺序表所存储元素的最大值
    T * ptr;                                   //指向自由存储区中创建的顺序表
    int curLen;                                //顺序表中的元素个数
};
template <typename T>
SeqList <T>::SeqList(int m){
    max=m;
    ptr=new T[max];                            //申请堆空间
    InitList();
}
template <typename T>
SeqList<T>::SeqList(T ary[],int n,int max){
    this->max=max;
    curLen=0;
    ptr=new T[max];
    while(curLen<n){                           //复制 ary 中数据元素
        ptr[curLen]=ary[curLen];
```

```cpp
            curLen++;
        }
    }
    template <typename T>
    SeqList<T>::~SeqList(){
        DestroyList();                              //调用销毁表函数
    }
    template <typename T>
    T SeqList<T>::Get(int i){
        if (i>=1 && i<=curLen)
            return ptr[i-1];
        else
            throw "元素位置错误！";                 //抛出异常
    }
    template <typename T>
    int SeqList<T>::Locate(T & x){
        for (int i=0;i<curLen; i++)
            if (ptr[i]==x)
                return i+1;                         //位置从1开始计数
        return 0;                                   //没有找到返回0
    }
    template <typename T>
    void SeqList<T>::Insert(int i,T x){
        if(Full())
            throw "上溢";
        if(i<1 || i>curLen+1)
            throw "插入位置错误！";
        for(int j=curLen;j>=i;j--)
            ptr[j]=ptr[j-1];
        ptr[i-1]=x;
        curLen++;
    }
    template <typename T>
    T SeqList<T>::Delete(int i){
        T x;
        if(Empty())
            throw "空表";
        if(i<1 || i>curLen)
            throw "删除位置错误！";
        x=ptr[i-1];
        for(int j=i-1;j<curLen-1;j++)
            ptr[j]=ptr[j+1];
        curLen--;
        return x;
    }
    template <typename T>
    ostream & operator<<(ostream & os,const SeqList<T> & sl){
        for(int i=0;i<sl.curLen;i++)
            os<<sl.ptr[i]<<", ";
        return os;
```

```cpp
}
template <typename T>
SeqList<T>& SeqList<T>::operator=(SeqList<T> & s){
    max=s.max;
    curLen=s.curLen;
    delete [] ptr;                              //释放原有空间
    ptr=new T[max];                             //申请新的空间
    for(int i=0;i<curLen;i++)
        ptr[i]=s.ptr[i];
    return *this;
}
#endif
```

顺序表类模板测试模块代码如下：

```cpp
//文件名：testCh1_2.cpp
#include<iostream>
#include"SeqList.h"
#include<ctime>
using namespace std;
int main(){
    SeqList<int> linkList;   //用 int 类型实例化 SeqList 类模板得到模板类 SeqList<int>
    int x,i=0;
    srand((unsigned)time(NULL));
    while(i<10){                //在 linkList 中插入 10 个互不相同的整数
        x=rand()%100;
        if(linkList.Locate(x)==0)
            linkList.Insert(++i,x);
    }
    cout<<"顺序表中元素：\t\t\t"<<linkList<<endl;
    linkList.Insert(5,x=10);
    cout<<"在第 5 个元素之前插入 10 的结果：\t"<<linkList<<endl;
    linkList.Delete(8);
    cout<<"删除第 8 个元素之后的结果：\t"<<linkList<<endl;
    return 0;
}
```

运行结果：

```
顺序表中元素：                18, 62, 45, 23, 34, 19, 55, 14, 20, 58,
在第 5 个元素之前插入 10 的结果：  18, 62, 45, 23, 10, 34, 19, 55, 14, 20, 58,
删除第 8 个元素之后的结果：     18, 62, 45, 23, 10, 34, 19, 14, 20, 58,
```

程序说明：

(1) 在 SeqList 类中，顺序存储结构使用了动态数组，数组的长度可根据应用的需求而变化，具有较强的灵活性。T * ptr 指针指向从自由存储区分配的数组，max 保存了申请空间的大小，curLen 记录了顺序表中当前元素个数。

(2) 在拷贝构造函数和赋值运算符重载函数中，需要先释放原有存储空间，再申请与被拷贝对象或赋值对象等长的新空间，并复制相应的数据元素。

1.3 单　链　表

单链表使用的存储结构是基于指针的链接式存储。相比于顺序表，链表具有表长度无须预估，插入和删除操作效率高的优点。

1.3.1 单链表类模板

本节设计的 LinkList 链表类模板的存储结构如图 1-2 所示。

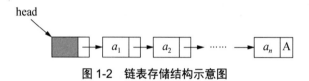

图 1-2　链表存储结构示意图

链表类模板定义如下：

```cpp
//文件名：LinkList.h
#ifndef LINKLIST_H
#define LINKLIST_H
#include "List.h"                     //导入1.1节List.h文件
#include <iostream>
using namespace std;
template <typename T>
struct Node{                          //定义链表结点结构体
    T data;
    Node<T> * next;
};
template<typename T>
class LinkList : public List<T>{      //定义链表类
    template<typename T>
    friend ostream & operator<<(ostream &,LinkList<T> &);
public:
    LinkList(){    InitList();}
    LinkList(T a[],int n);            //建立含n个元素的单链表
    ~LinkList(){ DestroyList();}
    virtual void InitList();          //表初始化
    virtual void DestroyList();       //销毁表
    virtual int Length();             //求表长
    virtual T Get(int i);             //取表中元素
    virtual int Locate(T & x);        //元素查找
    virtual void Insert(int i,T x);   //插入新元素
    virtual T Delete(int i);          //删除元素
    virtual bool Empty();             //判断表是否为空
    virtual bool Full();              //判断表是否满
private:
    Node<T> * head;                   //指向头结点指针
```

```
};
template<typename T>
LinkList<T>::LinkList(T a[],int n){
    InitList();
    Node<T> * p=head,* s;
    for(int i=0;i<n;i++){
        s=new Node<T>;           //S 指向新生成的结点
        s->data=a[i];
        s->next=p->next;
        p->next=s;               //链接到链表尾部
        p=s;                     //p 指向尾结点
    }
}
template<typename T>
void LinkList<T>::InitList(){
    head=new Node<T>;            //生成头结点
    head->next=NULL;             //next 域为零
}
template<typename T>
void LinkList<T>::DestroyList(){
    Node<T> * p=head,* q;
    while(p){
        q=p;
        p=p->next;
        delete q;                //释放链表中结点
    }
}
template<typename T>
int LinkList<T>::Length(){
    int num=0;
    Node<T> * p=head->next;
    while(p){
        num++;
        p=p->next;               //指针后移
    }
    return num;
}
template<typename T>
T LinkList<T>::Get(int i){
    Node<T> * p=head;
    int k=0;
    if(i<=0 || i>Length())
        throw "查询元素位置错误！";
    while(p){
        if(k==i)
            return p->data;      //返回第 i 个结点元素
        p=p->next;
        k++;
    }
}
template<typename T>
```

```cpp
    int LinkList<T>::Locate(T & x){
        Node<T> * p=head;
        int l=0;
        while(p && p->data!=x){
            p=p->next;
            l++;
        }
        return p?l:0;              //p!=NULL,返回l,否则,返回0
    }
    template<typename T>
    void LinkList<T>::Insert(int i,T x){
        Node<T> * p=head,* s;
        if(i<=0 || i>Length()+1)
            throw "元素插入位置错误!";
        for(int j=0;j<i-1;j++)     //p后移,指向第i-1号结点
            p=p->next;
        s=new Node<T>;             //生成新结点
        s->data=x;                 //先填s中的data和next域
        s->next=p->next;
        p->next=s;                 //插入到p所指结点的后面
    }
    template<typename T>
    T LinkList<T>::Delete(int i){
        Node<T> * p=head,* q;
        T tmp;
        if(i<=0 || i>Length())
            throw "元素删除位置错误!";
        for(int j=0;j<i;j++){      //q紧随p指针后移动
            q=p;
            p=p->next;
        }
        tmp=p->data;               //保存被删除结点值
        q->next=p->next;           //先链接p所指结点的前后结点
        delete p;                  //再删除p所指结点
        return tmp;
    }
    template<typename T>
    bool LinkList<T>::Empty(){
        return head->next==NULL;
    }
    template<typename T>
    bool LinkList<T>::Full(){
        return false;              //假设自由存储空间不会满,读者可考虑添加测试代码
    }
    template<typename T>
    ostream & operator<<(ostream & os,LinkList<T> & l){
        Node<T> * p=l.head->next;
        while(p){
            os<<p->data<<"\n";
            p=p->next;
```

```
    }
    return os;
}
#endif
```

编写一个 Student 类用于链表类的测试。代码如下：

```
//文件名：Student.h
#ifndef STUDENT_H
#define STUDENT_H
#include<iostream>
#include<string>
using namespace std;
class Student{
    friend istream & operator>>(istream &,Student &);
    friend ostream & operator<<(ostream &,const Student &);
public:
    Student(string="",string="",double =0.0);
    bool operator!=(Student & s){                //!=运算符重载函数
        return this->stuNo!=s.stuNo;
    }
    friend bool operator>(Student & s1,Student & s2){
        return s1.stuNo>s2.stuNo;
    }
private:
    string stuNo;
    string stuName;
    double score;
};
Student::Student(string sNo,string sName,double sc):score(sc){
    stuNo=sNo;
    stuName=sName;
}
istream & operator>>(istream & is,Student & stu){
    cout<<"学号："; is>>stu.stuNo;
    cout<<"姓名："; is>>stu.stuName;
    cout<<"成绩："; is>>stu.score;
    return is;
}
ostream & operator<<(ostream & os,const Student & stu){
    os<<"学号："<<stu.stuNo<<"\t 姓名："<<stu.stuName<<"\t 成绩："
<<stu.score;
    return os;
}
#endif
```

链表类模板测试主函数如下：

```
//文件名：testCh1_3.cpp
#include<iostream>
#include"LinkList.h"
#include"Student.h"
```

```
using namespace std;
int main(){
    LinkList<Student> stuList;          //Student 类实例化 LinkList 类模板
    Student x;
    string s,t;
    cout<<"插入 3 个学生信息: ";
    for(int i=1;i<=3;i++){
        s.clear();
        t=char(48+i);
        s.append("第").append(t).append("个学生");
        cout<<s;
        cin>>x;
        stuList.Insert(i,x);
    }
    cout<<stuList<<endl;
    return 0;
}
```

运行结果：

插入 3 个学生信息: 第 1 个学生学号: 1001✓
姓名: 张三✓
成绩: 267✓
第 2 个学生学号: 1002✓
姓名: 李四✓
成绩: 285✓
第 3 个学生学号: 1003✓
姓名: 王五✓
成绩: 294✓
学号: 1001 姓名: 张三 成绩: 267
学号: 1002 姓名: 李四 成绩: 285
学号: 1003 姓名: 王五 成绩: 294

程序说明：

(1) Student 类中运算符!=和>必须重载。如果缺少它们，程序编译时会报告错误。原因是 LinkList 类模板中用上述运算符进行了逻辑或比较运算，用户在自定义的类中需要设计相应的运算符重载函数为类模板提供支持。

(2) LinkList 类中没有设计拷贝构造函数和赋值运算符重载函数，建议读者给予实现。

1.3.2 单链表窗体演示程序

Visual C++ 2010 支持基于.NET 平台的 Windows 窗体应用程序设计。与 VB 类似，在.NET 平台上开发窗体应用程序使用快速应用设计(RAD)技术，窗体界面中的输入框、按钮、列表框等各种控件从工具箱中拖放即可。.NET 平台上的 C++不同于 ISO 标准 C++，它是微软公司专门针对.NET 平台设计的，称为 C++/CLI。有关窗体应用程序设计的基础知识见参考文献[2]。

单链表窗体程序将用图形方式直观地演示上节设计的 LinkList 类的存储结构和算法执行结果。程序运行界面如图 1-3 所示。

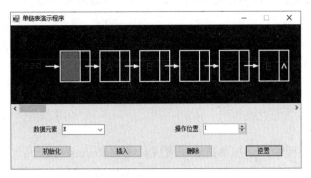

图 1-3　单链表窗体演示程序界面

下面介绍单链表窗体演示程序的设计过程。主要步骤和代码如下。

（1）创建单链表窗体应用程序项目。在菜单栏选择"文件"|"新建"|"项目"命令，从弹出的"新建项目"对话框中选择"Visual C++"模板，再选择"Windows 窗体应用程序"，输入项目名称，单击"确定"按钮。

从 1.3.1 节的项目中复制 List.h 和 LinkList.h 文件到本项目文件夹中，在"解决方案资源管理器"中，使用添加现有项功能将两个文件添加到头文件夹下。

（2）窗体界面设计。根据表 1-1，从工具箱拖曳控件并设置控件属性和响应事件。

表 1-1　单链表窗体应用程序控件与属性设置

控件	名称	属性设置	响应事件	备注
Form	Form1	Text=单链表演示程序		
PictureBox	pictureBox1	BackColor=Black ,Location=0,0 Size=5000,170	Paint	
HScrollBar	hScrollBar1		ValueChanged	
Button	button1	Text=初始化	Click	
	button2	Text=插入		
	button3	Text=删除		
	button4	Text=逆置		
Label	label1	Text=数据元素		
	label2	Text=操作位置		
ComboBox	comboBox1	Items="A",…,"Z", Text=A		注 1
NumericUpDown	numericUpDown1	MinimumSize=1		

注 1：comboBox1 中的 Items 值通过单击右边的"…"按钮，在弹出的对话框中直接输入。

（3）创建单链表对象。在单链表窗体演示程序中应用 LinkList 类模板的方法如下。

① 包含 LinkList.h 文件。打开 Form1.h 代码文件，在#pragma once 的下一行输入 #include "LinkList.h"。

② 创建单链表对象。在 Form1.h 文件的 using namespace 引用命名空间代码段之

后，输入语句 LinkList<char> myList;，创建数据元素为字符的单链表对象 myList。

在 LinkList 类模板中，为满足单链表的绘制，添加判断结点指针域 next 的值是否为空的成员函数 GetNext。

```cpp
bool GetNext(int i){                    //判断第 i 个结点的 next 域是否为 NULL
    Node<T> * p=head;
    for(int j=0;j<i;j++)
        p=p->next;
    return !p->next;
}
```

在 LinkList 类模板中，添加单链表逆置成员函数 Reverse()如下：

```cpp
void Reverse(){                              //单链表逆置成员函数
    Node<T> * p=head->next->next;            //初始指向第 2 个结点，其后沿链表后移，直到最后一个结点
    Node<T> * front=head->next;              //指向 p 的前驱结点，跟随 p 移动
    Node<T> * tail=head->next;               //记录逆置前链表的第 1 个结点
    Node<T> * tmp;                           //暂存 p->next 的值
    while(p!=NULL){
        tmp=p->next;                         //先保存 p 后继结点的位置
        p->next=front;                       //p->next 指向 p 的前驱结点
        front=p;                             //front 后移
        p=tmp;                               //p 指向其后继结点
    }
    head->next = front;                      //head 指向原链表的最后一个结点
    tail->next=NULL;                         //逆置前链表第 1 个结点的 next 域为 NULL
}
```

（4）编写窗体程序功能函数。选中窗体中的控件，依据表 1-1 所列的响应事件为各控件添加代码：

```cpp
System::Void pictureBox1_Paint(System::Object^ sender,
System::Windows::Forms::PaintEventArgs^ e) {
    //绘制单链表图形
    String ^ str;
    e->Graphics->Clear(Color::Black);
    e->Graphics->DrawString("head",gcnew System::Drawing::Font("Arial", 16),
        gcnew System::Drawing::SolidBrush(System::Drawing::Color::Red),10.0,65.0);
    Node_Paint(e,1,"",myList.GetNext(0));            //绘头结点
    for(int i=1;i<=myList.Length();i++){
        str=Convert::ToChar(myList.Get(i))+"";
        Node_Paint(e,i+1,str,myList.GetNext(i));     //绘结点
    }
}
void Node_Paint(System::Windows::Forms::PaintEventArgs^ e,int x,String ^ s,bool isEnd){
    //自定义函数，功能是在 pictureBox1 中绘制结点图形
        e->Graphics->DrawRectangle(gcnew Pen(Color::White,2),20+x*80,50,40,60);
        if(x==1)
            e->Graphics->FillRectangle(gcnew SolidBrush(Color::Gray),22+
                x*80,52,36,56);
        e->Graphics->DrawRectangle(gcnew Pen(Color::White,2),20+x* 80+40,50,20,60);
```

```
            e->Graphics->DrawString(s,gcnew System::Drawing::Font("Arial", 16),
                gcnew SolidBrush(System::Drawing::Color::Red),28.0+x*80,70.0);
            Pen ^ p=gcnew Pen(Color::White,2);    //定义白色笔画线
            p->CustomEndCap = gcnew Drawing2D::AdjustableArrowCap(4, 6);
                //样式为箭头
                e->Graphics->DrawLine(p,-10+x*80,80,20+x*80,80);
                if(isEnd)                   //尾结点用小三角形表示空指针
                    e->Graphics->DrawString("^",gcnew Drawing::Font("Arial", 20),
                        gcnew SolidBrush(Color::White),60.0+x*80,70.0);
}
System::Void button1_Click(System::Object^  sender, System::EventArgs^  e) {
    //初始化单链表
    myList.DestroyList();
    myList.InitList();
    pictureBox1->Refresh();                   //刷新图形
}
System::Void button2_Click(System::Object^  sender, System::EventArgs^  e) {
    //插入结点
    char ch=(char)comboBox1->Text->ToCharArray()[0];    //待插入字符
    int loc=(int)this->numericUpDown1->Value;           //插入位置
    try{
        myList.Insert(loc,ch);
    }catch(char * s){                    //捕获插入异常，弹出错误提示消息框
        MessageBox::Show(Marshal::PtrToStringAnsi((IntPtr)s),
            "错误提示",MessageBoxButtons::OK,MessageBoxIcon::Warning);
    }
    pictureBox1->Refresh();
}
System::Void button3_Click(System::Object^  sender, System::EventArgs^  e) {
    //删除结点
    int loc=(int)this->numericUpDown1->Value;
    try{
        myList.Delete(loc);
    }catch(char * s){                    //捕获删除异常，弹出错误提示消息框
        MessageBox::Show(Marshal::PtrToStringAnsi((IntPtr)s),
            "错误提示",MessageBoxButtons::OK,MessageBoxIcon::Warning);
    }
    pictureBox1->Refresh();
}
private: System::Void button4_Click(System::Object^  sender, System::EventArgs^  e) {
    //单链表逆置
    myList.Reverse();
    pictureBox1->Refresh();
}
System::Void hScrollBar1_ValueChanged(System::Object^  sender, System::EventArgs^  e) {
    //移动水平滚动条，修改pictureBox1显示位置
    int x=(pictureBox1->Size.Width/hScrollBar1->Maximum)*hScrollBar1->Value;
    pictureBox1->Location=Point(-x,pictureBox1->Location.Y);
}
```

程序说明：

（1）基于.NET 平台的 C++/CLI 语言设计 Windows 窗体应用程序，可以方便地将标准 C++设计的代码导入项目中。本项目使用的单链表对象 myList 是用 char 类型实例化 LinkList 类模板得到的模板类 LinkList<char>定义。

（2）窗体应用程序界面部分的设计基于 C++/CLI 语言。代码中的符号^相当于标准 C++中的指针声明时的*，gcnew 相当于 new 运算符。用 gcnew 申请的空间是在.NET 的托管堆上，平台会自动清理不再使用的对象，不需要程序用 delete 运算符显式地释放内存空间。

1.4 循环双链表类模板

循环双链表中的"双"是指结点既有指向后继结点指针，又有指向前驱结点指针。其中的"循环"是指最后一个结点的后继结点指针指向头结点，头结点的前驱结点指针指向尾结点，从而形成一个环形结构。

本节设计的 DoubleLinkList 循环双链表类模板的存储结构如图 1-4 所示。

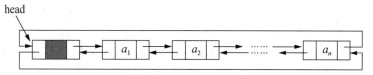

图 1-4　循环双链表存储结构示意图

循环双链表类模板定义如下：

```
//文件名：DoubleLinkList.h
#ifndef DOUBLELINKLIST_H
#define DOUBLELINKLIST_H
#include"List.h"                              //导入1.1节List.h文件
#include<iostream>
using namespace std;
template<typename T>
struct DulNode{                               //定义双链表的结点
    T data;
    DulNode<T> * prior,* next;
};
template<typename T>
class DoubleLinkList : public List<T>{        //定义循环双链表
    template<typename T>
    friend ostream & operator<<(ostream &,DoubleLinkList<T> &);
public:
    DoubleLinkList(){ InitList(); }           //缺省构造函数
    DoubleLinkList(T a[],int n);              //建立含n个元素的循环双链表
    ~DoubleLinkList(){ DestroyList();}        //析构函数
    virtual void InitList();                  //表初始化
    virtual void DestroyList();               //销毁表
    virtual int Length();                     //求表长
    virtual T Get(int i);                     //取表中元素
```

```cpp
        virtual int Locate(T & x);              //元素查找
        virtual void Insert(int i,T x);         //插入新元素
        virtual T Delete(int i);                //删除元素
        virtual bool Empty();                   //判断表是否为空
        virtual bool Full();                    //判断表是否为满
    private:
        DulNode<T> * head;
};
template<typename T>
DoubleLinkList<T>::DoubleLinkList(T a[],int n){
    InitList();
    DulNode<T> * p=head,* s;
    for(int i=0;i<n;i++){
        s=new DulNode<T>;               //s 指向新申请的结点
        s->data=a[i];                   //data 域赋值 a[i]
        s->next=p->next;                //s 的 next 域指向 p 的后继
        s->prior=p;                     //s 的 prior 域指向 p
        p->next=s;                      //p 的 next 域指向 s
        p=s;                            //p 后移到尾结点
    }
}
template<typename T>
void DoubleLinkList<T>::InitList(){
    head=new DulNode<T>;
    head->prior=head;                   //初始头结点的 prior 和 next 域指向自己
    head->next=head;
}
template<typename T>
void DoubleLinkList<T>::DestroyList(){
    DulNode<T> * p=head->next;
    while(p!=head){
        head->next=p->next;
        delete p;
        p=head->next;
    }
    delete head;
}
template<typename T>
int DoubleLinkList<T>::Length(){
    int num=0;
    DulNode<T> * p=head->next;
    while(p!=head){
        num++;
        p=p->next;
    }
    return num;
}
template<typename T>
T DoubleLinkList<T>::Get(int i){
    DulNode<T> * p=head;
    int k=0;
```

```cpp
        if(i<=0 || i>Length())
            throw "查询元素位置错误！";
        while(p){
            if(k==i)
                return p->data;
            p=p->next;
            k++;
        }
    }
    template<typename T>
    int DoubleLinkList<T>::Locate(T & x){
        DulNode<T> * p=head->next;
        int l=1;
        while(p!=head && p->data!=x){
            p=p->next;
            l++;
        }
        if(p!=head)
            return l;
        else
            return 0;
    }
    template<typename T>
    void DoubleLinkList<T>::Insert(int i,T x){
        DulNode<T> * p=head,* s;
        if(i<=0 || i>Length()+1)
            throw "元素插入位置错误！";
        for(int j=1;j<i;j++)
            p=p->next;                        //p指向第i-1号结点
        s=new DulNode<T>();
        s->data=x;                            //先填写s的空域
        s->prior=p;
        s->next=p->next;
        p->next->prior=s;                     //再插入p的后面
        p->next=s;
    }
    template<typename T>
    T DoubleLinkList<T>::Delete(int i){
        DulNode<T> * p=head;
        T tmp;
        if(i<=0 || i>Length())
            throw "元素删除位置错误！";
        for(int j=0;j<i;j++)
            p=p->next;                        //p指针后移
        tmp=p->data;
        p->prior->next=p->next;               //p的前驱结点的后继指针指向p的后继
        p->next->prior=p->prior;              //p的后继结点的前驱指针指向p的前驱
        delete p;                             //释放被删结点的空间
        return tmp;
    }
```

```cpp
template<typename T>
bool DoubleLinkList<T>::Empty(){
    return head->next==head;
}
template<typename T>
bool DoubleLinkList<T>::Full(){
    return false;                    //假设堆空间充足
}
template<typename T>
ostream & operator<<(ostream & os,DoubleLinkList<T> & l){
    DulNode<T> * p=l.head->next;
    while(p!=l.head){
        os<<p->data<<",";
        p=p->next;
    }
    return os;
}
#endif
```

编写几何形 Shape 抽象类及其派生类，用于循环双链表的测试。代码如下：

```cpp
//文件名: shape.h
#ifndef SHAPE_H
#define SHAPE_H
#include<iostream>
#include<string>
using namespace std;
const double PI=3.1415926;
class Shape{                         //几何形
public:
    virtual double area() const=0;
    virtual void input() =0;
    virtual void output() const=0;
};
class Circle : public Shape{         //圆
public:
    double area() const;
    void input();
    void output() const;
protected:
    double radius;
};
class Triangle : public Shape{       //三角形
public:
    double area() const;
    void input();
    void output() const;
protected:
    double a,b,c;
};
class Rectangle : public Shape{      //矩形
```

```cpp
public:
    double area() const;
    void input();
    void output() const;
protected:
    double length,width;
};
#endif
//文件名：shape.cpp
#include<iostream>
#include"shape.h"
using namespace std;
//Circle 类函数实现代码
double Circle::area() const{
    return PI*radius*radius;
}
void Circle::input(){
    cout<<"请输入圆的半径：";
    cin>>radius;
}
void Circle::output() const{
    cout<<"圆半径："<<radius<<"\t 面积："<<area()<<endl;
}
//Triangle 类函数实现代码
double Triangle::area() const{
    double p=(a+b+c)/2;
    return sqrt(p*(p-a)*(p-b)*(p-c));
}
void Triangle::input(){
    cout<<"请依次输入三角形的三边长：";
    cin>>a>>b>>c;
}
void Triangle::output() const{
    cout<<"三角形三边为："<<a<<","<<b<<","<<c<<"\t 面积："<<area()<<endl;
}
//Rectangle 类函数实现代码
double Rectangle::area() const{
    return length*width;
}
void Rectangle::input(){
    cout<<"请输入矩形的长和宽：";
    cin>>length>>width;
}
void Rectangle::output() const{
    cout<<"矩形的长和宽为："<<length<<","<<width<<"\t 面积："<<area()<<endl;
}
```

在测试模块中，循环双链表的 data 域是 shape*指针类型，用它指向派生类的对象。测试 DoubleLinkList 类代码如下：

//文件名：testCh1_4.cpp

```cpp
#include<iostream>
#include"DoubleLinkList.h"
#include"Shape.h"
using namespace std;
int main(){
    DoubleLinkList<Shape *> dlinkList;      //定义双向循环链表对象,结点元素为指针
    Shape * ptr;
    try{
        ptr=new Circle;      dlinkList.Insert(1,ptr);
        ptr=new Triangle; dlinkList.Insert(2,ptr);
        ptr=new Rectangle;dlinkList.Insert(3,ptr);
        ptr=new Circle;      dlinkList.Insert(6,ptr);         //抛出异常
    }catch(char * exp){
        delete ptr;                              //释放因 Insert 抛出异常而没有正常插入的对象
        cout<<exp<<endl;
    }
    cout<<"请输入几何图形参数："<<endl;
    for(int i=1;i<=3;i++)
        dlinkList.Get(i)->input();
    cout<<"面积值："<<endl;
    for(int i=1;i<=3;i++)
        dlinkList.Get(i)->output();
    for(int i=1;i<=dlinkList.Length();i++)       //释放自由存储区的对象
        delete dlinkList.Get(i);
    return 0;
}
```

运行结果：

元素插入位置错误！
请输入几何图形参数：
请输入圆的半径：12✓
请依次输入三角形的三边长：3 4 5✓
请输入矩形的长和宽：10 16✓
面积值：
圆半径：12 面积：452.389
三角形三边为：3,4,5 面积：6
矩形的长和宽为：10,16 面积：160

程序说明：

（1）在 main 函数中，DoubleLinkList<Shape *> dlinkList;定义的循环双链表对象中的数据元素是 Shape 类的指针，作用是指向派生类的对象，进而实现多态性。

（2）程序运行后，第一行显示"元素插入位置错误！"，这是由于 dlinkList.Insert(6,ptr);语句引发程序异常所致。

（3）在 dlinkList 对象被撤销前，需要先释放 Shape 指针指向的对象，否则将导致自由存储区的泄漏。主函数中倒数第二行语句的作用就是释放在 try 语句块中生成的对象。

1.5 静态链表类模板

静态链表是基于顺序存储结构实现链表的技术，其用数组元素的下标模拟链表的指针。在 C++中，用结构体数组描述静态链表，结构体中有模拟链表结点的两个域：data 和 next 数据域。如图 1-5 所示，本节设计的 StaticLinkList 静态链表类模板的存储结构是结构体数组。

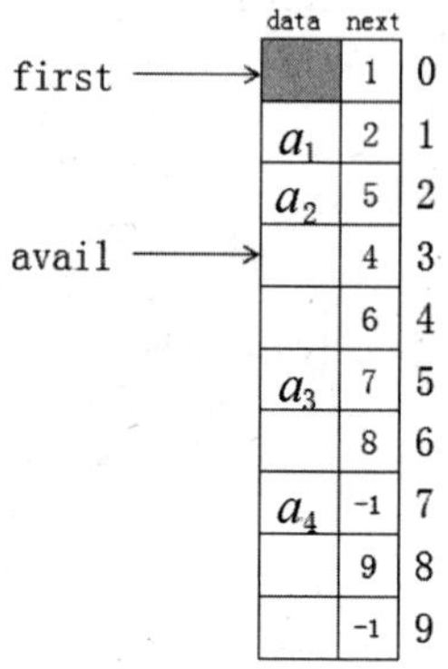

静态链表中，next 域中的值是数组的下标。如图 1-5 所示，数组第 2 单元的 next 域值为 5，表示其后继结点位于第 5 单元。first 指向的第 0 单元是静态链表的头结点，第 7 单元的 next 域值为-1，表示链表到此结束。avail 指向的第 3 单元是空闲结点链的首结点。

静态链表类模板定义如下：

图 1-5 静态链表存储结构示意图

```
//文件名：StaticLinkList.h
#ifndef STATICLINKLIST_H
#define STATICLINKLIST_H
#include "List.h"                           //导入1.1节List.h文件
#include <iostream>
using namespace std;
template <typename T>
struct SNode{                               //结点结构体定义
    T data;
    int next;
};
template <typename T>
class StaticLinkList : public List<T>{      //定义静态链表类模板
    template <typename T>
    friend ostream & operator<<(ostream &,StaticLinkList<T> &);
public:
    StaticLinkList(int m=20):Max(m){ InitList();     }
    StaticLinkList(T a[],int n,int m=20);   //建立静态单链表
    ~StaticLinkList(){ DestroyList();}      //析构函数
    virtual void InitList();                //表初始化
    virtual void DestroyList();             //销毁表
    virtual int Length();                   //求表长
    virtual T Get(int i);                   //取表中元素
    virtual int Locate(T & x);              //元素查找
    virtual void Insert(int i,T x);         //插入新元素
    virtual T Delete(int i);                //删除元素
    virtual bool Empty();                   //判断表是否为空
    virtual bool Full();                    //判断表是否为满
private:
    int Max;                                //在堆空间申请的SNode数组的大小
    SNode<T> * ptr;                         //用于指向堆空间中的SNode类型数组
```

```cpp
        int first;                      //静态链表的头结点指针
        int avail;                      //空闲链的首结点指针
};
template <typename T>
StaticLinkList<T>::StaticLinkList(T a[],int n,int m):Max(m){//n<=m
    InitList();
    int p=first,old;
    for(int i=0;i<n;i++){
        ptr[avail].data=a[i];           //a[i]的值存入空闲链的首结点
        p=first;
        while(ptr[p].next!=-1)          //让p指向链表的尾结点
            p=ptr[p].next;
        ptr[p].next=avail;              //指向空闲链的第1个结点
        old=ptr[avail].next;            //old保存空闲链的第2个结点的下标
        ptr[avail].next=-1;             //成为链表的尾结点
        avail=old;                      //修改空闲链的首结点
    }
}
template <typename T>
void StaticLinkList<T>::InitList(){
    ptr=new SNode<T>[Max];
    for(int i=1;i<Max-1;i++)
        ptr[i].next=i+1;
    ptr[0].next=-1;                     //初始ptr[0]为链表的头结点
    ptr[Max-1].next=-1;                 //初始ptr[Max-1]为空闲链的尾结点
    first=0;avail=1;                    //空闲链的首结点是第1单元
}
template <typename T>
void StaticLinkList<T>::DestroyList(){
    first=avail=-1;
    delete [] ptr;
}
template <typename T>
int StaticLinkList<T>::Length(){
    int num=0;
    int p=first;
    while(ptr[p].next!=-1){
        num++;
        p=ptr[p].next;
    }
    return num;
}
template <typename T>
T StaticLinkList<T>::Get(int i){
    int k=0,p=first;
    if(i<=0 || i>Length())
        throw "查询元素位置错误! ";
    while(ptr[p].next!=-1){
        if(k==i)
            return ptr[p].data;
        p=ptr[p].next;
```

```cpp
            k++;
        }
}
template <typename T>
int StaticLinkList<T>::Locate(T & x){
    int p=first;
    int l=0;
    while(p!=-1 && ptr[p].data!=x){
        p=ptr[p].next;
        l++;
    }
    return (p!=-1)? l : 0;
}
template <typename T>
void StaticLinkList<T>::Insert(int i,T x){
    int p=first,old;
    if(i<=0 || i>Length()+1)
        throw "元素插入位置错误！";
    if(Full())
        throw "已满！";
    for(int j=0;j<i-1;j++)              //p 指向插入结点
        p=ptr[p].next;
    ptr[avail].data=x;                  //将插入元素保存到空闲链的首结点
    old=ptr[avail].next;                //保存空闲链下一个结点的下标
    ptr[avail].next=ptr[p].next;        //修改插入结点指针域
    ptr[p].next=avail;                  //插入新结点
    avail=old;                          //修改空闲指针域
}
template <typename T>
T StaticLinkList<T>::Delete(int i){
    int p=first,x;
    T tmp;
    if(i<=0 || i>Length())
        throw "元素删除位置错误！";
    for(int j=0;j<i-1;j++)              //移动指针到被删除结点的前驱结点
        p=ptr[p].next;
    x=ptr[p].next;                      //保存被删除结点的数组下标(指针域)
    tmp=ptr[x].data;                    //保存被删除结点的数据元素
    ptr[p].next=ptr[x].next;            //修改被删结点的前驱结点的指针域
    ptr[x].next=avail;                  //调整被删除结点为空闲链的首结点
    avail=x;                            //avail 指向被删除结点
    return tmp;
}
template <typename T>
bool StaticLinkList<T>::Empty(){
    return ptr[first].next==-1;         //判断是否为空
}
template <typename T>
bool StaticLinkList<T>::Full(){
    return avail==-1;                   //判断是否为满
```

```cpp
}
template <typename T>
ostream & operator<<(ostream & os,StaticLinkList<T> & l){
    int p=l.ptr[l.first].next;
    while(p!=-1){
        os<<l.ptr[p].data<<",";
        p=l.ptr[p].next;
    }
    return os;
}
#endif
```

编写主函数，对 StaticLinkList 类的功能函数进行测试的代码如下：

```cpp
//文件名: testCh1_5.cpp
#include <iostream>
#include"StaticLinkList.h"
using namespace std;
int main(){
    StaticLinkList<char> slList(30);
    char x='T';
    for(int i=1;i<=26;i++)
        slList.Insert(i,0x40+i);
    cout<<"静态链表为: "<<slList<<endl;
    cout<<"第 8 个元素为: "<<slList.Get(8)<<endl;
    cout<<"元素 T 所在的位置为: "<<slList.Locate(x)<<endl;
    cout<<"删除第 3 个元素: "<<slList.Delete(3)<<endl;
    cout<<"删除元素后，静态链表为: "<<slList<<endl;
    return 0;
}
```

运行结果：

静态链表为: A,B,C,D,E,F,G,H,I,J,K,L,M,N,O,P,Q,R,S,T,U,V,W,X,Y,Z,
第 8 个元素为: H
元素 T 所在的位置为: 20
删除第 3 个元素: C
删除元素后，静态链表为: A,B,D,E,F,G,H,I,J,K,L,M,N,O,P,Q,R,S,T,U,V,W,X,Y,Z,

程序说明：

(1) 静态链表类 StaticLinkList 用指针域 first 和 avail 分别记录静态链表头结点和空闲链首结点在数组中的位置。与单链表一样，静态链表 first 指向的第一个结点是头结点，静态链表为空的条件是头结点的 next 域中的值为-1。静态链表满的条件是空闲链指针域 avail 的值为-1。

(2) 静态链表的插入与删除操作方法与单链表类似，插入也是在所指结点的后面完成，删除是修改被删除结点的前驱结点的指针域值为被删除结点的指针域值(即后继结点的下标)。不同的是结点的申请与释放均在空闲链的前端完成，申请新结点所获得的结点是空闲链的首结点，释放回收的结点成为空闲链的首结点。

(3) 单链表结点中的 next 域值是自由存储区中内存地址的值，静态链表中 next 域的值是数组的下标。前者是指向结点的指针类型，后者是 int 类型。

1.6 一元多项式求和

数学上的一元多项式 $A(x) = a_0 + a_1 x + a_2 x^2 + \cdots + a_n x^n$ 可以用线性表进行描述。分析一元多项式可知，多项式中的项由系数和指数确定，因而可以用二元组 $<a_i, i>$ 描述多项式中的项。一元多项式 $A(x)$ 所对应的线性表表示如下：

$$(< a_0, 0 >, < a_1, 1 >, < a_2, 2 >, \cdots, < a_n, n >)$$

在一元 n 次多项式中忽略系数 a_i 为 0 的项，因而一元 n 次多项式所对应的线性表的长度应小于等于 $n+1$。

由于一元多项式的加减运算会导致多项式中的项增加或减少，使得线性表的插入与删除操作较为频繁，因此选用链表存储一元多项式比较合适。

基于 1.3.1 节中定义的单链表类 LinkList，本节设计一元多项式类 Polynomial：

```cpp
//文件名：Polynomial.h
#ifndef POLYNOMIAL_H
#define POLYNOMIAL_H
#include"LinkList.h"
#include<iostream>
using namespace std;
struct Element{                                        //定义多项式中的项
    Element(double c=0,int e=0):coef(c),exp(e){}
    bool operator!=(Element & e){                      //判别指数是否相等
        return this->exp!=e.exp;
    }
    bool operator>(double x){                          //用于判别系数是否为正
        return this->coef>x;
    }
    friend ostream & operator<<(ostream & os,Element & e){
        os<<e.coef;
        if(e.exp>0)
            os<<"*x^"<<e.exp;
        return os;
    }
    double coef;
    int exp;
};
class Polynomial{                                      //定义一元多项式类
    friend ostream & operator<<(ostream & os,Polynomial & p){
        os<<p.poly;
        return os;
    }
public:
    Polynomial():poly(){}
    Polynomial(Element a[],int n):poly(a,n){}
    Polynomial operator+(Polynomial & p){              //一元多项式相加功能实现
        Polynomial tmp;
```

```cpp
            int i=1,j=1,k=1;
            int ALen=poly.Length();
            int BLen=p.poly.Length();
            Element Aele,Bele;
            while(i<=ALen && j<=BLen){          //多项式A或B访问到最后项即结束
                Aele=poly.Get(i);
                Bele=p.poly.Get(j);
                if(Aele.exp < Bele.exp){        //情况1：A当前项的指数小于B
                    tmp.poly.Insert(k,Aele);    //插入A中的项
                    k++;i++;
                }
                if(Aele.exp > Bele.exp){        //情况2：A当前项的指数大于B
                    tmp.poly.Insert(k,Bele);    //插入B中的项
                    k++;j++;
                }
                if(Aele.exp == Bele.exp){       //情况3：A当前项的指数等于B
                    if(Aele.coef+Bele.coef !=0){ //系数之和不为0
                        tmp.poly.Insert(k,Element(Aele.coef+Bele.coef,Aele.exp));
                        j++;i++;k++;
                    }
                    else{
                        j++;i++;
                    }
                }
            }
            while(i<=ALen){                     //多项式A中尚有未相加项
                Aele=poly.Get(i);
                tmp.poly.Insert(k,Aele);
                i++;k++;
            }
            while(j<=BLen){                     //多项式B中尚有未相加项
                Bele=p.poly.Get(j);
                tmp.poly.Insert(k,Bele);
                j++;k++;
            }
            return tmp;
        }
    private:
        LinkList<Element> poly;                 //数据成员为单链表
};
#endif
```

针对 Polynomial 类的设计需求，这里对 LinkList 类进行适当修改。修改内容为：①增加拷贝构造函数；②修改流输出运算符重载函数中的输出格式。修改部分详细代码如下：

```cpp
template<typename T>
LinkList<T>::LinkList(LinkList & ls){           //拷贝构造函数
    InitList();
    Node<T> * p=head,* s;
    for(int i=1;i<=ls.Length();i++){
        s=new Node<T>;
```

```cpp
                s->data=ls.Get(i);
                s->next=p->next;
                p->next=s;
                p=s;
        }
}
template<typename T>
ostream & operator<<(ostream & os,LinkList<T> & l){//流输出运算符重载函数
        Node<T> * p=l.head->next;
        while(p){
                os<<p->data<<( (p->next!=NULL && p->next->data>0)?"+":"");
                //修改部分
                p=p->next;
        }
        return os;
}
```

一元多项式加法项目测试模块如下：

```cpp
//文件名：testCh1_6.cpp
#include<iostream>
#include"Polynomial.h"
using namespace std;
int main(){
        Element a[]={Element(7,0),Element(12,3),Element(-2,8),Element(5,12)};
        Element b[]={Element(4,1),Element(6,3),Element(2,8),Element(5,20), Element(7,28)};
        Polynomial A(a,4),B(b,5);
        cout<<"A(x)="<<A<<endl;
        cout<<"B(x)="<<B<<endl;
        cout<<"A(x)+B(x)="<<A+B<<endl;
}
```

运行结果：

```
A(x)=7+12*x^3-2*x^8+5*x^12
B(x)=4*x^1+6*x^3+2*x^8+5*x^20+7*x^28
A(x)+B(x)=7+4*x^1+18*x^3+5*x^12+5*x^20+7*x^28
```

程序说明：

(1) Polynomial 类中的 LinkList<Element> poly;语句是用 Element 结构体类型实例化链表类模板 LinkList 生成模板类，并声明对象数据成员 poly。这是一种在面向对象程序设计中常用的代码复用技术。

(2) Polynomial 类中通过重载"+"运算符实现一元多项式加法。该重载函数返回 Polynomial 类型对象，最后将函数中 tmp 对象的复制品返回给调用函数，因而 LinkList 类中需要提供拷贝构造函数。由于系统提供的拷贝构造函数是"浅复制"，调用函数得到的拷贝对象与 tmp 是同一个，而 operator+函数运行结束时将释放 tmp 对象，导致调用函数无法访问拷贝的对象，程序崩溃。读者不妨先不提供 LinkList 类的拷贝构造函数，观察程序运行过程中出现的错误。

(3) 结构体 Element 是对一元多项式中项的描述，其中封装了系数 coef 和指数 exp。

struct 数据类型在 C++中与 class 类型几乎一样，唯一区别是结构体类型的默认访问控制是 public，而 class 是 private。为简化程序，Element 采用结构体类型，使得访问其中的 coef 和 exp 数据成员相对高效。

Element 中提供的 3 个运算符(!=、>和<<)重载函数在 Polynomial 类中均有调用，读者可尝试找出它们在 LinkList 类或 Polynomial 类的成员函数中被调用的位置。

习　　题

1. 选择题

(1) 顺序存储结构通过(　　)表示元素之间的位置关系。
　　A. 逻辑上相邻　　　　　　B. 物理上地址相邻
　　C. 指针　　　　　　　　　D. 下标

(2) 线性表若采用链表存储结构时，要求内存中可用存储单元的地址(　　)。
　　A. 必须是连续的　　　　　B. 部分地址必须是连续的
　　C. 一定是不连续的　　　　D. 连续和不连续都可以

(3) 以下说法正确的是(　　)。
　　A. 线性结构的基本特征是：每个结点有且仅有一个直接前驱和一个直接后继
　　B. 线性表的各种基本运算在顺序存储结构上的实现，均比在链式存储结构上的实现效率要低
　　C. 在线性表的顺序存储结构中，插入和删除元素时，移动元素的个数与该元素的位置有关
　　D. 顺序存储的线性表的插入和删除操作不需要付出很大的代价，因此平均操作只有近一半的元素需要移动

(4) 循环链表的主要优点是(　　)。
　　A. 不需要头指针
　　B. 已知某个结点的位置后，能够容易找到它的直接前驱
　　C. 从表中任一结点出发都能扫描到整个链表
　　D. 在进行插入、删除运算时，能更好地保证链表不断开

(5) 若某线性表中最常用的操作是取第 i 个元素和找第 i 个元素的前驱，则采用(　　)存储方法最节省时间。
　　A. 顺序表　　　B. 单链表　　　C. 双链表　　　D. 单循环链表

(6) 以下错误的是(　　)。
　　A. 对循环链表来说，从表中任一结点出发，都能通过前后操作扫描整个循环链表
　　B. 对单链表来说，只有从头结点开始才能扫描表中全部结点
　　C. 双链表的特点是：找结点的前驱和后继都很容易
　　D. 对双链表来说，结点*p 的存储位置既存放在其前驱结点的后继指针域中，也存放在它的后继结点的前驱指针域中

(7) 若线性表最常用的操作是存取第 i 个元素及其前驱的值，则采用(　　)存储方式

节省时间。

      A. 单链表　　　　B. 双链表　　　　C. 单循环链表　　D. 顺序表

(8) 设指针 p 指向双向链表的某一结点，则双向链表结构的对称性可用(　　)式来刻画。

      A. p->prior->next == p->next->next　　B. p->prior->prior == p->next->prior
      C. p->prior->next == p->next->prior　　D. p->next->next == p->prior->prior

(9) 在一个长度为 *n* 的顺序表中向第 *i* 个元素(0<*i*<*n*+1)之前插入一个新元素时，需向后移动(　　)个元素。

      A. *n*−1　　　　B. *n*−*i*+1　　　　C. *n*−*i*−1　　　　D. *i*

(10) 单链表中，增加头结点的目的是(　　)。

      A. 使单链表至少有一个结点　　　B. 标示表结点中首结点的位置
      C. 方便运算的实现　　　　　　　D. 说明单链表是线性表的链式存储实现

(11) 循环链表是指(　　)。

      A. 最后一个结点的指针域总是指向链表头
      B. 可以自由膨胀的链表
      C. 链表含有指向上一级结点的指针域
      D. 都不是

(12) 在循环双链表的 p 所指结点后插入 s 所指结点的操作是(　　)。

      A. p->next=s; s->next=p; p->next->prior=s; s->next= p->next;
      B. p->next=s; p->next->prior=s; s->prior=p; s->next= p->next;
      C. s->prior=p; s->next= p->next; p->next=s; p->next->prior=s;
      D. s->prior=p; s->next= p->next; p->next->prior=s; p->next=s;

(13) 用数组 r 存储静态链表，结点的 next 域指向后继，工作指针 j 指向链表中的某结点，则 j 后移的操作语句是(　　)。

      A. j=r[j].next;　　B. j=j+1;　　C. j=j->next;　　D. j=r[j]->next;

2. 填空题

(1) 在下列顺序表插入算法中，补齐空白处的代码。

```
template <typename T>
void SeqList<T>::Insert(int i,T x){
    if(Full())
        _____
    if(i<1 || i>curLen+1)
        throw "插入位置错误! ";
    for(int j=curLen; j>=i;_____)
        ptr[j]=ptr[j-1];
    _____
    _____
}
```

(2) 在下列单链表插入算法中，补齐空白处的代码。

```
template<typename T>
void LinkList<T>::Insert(int i,T x){
    Node<T> * p=head,* s;
    if(i<=0 || i>Length()+1)
        throw "元素插入位置错误！";
    for(int j=0;j<i-1;j++)
        _____
    s=new Node<T>;
    _____
    _____
    _____
}
```

(3) 在下列单链表删除算法中，补齐空白处的代码。

```
template<typename T>
T LinkList<T>::Delete(int i){
    Node<T> * p=head,* q;
    T tmp;
    if(i<=0 || i>Length())
        throw "元素删除位置错误！";
    for(int j=0;j<i;j++){
        q=p;
        _____
    }
    tmp=p->data;
    _____
    _____
    return _____
}
```

(4) 在下列循环双链表初始化算法中，补齐空白处的代码。

```
template<typename T>
void DoubleLinkList<T>::InitList(){
    head=_____
    _____
    _____
}
```

(5) 在下列循环双链表插入算法中，补齐空白处的代码。

```
template<typename T>
void DoubleLinkList<T>::Insert(int i,T x){
    DulNode<T> * p=head,* s;
    if(i<=0 || i>Length()+1)
        throw "元素插入位置错误！";
    for(int j=1;j<i;j++)
        p=p->next;
    s=new_____
    _____
    _____
    _____
```

```
            _____
            p->next=s;
}
```

(6) 在下列循环双链表删除算法中，补齐空白处的代码。

```
template<typename T>
T DoubleLinkList<T>::Delete(int i){
    DulNode<T> * p=head;
    T tmp;
    if(i<=0 || i>Length())
        throw "元素删除位置错误！";
    for(int j=0;j<i;j++)
        p=p->next;
    tmp=_____
        _____
        _____
        _____
    return tmp;
}
```

(7) 在下列静态链表初始化算法中，补齐空白处的代码。

```
template<typename T>
void StaticLinkList<T>::InitList(){
    ptr=new SNode<T>[Max];
    for(int i=1;i<Max-1;i++)
        _____
        _____
        _____
    first=0;avail=1;
}
```

(8) 在下列静态链表插入算法中，补齐空白处的代码。

```
template<typename T>
void StaticLinkList<T>::Insert(int i,T x){
    int p=first,old;
    if(i<=0 || i>Length()+1)
        throw "元素插入位置错误！";
    if(Full())
        throw "已满！";
    for(int j=0;j<i-1;j++)
        _____
    ptr[avail].data=x;
    old=_____
    ptr[avail].next=_____
    ptr[p].next=_____
    avail=_____
}
```

(9) 在下列静态链表删除算法中，补齐空白处的代码。

```
template<typename T>
T StaticLinkList<T>::Delete(int i){
    int p=first,x;
    T tmp;
    if(i<=0 || i>Length())
        throw "元素删除位置错误! ";
    for(int j=0;j<i-1;j++)
        p=ptr[p].next;
    x=_____;
    tmp=_____;
    ptr[p].next=_____;
    ptr[x].next=_____;
    avail=_____;
    return tmp;
}
```

3. 编程题

(1) 在顺序表类模板中添加让表中内容就地逆置的成员函数。

(2) 编写带尾指针的单链表类模板。

(3) 编写无头结点的单链表类模板。

(4) 利用顺序表实现大整数求和。

(5) 编写循环单链表类模板，其中含有排序成员函数，以及合并两个有序的循环单链表为一个新的有序的循环单链表成员函数。

第 2 章
栈 和 队 列

栈和队列是一种特殊的线性表,其特殊性表现在插入与删除操作是受限的。栈是在线性表的一端进行插入(压栈)与删除(弹栈),其特征是:先进后出(First In Last Out),即先压栈的元素被后弹出。队列是在线性表的一端进行插入(入队),另一端进行删除(出队),其特征是:先进先出(First In First Out),即先入队的元素先出队。栈和队列在程序中的应用十分广泛。

本章学习要点

本章介绍了栈和队列这两种常用的数据结构,分别给出了它们采用顺序存储和链接存储的实现代码。此外,还举例说明了各自的应用。2.1 节给出了栈抽象类模板的定义和基本操作。2.2 节介绍了顺序栈的实现方法,并设计了窗体应用程序,直观地演示了顺序栈的运行状态。2.3 节给出了链栈类模板的实现方法。2.4 节以数的进制转换为例,讲解了栈的应用方法。2.5 节介绍了队列抽象类模板的定义,它是循环队列类和链队列类的基类。2.6 节介绍了循环队列的实现方法,并用窗体演示程序解析了循环队列的工作原理。2.7 节介绍了采用链接存储结构实现队列的方法。2.8 节给出了利用队列解决舞伴配对问题的实现方法。

2.1 栈抽象类的定义

为便于处理栈空和栈满,专门定义了用于处理异常的类 EmptyStack 和 FullStack。当栈空时,弹栈操作将抛出类 EmptyStack 的对象。当栈满时,压栈操作会抛出 FullStack 类型的对象。栈抽象类定义如下:

```
//文件名: Stack.h
#ifndef STACK_H
#define STACK_H
template <typename T>
class Stack{
public:
    virtual void InitStack()=0;          //初始化栈
    virtual void DestroyStack()=0;       //撤销栈
    virtual void Push(T x)=0;            //压栈(相当于线性表的插入)
    virtual T Pop()=0;                   //弹栈(相当于线性表的删除)
    virtual T GetTop()=0;                //获取栈顶元素
    virtual bool Empty()=0;              //判栈是否为空
    virtual bool Full()=0;               //判栈是否为满
};
class EmptyStack{                        //用于栈空异常处理
};
class FullStack{                         //用于栈满异常处理
};
#endif
```

2.2 顺 序 栈

顺序栈所采用的存储结构是顺序存储。通常将数组下标为 0 的一端作为栈底,并设一个整型变量 top 为栈顶指针,用于记录栈顶元素在数组中的位置。栈空时,top 的值为-1。栈满时,top 的值为数组长度减 1。

2.2.1 顺序栈类模板

本节设计的 SeqStack 顺序栈类模板的存储结构如图 2-1 所示。

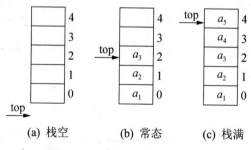

(a) 栈空　　　　(b) 常态　　　　(c) 栈满

图 2-1　顺序栈存储结构示意图

顺序栈类模板定义如下：

```cpp
//文件名：SeqStack.h
#ifndef SEQSTACK_H
#define SEQSTACK_H
#include"Stack.h"
#include <iostream>
using namespace std;
template <typename T>
class SeqStack : public Stack<T>{   //定义顺序栈类模板 SeqStack
    template <typename T>
    friend ostream & operator<<(ostream &,SeqStack<T> &);
public:
    SeqStack(int =10);
    ~SeqStack();
    void InitStack();
    void DestroyStack();
    void Push(T x);              //压栈
    T Pop();                     //弹栈
    T GetTop();
    bool Empty();
    bool Full();
private:
    int maxsize;                 //栈中可容纳的元素个数
    int top;                     //记录栈顶元素的位置
    T * ptr;                     //指向栈的首地址
};
template <typename T>
ostream & operator<<(ostream & os,SeqStack<T> & ss){
    for(int i=0;i<=ss.top;i++)
        os<<ss.ptr[i]<< " | ";
    return os;
}
template <typename T>
SeqStack<T>::SeqStack(int m){
    maxsize=m;
    InitStack();
}
template <typename T>
SeqStack<T>::~SeqStack(){
    DestroyStack();
}
template <typename T>
void SeqStack<T>::InitStack(){
    top=-1;                      //空栈，top 值为-1
    ptr=new T[maxsize];          //从堆空间分配 maxsize 个单元的一维数组
}
template <typename T>
void SeqStack<T>::DestroyStack(){
    delete [] ptr;               //释放数组空间
}
```

```cpp
template <typename T>
void SeqStack<T>::Push(T x){
    if(Full())
        throw FullStack();          //抛出栈满异常类对象
    top++;
    ptr[top]=x;
}
template <typename T>
T SeqStack<T>::Pop(){
    if(Empty())
        throw EmptyStack();         //抛出栈空异常类对象
    return   ptr[top--];
}
template <typename T>
T SeqStack<T>::GetTop(){
    if(Empty())
        throw EmptyStack();
    return ptr[top];
}
template <typename T>
bool SeqStack<T>::Empty(){
    return top==-1;                 //栈空条件 top==-1
}
template <typename T>
bool SeqStack<T>::Full(){
    return maxsize-1==top;          //栈满条件 maxsize-1==top
}
#endif
```

顺序栈测试代码如下：

```cpp
//文件名: testCh2_2.cpp
#include<iostream>
#include<ctime>
#include"SeqStack.h"
using namespace std;
int main(){
    SeqStack<int> myStack;
    srand(unsigned(time(NULL)));
    while(!myStack.Full())
        myStack.Push(rand()%100);   //压入100以内的整数
    cout<<"栈中元素: "<<myStack<<endl;
    try{
        myStack.Push(100);
    }catch(FullStack){
        cout<<"栈满! "<<endl;       //处理栈满异常
    }
    cout<<"所有元素弹栈: ";
    while(myStack.Empty()==false)
        cout<<myStack.Pop()<<",";
    cout<<endl;
```

```
        return 0;
}
```

运行结果：

栈中元素: 10 | 39 | 28 | 20 | 19 | 18 | 81 | 4 | 85 | 76 |
栈满！
所有元素弹栈: 76,85,4,81,18,19,20,28,39,10,

程序说明：

在主函数中，myStack.Push(100);语句是在栈满时向栈中压入元素，引发 Push 函数抛出 FullStack 对象，其类型与 catch 语句中的数据类型相一致，异常被捕获，从而输出"栈满！"。

异常是处理程序运行时错误的有效手段，能增强程序的容错能力和健壮性。

2.2.2 顺序栈窗体演示程序

本节在 SeqStack 类模板的基础上，设计一个窗体应用程序演示顺序栈的工作原理。程序界面如图 2-2 所示。

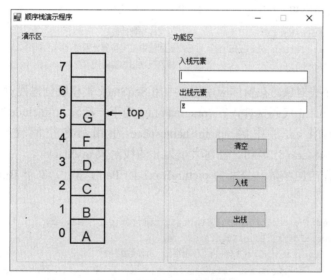

图 2-2 顺序栈演示程序界面

下面介绍顺序栈窗体程序的设计过程。主要步骤和代码如下。

(1) 创建顺序栈窗体应用程序项目。拷贝 2.1 节 Stack.h 和 2.2.1 节 SeqStack.h 文件到项目文件夹中，在"解决方案资源管理器"中将栈模板定义文件添加到头文件夹下。

由于 C++/CLI 中已包含托管类型 System::Collections::Stack，因而需要修改 Stack.h 文件中的 Stack 类的名称为 stack，相应地 SeqStack.h 文件中 Stack 的首字母也改为小写。

(2) 窗体界面设计。根据图 2-2 和表 2-1，从工具箱中拖曳控件到设计窗体，设置各控件属性和响应事件。

表 2-1 顺序栈窗体应用程序控件与参数设置

控件	名称	属性设置	响应事件
Form	Form1	Text=顺序栈演示程序	
GroupBox	groupBox1	Text =演示区	
	groupBox2	Text=功能区	
PictureBox	pictureBox1		Paint
TextBox	textBox1		
	textBox2		
Button	button1	Text=清空	
	button2	Text=入栈	Click
	button3	Text=出栈	
Label	label1	Text=入栈元素	
	label2	Text=出栈元素	

(3) 为 SeqStack 类模板添加函数。根据绘图的需要，在 SeqStack 类模板中定义 3 个成员函数 gTop、getItem 和 clear。函数如下：

```
int gTop(){ return top;}              //返回栈顶指针值
T getItem(int i){return ptr[i];}      //返回栈中 i 号位置元素值
void Clear(){top=-1;}                 //修改栈顶指针实现栈清空
```

(4) 创建顺序栈对象。在窗体应用程序中用 SeqStack 类模板创建栈对象，方法如下。

① 打开 Form1.h 代码文件，在#pragma once 的下一行输入#include "SeqStack.h"。

② 在 Form1.h 文件中的 using namespace 引用命名空间代码段之后，输入 SeqStack<char> myStack(8);语句，创建大小为 8 的栈对象 myStack。

(5) 编写事件响应函数。分别为 pictureBox1 的 Paint 事件，3 个 Button 控件的 Click 事件添加代码：

```
private: System::Void pictureBox1_Paint(System::Object^ sender,
System::Windows::Forms::PaintEventArgs^ e) {
    for(int i=0;i<8;i++){//画矩形，标注数组下标
        e->Graphics->DrawRectangle(gcnew Pen(Color::Black,2),90, 15+i*40,60,40);
        e->Graphics->DrawString(Convert::ToString(7-i),
            gcnew System::Drawing::Font("Arial", 16),
            gcnew SolidBrush(Color::Black),65,26+i*40);
    }
    Pen ^ pen=gcnew Pen(Color::Red,2); //定义红色笔
    pen->CustomEndCap = gcnew Drawing2D::AdjustableArrowCap(4, 6);
    //箭头形状
    int y=(355-(myStack.gTop()+1)*40);
    e->Graphics->DrawLine(pen,180,y+1,150,y+1);
    e->Graphics->DrawString("top",gcnew Drawing::Font("Arial", 16),
        gcnew SolidBrush(Color::Red),185,y-13);    //写字符 top
    for(int i=0;i<=myStack.gTop();i++){    //画出栈中元素
        char ch=myStack.getItem(i);
```

```
            String ^ str=Convert::ToChar(ch)+"\n";
            e->Graphics->DrawString(str,gcnew Drawing::Font("Arial", 18),
                gcnew SolidBrush(Color::Red),106,310-i*40);
        }
    }
private: System::Void button1_Click(System::Object^ sender, System::EventArgs^ e) {
        myStack.Clear();
        this->pictureBox1->Refresh();
    }
private: System::Void button2_Click(System::Object^ sender, System::EventArgs^ e) {
        char ch;
        try{
            ch=(char)textBox1->Text->ToCharArray()[0];
            myStack.Push(ch);
            textBox1->Clear();
            pictureBox1->Refresh();
            textBox1->Focus();
        }
        catch(FullStack){                              //栈满异常
            MessageBox::Show("栈已满!","错误提示",
                MessageBoxButtons::OK,MessageBoxIcon::Warning);
        }
        catch(System::IndexOutOfRangeException^ pex){  //ch为空异常
            MessageBox::Show("无压栈元素!","错误提示",
                MessageBoxButtons::OK,MessageBoxIcon::Warning);
        }
    }
private: System::Void button3_Click(System::Object^ sender, System::EventArgs^ e) {
        char ch;
        try{
            ch=myStack.Pop();
            textBox2->Text+=Convert::ToChar(ch)+"\n";;
            pictureBox1->Refresh();
        }catch(EmptyStack){
            MessageBox::Show("栈已空!","错误提示",MessageBoxButtons::OK);
        }
    }
```

程序说明：

(1) 栈操作异常的处理方法。在 SeqStack 类中，Push 函数在栈满时，若再有元素压栈，将抛出 FullStack 类对象。Pop 函数在栈空时，若再弹出元素，将抛出 EmptyStack 类对象。在窗体程序中，button1 和 button2 的 Click 事件响应函数分别对抛出的异常进行处理。处理方法是弹出消息窗口告知用户操作错误。

(2) 输入框中无输入数据的处理。若用户没有输入压栈字符，单击"入栈"按钮时，语句 ch=(char)textBox1->Text->ToCharArray()[0];将抛出异常类 IndexOutOfRangeException 的对象。该异常类由系统提供，如图 2-3 所示，pex 对象中包含"索引超出了数组界限"错误信息。原因是 textBox1->Text 中无字符，导致执行 ToCharArray()[0]时产生异常。

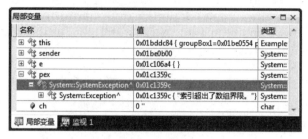

图 2-3　异常类 IndexOutOfRangeException 对象

2.3　链栈类模板

链栈的存储结构是链式存储。如图 2-4 所示，链栈仅设 top 指针，指向栈顶元素，压栈和弹栈操作均在栈顶。栈底结点的 next 域值为空。链栈为空时，top 的值为 NULL。链栈是否为满，需要根据堆中是否有空间可分配来判定。

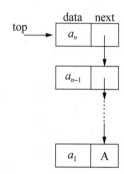

图 2-4　链栈的存储结构示意图

链栈类模板的定义如下：

```cpp
//文件名：LinkStack.h
#ifndef LINKSTACK_H
#define LINKSTACK_H
#include <iostream>
#include "Stack.h"
using namespace std;
template <typename T>
struct Node{                         //定义链结点
    T data;
    Node<T> * next;
};
template <typename T>
class LinkStack : public Stack<T>{   //定义链栈
    template <typename T>
    friend ostream & operator<<(ostream &,LinkStack<T> &);
public:
    LinkStack(){InitStack();}
    ~LinkStack(){DestroyStack();}
    void InitStack(){top=NULL;}      //初始化栈
    void DestroyStack();             //销毁栈，释放堆空间
    void Push(T x);                  //压栈
    T Pop();                         //弹栈
    T GetTop();                      //获取栈顶元素
    bool Empty(){ return top==NULL; }//栈空返回真
    bool Full();                     //栈满返回真
private:
    Node<T> * top;                   //栈顶指针
```

```cpp
};
template <typename T>
void LinkStack<T>::DestroyStack(){
    Node<T> * p=top;
    while(top){
        top=top->next;
        delete p;
        p=top;
    }
}
template <typename T>
void LinkStack<T>::Push(T x){              //压栈
    Node<T> * s;
    if(Full())
        throw FullStack();
    s=new Node<T>;
    s->data=x;
    s->next=top;
    top=s;                                 //top指向新结点
}
template <typename T>
T LinkStack<T>::Pop(){                     //弹栈
    T tmp;
    Node<T> * p;
    if(Empty())
        throw EmptyStack();
    tmp=top->data;
    p=top;
    top=top->next;                         //top指向栈顶下一个结点
    delete p;
    return tmp;                            //返回弹出元素
}
template <typename T>
T LinkStack<T>::GetTop(){
    if(Empty())
        throw EmptyStack();
    return top->data;
}
template <typename T>
bool LinkStack<T>::Full(){
    Node<T> * p=new Node<T>;
    if(p!=NULL){                           //p不为空表示空间分配成功
        delete p;                          //立即释放
        return false;
    }else                                  //否则，表示堆空间已满
        return true;
}
template <typename T>
ostream & operator<<(ostream & os,LinkStack<T> & ls){
    Node<T> * p=ls.top;
    while(p){
```

```
            os<<p->data<<(p->next?"->":"");
            p=p->next;
        }
        return os;
    }
    #endif
```

用于测试链栈类模板的主函数代码如下：

```
//文件名：testCh2_3.cpp
#include<iostream>
#include"LinkStack.h"
using namespace std;
int main(){
    LinkStack<char> myLinkStack;
    for(int i=0;i<5;i++)
        myLinkStack.Push('A'+i);
    cout<<"从栈顶到栈底，栈中元素依次为："<<myLinkStack<<endl;
    cout<<"弹栈，得到元素为："<<myLinkStack.Pop()<<endl;
    myLinkStack.DestroyStack();
    cout<<"运行 DestroyStack()函数后，栈是否为空？ "
        <<(myLinkStack.Empty()?"是":"否")<<endl;
    return 0;
}
```

运行结果：

从栈顶到栈底，栈中元素依次为：E->D->C->B->A
弹栈，得到元素为：E
运行 DestroyStack()函数后，栈是否为空？ 是

程序说明：

LinkStack 类中的 Full 函数通过申请堆空间成功与否，来判别链栈是否为满。此法的问题是会产生对堆空间进行无效的分配和释放。解决方法是在 Push 函数中直接进行判别，可将 Push 函数修改如下：

```
template <typename T>    void LinkStack<T>::Push(T x){
    Node<T> * s= new Node<T>;
    if(s==NULL)                    //直接判别空间分配是否成功
        throw FullStack();
    s->data=x;
    s->next=top;
    top=s;
}
```

2.4 进 制 转 换

十进制数转换为二进制、八进制或十六进制数的方法是：除 m 取余，逆序排列，其中 m 为进制的基数。以将十进制数 35 转换为二进制数 100011 为例，换算过程如下：

进制转换程序可利用栈的"先进后出"特性得到逆序输出的 m 进制数。例如,将 35 除 2 取余的值 110001 依序先后压栈,再通过弹栈获得 100011。

本节设计的将十进制数转换为其他进制数的程序界面如图 2-5 所示。

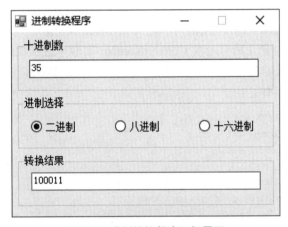

图 2-5 进制转换程序运行界面

进制转换程序的主要设计过程和代码如下。

(1) 创建窗体应用程序项目。复制并添加 2.1 节 Stack.h 和 2.2.1 节 SeqStack.h 文件到项目的头文件夹中。

修改 Stack.h 和 SeqStack.h 文件中的 Stack 类的名称为 stack。在 SeqStack.h 文件的 SeqStack 类中添加栈清空成员函数 void Clear(){top=-1;}。

(2) 窗体界面设计。参照图 2-5 和表 2-2,从工具箱拖曳控件到设计窗体,设置各控件属性和响应事件。

表 2-2 进制转换程序控件与参数设置

控 件	名 称	属性设置	响应事件	备注
Form	Form1	Text=进制转换程序, MaximizeBox=False, FormBorderStyle=FixedSingle		
GroupBox	groupBox1	Text=十进制数		
	groupBox2	Text=进制选择		
	groupBox3	Text=转换结果		

续表

控 件	名 称	属性设置	响应事件	备注
RadioButton	radioButton1	Text=二进制，Checked=True	CheckedChanged	
	radioButton2	Text=八进制		
	radioButton3	Text=十六进制		
TextBox	textBox1		TextChanged	验证输入字母
	textBox2			

（3）定义栈对象。打开 Form1.h 文件，在第 2 行输入#include "SeqStack.h"，在第 12 行输入 SeqStack<int> myStack(100);语句，定义 myStack 栈对象。

（4）编写代码。自定义私有函数 ConvertNumber 实现十进制数向其他进制数的转换，输入进制参数和 textBox1 中的十进制整数，结果输出至 textBox2。在 4 个事件响应函数中调用 ConvertNumber 函数。

```
private: void ConvertNumber(int m){            //转换函数
             unsigned _int64 num;
             myStack.Clear();
             try{
                 num=Convert::ToInt64(textBox1->Text);
             }catch(FormatException ^ exp){
                 MessageBox::Show("十进制数输入错误！","错误提示",
                     MessageBoxButtons::OK,MessageBoxIcon::Warning);
             }catch(OverflowException ^ e){
                 MessageBox::Show("输入的正整数过大！","错误提示",
                     MessageBoxButtons::OK,MessageBoxIcon::Warning);
             }
             while(num>0){
                 myStack.Push(num%m);              //余数压栈
                 num/=m;
             }
             textBox2->Clear();
             int x;
             while(!myStack.Empty()){
                 x=myStack.Pop();                  //弹栈
                 if(x<10)
                     textBox2->Text+=Convert::ToString(x);
                 else
                     textBox2->Text+=Convert::ToChar(x+55);//输出十六进制数大写字母
             }
         }
private: System::Void textBox1_TextChanged(System::Object^  sender, System::EventArgs^ e) {
             String^ pattern = "[0-9]";            //定义正则表达式
             Regex^ regex = gcnew Regex( pattern );
             if(textBox1->Text!=""){
                 if(regex->IsMatch(textBox1->Text)){  //匹配成功
```

```
                if(radioButton1->Checked)
                    ConvertNumber(2);
                if(radioButton2->Checked)
                    ConvertNumber(8);
                if(radioButton3->Checked)
                    ConvertNumber(16);
            }
            else
                MessageBox::Show("请输入正整数！","错误提示",
                    MessageBoxButtons::OK,MessageBoxIcon::Warning);
        }else
            textBox2->Clear();
    }
private: System::Void radioButton1_CheckedChanged(System::Object^  sender,
         System::EventArgs^  e) {
             if(textBox1->Text!="")
                 ConvertNumber(2);
         }
private: System::Void radioButton2_CheckedChanged(System::Object^  sender,
         System::EventArgs^  e) {
             if(textBox1->Text!="")
                 ConvertNumber(8);
         }
private: System::Void radioButton3_CheckedChanged(System::Object^  sender,
         System::EventArgs^  e) {
             if(textBox1->Text!="")
                 ConvertNumber(16);
         }
```

程序说明：

（1）在 textBox1_TextChanged 函数中，应用正则表达式对 textBox1 中输入的正整数进行验证，需要在程序的前端添加 using namespace System::Text::RegularExpressions;语句。

（2）ConvertNumber 函数中的_int64 数据类型是长整型，取值范围是$[-2^{63}, 2^{63})$，即 −9 223 372 036 854 775 808～9 223 372 036 854 775 807。

2.5 队列抽象类的定义

队列是一种在一端进行插入操作，另一端进行删除操作的线性表。队列抽象类定义如下：

```
//文件名：Queue.h
#ifndef QUEUE_H
#define QUEUE_H
template<typename T>
class Queue{
public:
    virtual void InitQueue(int)=0;              //初始化队列
    virtual void DestroyQueue()=0;              //销毁队列
    virtual void EnQueue(T newItem)=0;          //元素入队
```

```
        virtual T DeQueue()=0;                    //元素出队
        virtual bool isEmpty() const=0;           //判空
        virtual bool isFull() const=0;            //判满
        virtual T GetFirstItem()=0;               //获取队头元素
};
class EmptyQueue{                                 //队空异常类
};
class FullQueue{                                  //队满异常类
};
#endif
```

2.6 循 环 队 列

　　循环队列是一种基于顺序存储结构的特殊线性表。为避免元素在表中的移动，逻辑上视线性表的两端首尾相接，形成一个环形结构。区分队头和队尾位置的方法是设置指针域 front 和 rear，分别指向队头和队尾。

　　循环队列中的存储单元不能全部存储数据元素，需要空出一个存储单元，以帮助解决队空和队满的判定。循环队列队空的条件是 front==rear，队满的条件是 (rear+1)%QueueSize==front。

2.6.1 循环队列类模板

　　如图 2-6 所示，循环队列申请的顺序存储空间的值 QueueSize 为 8。当前队头指针域 front 的值为 1，指向队头元素 a_2。队尾指针域的值为 5，其中没有存储元素。

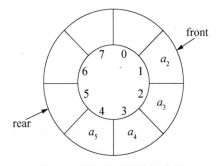

图 2-6　循环队列结构示意图

循环队列 CirQueue 类模板的实现代码如下：

```
//文件名: CirQueue.h
#ifndef CIRQUEUE_H
#define CIRQUEUE_H
#include <iostream>
#include "Queue.h"
using namespace std;
template <typename T>
class CirQueue:public Queue<T>{
```

```cpp
        template <typename T>
        friend ostream & operator<<(ostream & os,const CirQueue<T> & cq);
public:
    CirQueue(int m=10){
        InitQueue(m);
    }
    ~CirQueue(){
        DestroyQueue();
    }
    void InitQueue(int m){
        QueueSize=m;
        front=rear=0;
        items=new T[QueueSize];              //分配堆空间
    }
    void DestroyQueue(){
        delete [] items;                     //释放堆空间
    }
    void EnQueue(T newItem){
        if(isFull())
            throw FullQueue();
        items[rear]=newItem;
        rear=(rear+1)%QueueSize;             //rear 后移
    }
    T DeQueue(){
        if(isEmpty())
            throw EmptyQueue();
        int x=front;
        front=(front+1)%QueueSize;           //front 后移
        return items[x];
    }
    bool isEmpty() const{
        return front==rear;                  //队空
    }
    bool isFull() const{
        return (rear+1) % QueueSize == front; //队满
    }
    T GetFirstItem(){
        if(isEmpty())
            throw EmptyQueue();
        int i=(front+1) % QueueSize;
        return items[i];
    }
private:
    int QueueSize;
    int front,rear;                          //队头与队尾指针
    T * items;
};
template<typename T>
ostream & operator<<(ostream & os,const CirQueue<T> & cq){
    int i=cq.front%cq.QueueSize;
    while(i!=cq.rear%cq.QueueSize){
```

```
            os<<cq.items[i]<<",";
            i=(i+1)%cq.QueueSize;
        }
        return os;
}
#endif
```

编写主函数，对 CirQueue 类进行测试，代码如下：

```
//文件名：testCh2_6.cpp
#include<iostream>
#include"CirQueue.h"
using namespace std;
int main(){
    CirQueue<char> myQueue(6);
    for(int i=0;i<6;i++)
        try{
            myQueue.EnQueue(97+i);              //字母a、b、c、d、e依次入队
        }
        catch(FullQueue){
            cout<<"队列满！\n";
        }
    cout<<"队列中元素："<<myQueue<<endl;
    cout<<"出队元素：";
    while(!myQueue.isEmpty())
        cout<<"\t"<<myQueue.DeQueue();
    cout<<endl;
    return 0;
}
```

运行结果：

队列满！
队列中元素：a,b,c,d,e,
出队元素：   a   b   c   d   e

程序说明：

(1) 为区分队列空和队列满的判别条件，循环队列中专门空出一个存储单元不保存数据元素。队空条件为 front==rear，队满条件为 (rear+1)%QueueSize==front。

若不留出一个存储单元，队空和队满的条件均是 front==rear，为区别二者，需要另外增加一个变量标记队列的状态，进而增加了入队、出队等算法的复杂度。

(2) 由于循环是逻辑结构，在计算机内存中的真实存储结构是线性结构，为此 front 和 rear 指针移动时，需要先做模运算(又称时钟运算)，使指针按照环形方式移动。

2.6.2 循环队列窗体演示程序

在 CirQueue 循环队列类模板的基础上，本节设计一个演示循环队列工作原理的窗体程序，程序的运行界面如图 2-7 所示。

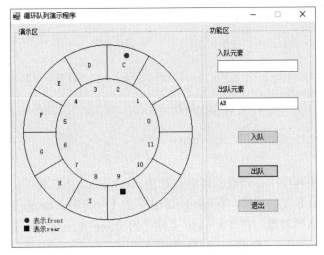

图 2-7　循环队列窗体程序运行界面

循环队列演示程序的设计步骤和主要代码如下。

(1) 创建窗体应用程序项目。复制 Queue.h 和 CirQueue.h 文件到项目文件夹中，在"解决方案资源管理器"中将两个文件添加到头文件夹中。

因 Queue.h 文件中的 Queue 类与项目中的托管类型 System::Collections::Queue 重名，在 Form1.h 代码文件中删除或注释 using namespace System::Collections;语句。

(2) 窗体界面设计。参照图 2-7 和表 2-3 从工具箱拖曳控件到 Form1 设计窗体，设置各控件属性和响应事件。

表 2-3　循环队列窗体程序控件与参数设置

控　件	名　称	属性设置	响应事件
Form	Form1	Text=循环队列演示程序	FormClosing
GroupBox	groupBox1	Text =演示区	
	groupBox2	Text=功能区	
PictureBox	pictureBox1		Paint
TextBox	textBox1		
	textBox2		
Button	button1	Text=入队	Click
	button2	Text=出队	
	button3	Text=退出	
Label	label1	Text=入队元素	
	label2	Text=出队元素	

(3) 在 CirQueue 类中增添 4 个成员函数，支持演示区的绘图。定义新成员函数如下：

```
int getFront(){return front;}      //返回 front 值
int getRear(){return rear;}        //返回 rear 值
```

```
        T getElement(int i){              //返回items中下标为i的元素
            i%=QueueSize;
            return items[i];
        }
        bool isElement(int loc){          //判断items[loc]中是否为队列元素
            if(front<=rear)
                return (loc>=front && loc<rear);
            else
                return (loc>=front || loc<rear);
        }
```

(4) 在窗体应用程序中，创建循环队列对象 myQueue。方法如下：

① 打开 Form1.h 代码文件，在#pragma once 的下一行输入#include "CirQueue.h"。

② 创建循环队列对象。在 Form1.h 文件中的 using namespace 引用命名空间代码段之后，输入 CirQueue<char> myQueue(12);语句。

(5) 编写事件响应函数。分别为 pictureBox1 控件的 Paint 事件，3 个 Button 控件的 Click 事件和 Form1 窗体的 FormClosing 事件添加代码：

```
        private: System::Void pictureBox1_Paint(System::Object^  sender,
                         System::Windows::Forms::PaintEventArgs^ e){
                    double x,y;
                    String ^ str;
                    char ch;
                    e->Graphics->DrawEllipse(gcnew Pen(Color::Black),10,10,310,310);
                    //画大圆
                    for(int i=0;i<360;i+=30) {         //画分隔线
                        x=(Math::Cos(i*Math::PI/180)*155+165);
                        y=(165-Math::Sin(i*Math::PI/180)*155);
                        e->Graphics->DrawLine(gcnew Pen(Color::Black),x,y,165,165);
                    }
                    e->Graphics->DrawEllipse(gcnew Pen(Color::Black),70,70,190,190);
                    //画小圆
                    SolidBrush^ myBrush = gcnew SolidBrush(pictureBox1->BackColor);
                    e->Graphics->FillEllipse(myBrush,71,71,188,188);
                    //覆盖小圆中的分隔线
                    int j=0;
                    for(int i=0;i<360;i+=30)           {
                        str=Convert::ToString(j)+"\n";
                        x=(Math::Cos((i+15)*Math::PI/180)*80+160);
                        y=(160-Math::Sin((i+15)*Math::PI/180)*80);
                        myBrush->Color=Color::Blue;
                        e->Graphics->DrawString(str,this->pictureBox1->Font,myBrush,x,y);
                        //下标
                        if(myQueue.getFront()==j) {//画绿色圆点
                            x=(Math::Cos((i+15)*Math::PI/180)*140+160);
                            y=(160-Math::Sin((i+15)*Math::PI/180)*140);
                            myBrush->Color=Color::Green;
                            e->Graphics->FillPie(myBrush,x,y,10,10,0,360);
                            e->Graphics->FillPie(myBrush,10,315,10,10,0,360);
```

```
                e->Graphics->DrawString(" 表示 front",this->pictureBox1
                                ->Font,myBrush,20,315);
            }
            if(myQueue.getRear()==j)  {//画红色方形
                x=(Math::Cos((i+15)*Math::PI/180)*110+160);
                y=(160-Math::Sin((i+15)*Math::PI/180)*110);
                myBrush->Color=Color::Red;
                e->Graphics->FillRectangle(myBrush,x,y,10,10);
                e->Graphics->FillRectangle(myBrush,10,330,10,10);
                e->Graphics->DrawString(" 表示 rear",this->pictureBox1
                                ->Font,myBrush,20,330);
            }
            if(myQueue.isElement(j))  {//填写队列中数据元素
                x=(Math::Cos((i+15)*Math::PI/180)*125 +160);
                y=(160-Math::Sin((i+15)*Math::PI/180)*125);
                myBrush->Color=Color::Red;
                ch=myQueue.getElement(j);
                str=Convert::ToChar(ch)+"\n";
                e->Graphics->DrawString(str,this->textBox1->Font,myBrush,x,y);
            }
            j++;
        }
    }
private: System::Void button1_Click(System::Object^  sender, System::EventArgs^  e) {
        try{
            char ch=(char)textBox1->Text->ToCharArray()[0];
            if(myQueue.isFull())
                MessageBox::Show("循环队列已满! ","错误信息",
                            MessageBoxButtons::OK,MessageBoxIcon::Error);
            else{
                myQueue.EnQueue(ch);
                textBox1->Clear();
                textBox1->Focus();
                pictureBox1->Refresh();
             }
        }catch(System::IndexOutOfRangeException^ pex){
            MessageBox::Show("无入队元素! ","错误提示",
                        MessageBoxButtons::OK,MessageBoxIcon::Warning);
        }
    }
private: System::Void button2_Click(System::Object^  sender, System::EventArgs^  e) {
        char ch;
        if(myQueue.isEmpty())
            MessageBox::Show("循环队列空! ","错误信息",
            MessageBoxButtons::OK,MessageBoxIcon::Error);
        else{
            ch=myQueue.DeQueue();
            textBox2->Text+=Convert::ToChar(ch)+"\n";;
            pictureBox1->Refresh();
        }
    }
```

```
private: System::Void button3_Click(System::Object^ sender, System::EventArgs^ e) {
             this->Close();
         }
private: System::Void Form1_FormClosing(System::Object^ sender,
                         System::Windows::Forms::FormClosingEventArgs^ e) {
         System::Windows::Forms::DialogResult result;
         result = MessageBox::Show("真要关闭应用程序吗?","提示",MessageBoxButtons::
             YesNo,MessageBoxIcon::Question,MessageBoxDefaultButton::Button1);
         if ( result == System::Windows::Forms::DialogResult::No )
             e->Cancel=true;
         }
```

运行结果：
参见图 2-7。

程序说明：

(1) 程序界面中的圆环通过绘制 2 个同心圆和若干直线实现。首先，绘制一个直径为 300 的大圆，再画 6 条直径，最后绘直径为 120 的小圆覆盖在直径之上。读者不妨用类似的方法制作一个小时钟程序。

(2) Form1_FormClosing 事件响应函数的功能是：在关闭程序时，弹出对话框，供用户选择关闭与否。单击程序界面上的"退出"按钮或窗口右上角的"关闭"功能，均会触发窗体关闭响应事件 FormClosing，进而弹出对话框。

2.7 链队列类模板

链队列采用链接式存储。与单链表相似，设置头结点可简化编程。如图 2-8 所示，指针 front 指向头结点，指针 rear 指向队尾。入队操作使用 rear 指针，出队操作使用 front 指针。若堆空间内存充足，能获得空间，则链队列的长度没有限制。

图 2-8 链队列存储结构示意图

队列为空时，front 和 rear 指针均指向头结点。队列中最后一个元素出队后，需要将 rear 指针指向头结点，否则 rear 成为"空悬"指针。

基于 2.5 节队列抽象类 Queue，链队列 LinkQueue 类模板定义如下：

```
//文件名：LinkQueue.h
#ifndef LINKQUEUE_H
#define LINKQUEUE_H
#include <iostream>
#include"Queue.h"
using namespace std;
template <typename T>
struct Node{
```

```cpp
        T data;         //与单链表中定义的结点完全一样
        Node<T> * next;
};
template <typename T>
class LinkQueue : public Queue<T>{
    template <typename T>
    friend ostream & operator<<(ostream & os,const LinkQueue<T> & cq);
public:
    LinkQueue(){
        InitQueue();
    }
    ~LinkQueue(){
        DestroyQueue();
    }
    void InitQueue(int=0){
        front=new Node<T>;                  //分配空间
        front->next=NULL;
        rear=front;                         //尾指针也指向头结点
    }
    void DestroyQueue(){
        Node<T> * p;
        while(front!=NULL){
            p=front;
            front=front->next;
            delete p;
        }
    }
    void EnQueue(T newItem){
        Node<T> * s;
        s=new Node<T>;
        if(s==NULL)
            throw FullQueue();
        s->data=newItem;
        s->next=NULL;
        rear->next=s;                       //新结点接入队尾
        rear=s;                             //rear 指向新结点
    }
    T DeQueue(){
        T x;
        Node<T> * p;
        if(isEmpty())
            throw EmptyQueue();
        p=front->next;
        x=p->data;
        front->next=p->next;                //头结点的 next 域指向 p 的后继
        if(p->next==NULL)                   //若 p 指向的是尾结点
            rear=front;                     //rear 也指向头结点
        delete p;
        return x;
```

```cpp
        }
        bool isEmpty() const{
            return front==rear;
        }
        bool isFull() const{
            return false;
        }
        T GetFirstItem(){
            if(isEmpty())
                throw EmptyQueue();
            return front->next->data;
        }
    private:
        Node<T> * front,* rear;              //队头和队尾指针
};
template<typename T>
ostream & operator<<(ostream & os,const LinkQueue<T> & cq){
    Node<T> * p=cq.front->next;
    while(p){
        os<<p->data<<",";
        p=p->next;
    }
    os<<endl;
    return os;
}
#endif
```

链队列 LinkQueue 类模板测试主函数如下：

```cpp
//文件名：testCh2_7.cpp
#include<iostream>
#include<fstream>
#include"linkQueue.h"
using namespace std;
int main(){
    LinkQueue<int> myQueue;
    int n,prior;
    cout<<"请输入杨辉三角形的层数：";cin>>n;
    myQueue.EnQueue(0);                  //首行元素入队
    myQueue.EnQueue(1);
    myQueue.EnQueue(0);
    for(int j=1;j<=n;j++){
        for(int i=0;i<n-j;i++)           //输出每行数字之前占位空格
            cout<<"  ";
        for(int l=0;l<j+2;l++){          //输出一行元素，同时生成下一行
            prior=myQueue.DeQueue();     //队头元素出队
            if(prior==0 && l==0)         //若是行首的0元素，则入队
                myQueue.EnQueue(prior);
            if(prior!=0)                 //输出非0元素
```

```
                cout<<prior<<"    ";
                myQueue.EnQueue(prior+myQueue.GetFirstItem());//与其后相加，入队
        }
        cout<<endl;
    }
    return 0;
}
```

运行结果：

```
请输入杨辉三角形的层数：6✓
            1
          1   1
        1   2   1
      1   3   3   1
    1   4   6   4   1
  1   5  10  10   5   1
```

程序说明：

利用队列生成杨辉三角形的基本思想：输出行中元素的同时在队列中生成下一行元素。为此，需要在杨辉三角形的每行两端各增添 1 个 0，如图 2-9 所示。队列中初始值为首行 3 个元素：0、1、0。每行中第 1 个 0 元素出队后，再将其入队。每行的其余元素出队后，与其后元素(即队列中首元素)相加再入队。队列中元素是否显示输出的条件是该元素的值不为 0。

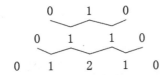

图 2-9　杨辉三角形队列元素生成示意

2.8　舞伴配对问题

舞伴配对问题：假设在周末舞会上，男士和女士进入舞厅时，各自排成一队。跳舞开始时，依次从男队和女队的队头各出一人配成舞伴。若两队初始人数不相同，则较长的那一队中未配对者等待下一轮舞曲。

编程模拟舞伴配对过程，舞伴信息从文本文件中输入，使用链队列模拟舞者排队。因为需要知道男士或女士队列中尚未配对舞伴的人数，在 2.7 节的 LinkQueue 类中添加 Length 成员函数：

```
int Length(){
    int n=0;
    Node<T> * p=front->next;     //指向第一个结点
    while(p){                    //当p!=NULL时，一直执行
        n++;
```

```
            p=p->next;
    }
    return n;
}
```

舞者类 Person 定义如下：

```
//文件名：Person.h
#ifndef PERSON_H
#define PERSON_H
#include<string>
#include<iostream>
using namespace std;
enum Sex {male,female};                    //定义枚举类型 Sex
class Person{
    friend ostream & operator<<(ostream & os,Person & ps){
        os<<"("<<ps.name<<","<<(ps.sex==male?"男":"女")<<")";
        return os;
    }
    friend istream & operator>>(istream & is,Person & ps){
        string s;
        if(is==cin){                       //控制台输入
            cout<<"姓名: ";is>>ps.name;
            cout<<"性别('男'或'女'):";is>>s;
            ps.sex=(s=="男"?male:female);
        }
        else{
            is>>ps.name;
            is>>s;
            ps.sex=(s=="男"?male:female);
        }
        return is;
    }
public:
    Person(string n="",Sex s=male):name(n),sex(s){}
    string getName(){return name;}
    Sex getSex(){return sex;}
private:
    string name;
    Sex sex;
};
#endif
```

主函数如下：

```
//文件名：testCh2_8.cpp
#include<iostream>
#include<fstream>
#include"LinkQueue.h"
#include"Person.h"
```

```cpp
using namespace std;
int main(){
    LinkQueue<Person> maleDancer,femaleDancer;
    ifstream inFile;
    string fileName;
    cout<<"请输入舞伴文件名: ";cin>>fileName;
    inFile.open(fileName);
    if(!inFile){
        cout<<"打开文件"+fileName+"错误,程序运行结束! "<<endl;
        return -1;
    }
    while(!inFile.eof()){
        Person tmp;
        inFile>>tmp;
        if(tmp.getSex()==male)
            maleDancer.EnQueue(tmp);
        else
            femaleDancer.EnQueue(tmp);
    }
    while(!maleDancer.isEmpty() && !femaleDancer.isEmpty()){
        cout<<maleDancer.GetFirstItem()<<"<<---配对舞伴--->>"
            <<femaleDancer.GetFirstItem()<<endl;
        maleDancer.DeQueue();
        femaleDancer.DeQueue();
    }
    if(!maleDancer.isEmpty())
        cout<<"男士队列中尚有"<<maleDancer.Length()
            <<"位舞伴, 首位是: "<<maleDancer.GetFirstItem()<<endl;
    if(!femaleDancer.isEmpty())
        cout<<"女士队列中尚有"<<femaleDancer.Length()
            <<"位舞伴, 首位是: "<<femaleDancer.GetFirstItem()<<endl;
    inFile.close();
    return 0;
}
```

运行结果:

请输入舞伴文件名：dancer.txt✓
(张三,男)<<---配对舞伴--->>(李四,女)
(王五,男)<<---配对舞伴--->>(马七,女)
(赵六,男)<<---配对舞伴--->>(刘八,女)
男士队列中尚有2位舞伴, 首位是: (田九,男)

程序说明:

用队列解决舞伴配对问题的解法是一种比较直观的方法, 难度不高。下面有个相对较难的问题是求迷宫路径, 也是应用队列帮助解题。下面列出该问题, 供读者练习。

以一个 $m*n$ 的矩阵表示迷宫, 0 和 1 分别表示迷宫中的通路和障碍, 并设定一条从入口到出口的通路。编程求出迷宫从入口到出口的路径。

习　　题

1. 选择题

(1) 栈的插入和删除操作在(　　)。
　　A. 栈底　　　　　　B. 栈顶　　　　　　C. 任意位置　　　　D. 指定位置
(2) 删除非空的顺序栈的栈顶元素，栈顶指针 top 的变化是(　　)。
　　A. top 不变　　　　B. top=0　　　　　C. top=top+1　　　D. top=top−1
(3) 一个队列的入队顺序是 1,2,3,4，则队列的输出顺序是(　　)。
　　A. 4,3,2,1　　　　B. 1,2,3,4　　　　C. 1,4,3,2　　　　D. 3,2,4,1
(4) 一个顺序栈 S，其栈顶指针为 top，则将元素 e 入栈的操作是(　　)。
　　A. *S->top=e;S->top++;　　　　　　　B. S->top++;*S->top=e;
　　C. *S->top=e　　　　　　　　　　　　D. S->top=e;
(5) 判定一个顺序栈 S(栈空间大小为 n)为空的条件是(　　)。
　　A. S->top==0　　　B. S->top!=0　　　C. S->top==n　　　D. S->top!=n
(6) 设计一个判别表达式中的括号是否配对的算法，采用(　　)数据结构最佳。
　　A. 顺序表　　　　　B. 链表　　　　　　C. 队列　　　　　　D. 栈
(7) 栈和队列都是(　　)。
　　A. 链式存储的线性结构　　　　　　　　B. 链式存储的非线性结构
　　C. 限制存取点的线性结构　　　　　　　D. 限制存取点的非线性结构
(8) 循环队列用数组 A[0, m−1]存放元素，已知其头尾指针分别是 front 和 rear，则当前队列中的元素个数是(　　)。
　　A. (rear-front+m)%m　　　　　　　　B. rear-front+1
　　C. rear-front−1　　　　　　　　　　D. rear-front
(9) 当用大小为 N 的数组存储循环队列时，该队列的最大长度为(　　)。
　　A. N　　　　　　　B. $N+1$　　　　　C. $N-1$　　　　　D. $N-2$
(10) 设栈 S 和队列 Q 的初始状态为空，元素 e1,e2,e3,e4,e5,e6 依次通过栈 S，一个元素出栈后即进入队列 Q，若 6 个元素出栈的顺序是 e2,e4,e3,e6,e5,e1，则栈 S 的容量至少应该是(　　)。
　　A. 6　　　　　　　B. 4　　　　　　　C. 3　　　　　　　D. 2
(11) 在一个链队列中，假定 front 和 rear 分别为队头指针和队尾指针，删除一个结点的操作是(　　)。
　　A. front=front->next　　　　　　　　B. rear= rear->next
　　C. rear->next=front　　　　　　　　　D. front->next=rear
(12) 循环队列的队头和队尾指针分别为 front 和 rear，则判断循环队列为空的条件是(　　)。
　　A. front==rear　　　B. front==0
　　C. rear==0　　　　D. front=rear+1

(13) 设数组 S[n]作为两个栈 S1 和 S2 的存储空间，对任何一个栈只有当 S[n]全满时才不能进行进栈操作。为两个栈分配空间的最佳方案是(　　)。

  A. S1 的栈底位置为 0，S2 的栈底位置为 $n-1$

  B. S1 的栈底位置为 0，S2 的栈底位置为 $n/2$

  C. S1 的栈底位置为 0，S2 的栈底位置为 n

  D. S1 的栈底位置为 0，S2 的栈底位置为 1

(14) 将递归算法转换成对应的非递归算法时，通常需要使用(　　)来保存中间结果。

  A. 队列   B. 栈   C. 链表   D. 树

2. 填空题

(1) 在下列顺序栈压栈与弹栈算法中，补齐空白处的代码。

```
template <typename T>
void SeqStack<T>::InitStack(){
    top=-1;
    ptr=new T[maxsize];
}
template <typename T>
void SeqStack<T>::Push(T x){
    if(Full())
        throw FullStack();
    _____
}
template <typename T>
T SeqStack<T>::Pop(){
    if(Empty())
        throw EmptyStack();
    _____
}
```

(2) 在下列链栈压栈算法中，补齐空白处的代码。

```
template <typename T>
void LinkStack<T>::Push(T x){    //注：栈顶指针为top
    Node<T> * s;
    if(Full())
        throw FullStack();
    _____
    _____
    _____
    _____
}
```

(3) 在下列链栈弹栈算法中，补齐空白处的代码。

```
template <typename T>
T LinkStack<T>::Pop(){//注：栈顶指针为top
    T tmp;
    Node<T> * p;
    if(Empty())
```

```
            throw EmptyStack();
        _____
        _____
        _____
        _____
        return tmp;
}
```

(4) 在下列循环队列的判空和判满算法中，补齐空白处的代码。

```
bool isEmpty() const{// front、rear 为队头与队尾指针，QueueSize 为数组空间大小
    _____
}
bool isFull() const{
    _____
}
```

(5) 在以 T queue[maxSize]为存储结构的循环队列中，补齐入队与出队算法空白处的代码。

```
template <typename T>
void CirQueue<T>:: EnQueue(T newItem){ // front、rear 为队头与队尾指针
    if(isFull())
        throw FullQueue();
    _____
    _____
}
template <typename T>
T CirQueue<T>::DeQueue(){
    if(isEmpty())
        throw EmptyQueue();
    _____
    _____
    return_____
}
```

(6) 在下列带头结点的链队列入队与出队算法中，补齐空白处的代码。

```
template<typename T>
struct Node{
    T data;
    Node<T> * next;
};
template<typename T>
void LinkQueue<T>::EnQueue(T newItem){ // front、rear 为队头与队尾指针
    Node<T> * s=new Node<T>;
    if(s==NULL)
        throw FullQueue();
    _____
    _____
    _____
    _____
```

```
}
template<typename T>
T LinkQueue<T>::DeQueue(){
    T x;
    Node<T> * p;
    if(isEmpty())
        throw EmptyQueue();
    _____
    x=p->data;
    _____
    if(!p->next)
        _____
    delete p;
    return x;
}
```

3. 编程题

(1) 编写两个栈共享数组空间的顺序栈类模板,其栈底分别设在数组的两端。

(2) 借助栈实现单链表上数据元素的逆置运算。

(3) 在循环队列中,用 rear 指向循环队列中的队尾,length 记录队列中所有元素的个数。编写并测试循环队列类 CirQueue。

(4) 假设以带头结点的循环链表表示队列,并且只设一个指针指向队尾元素结点(注:不设头指针),试编写包含队列基本运算的循环队列类模板。

(5) 八皇后问题。设棋盘有八行八列,要求将八个皇后放入棋盘,使得每个皇后所处的行、列和对角线都与其他皇后不同,编程给出八皇后问题的解。

第 3 章
字符串和多维数组

模式匹配是一种基本的字符串运算,是从主字符串中找出所有给定子字符串(模式)的过程,在文本编辑、搜索引擎等应用中有较高的使用频率。矩阵压缩存储的基本思想是让多个值相同的元素仅分配一个存储空间或不存储零元素,从而节省存储空间。

本章学习要点

本章主要介绍了字符串的模式匹配算法和特殊矩阵的存储方法。3.1 节介绍了一种朴素的模式匹配算法——BF 算法的实现。3.2 节讲解了 BF 算法的改进算法——KMP 算法的实现,并用窗体程序演示了求解 next 数组的过程。3.3 节介绍了对称矩阵的压缩存储、稀疏矩阵的三元组表法和十字链表法 3 种特殊矩阵的存储法,其中十字链表法用窗体程序实现,图形化的界面直观地展示了十字链表存储结构在内存中的状况。3.4 节给出了奇数阶幻方矩阵的窗体程序代码和设计方法。

3.1 BF 模式匹配算法

BF(Brute-Force)模式匹配算法，也称简单(或朴素)的匹配算法。BF 算法的思想是：从主字符串 S 的第 1 个字符开始和模式串 T 中的第 1 个字符比较，若相等，则继续逐个比较后续字符，否则，从 S 的第 2 个字符开始重新与 T 的第 1 个字符进行比较，依次类推。若从 S 的第 i 个字符开始，每个字符依次和 T 中对应字符相等，则匹配成功，返回 i 的位置；否则，为匹配失败，返回 0。

在字符串类 String 中，定义 BF 模式匹配算法的实现函数。代码如下：

```cpp
//文件名：String.h
#ifndef STRING_H
#define STRING_H
#include<iostream>
#include<exception>
using namespace std;
class String{
    friend ostream & operator<<(ostream &,const String &);
    friend istream & operator>>(istream &,String &);
public:
    String(const char * ="");                    //构造函数
    String(const String &);                       //拷贝构造函数
    ~String(){ delete [] sp;}                     //析构函数
    String & operator=(const String &);           //赋值运算符重载函数
    String & operator+=(const String &);          //+=运算符重载函数，串尾连接另一字符串
    String operator+(const String &) const;       //+运算符重载函数，返回连接字符串
    String operator+(double) const;               //+运算符重载函数，字符串与实型数连接
    bool operator!() const;                       //是否为空串
    bool operator==(const String &) const;        //两字符串是否相等
    char & operator[](int);                       //下标访问运算符重载函数
    int getLength(){ return length;}              //返回字符串长度
    int matching_BF(const String &) const;        //BF 模式匹配算法实现函数
private:
    int length;                                   //记录字符串长度
    char * sp;                                    //指向自由存储区空间指针
    void setString(const char *);
};
String::String(const char * strp){
    length=strlen(strp);
    setString(strp);
}
String::String(const String & s){
    length=s.length;
    setString(s.sp);
}
void String::setString(const char * s){
    try{
        sp=new char[length+1];
        if(s!="")
```

```cpp
            strcpy(sp,s);
        else
            sp[0]='\0';
    }catch(const std::bad_alloc& ex){        //处理 new 内存分配异常
        cout<<ex.what()<<endl;
    }
}
ostream & operator<<(ostream & os,const String & s){
    os<<s.sp;
    return os;
}
istream & operator>>(istream & is,String & s){
    char buffer[1000];
    is>>buffer;
    s=buffer;
    return is;
}
String & String::operator=(const String & s){
    if(&s!=this){
        delete [] sp;                        //先释放 this 中字符串
        length=s.length;
        setString(s.sp);                     //再调用 setString 生成
    }
    return *this;
}
String & String::operator+=(const String & s){
    int len=length+s.length;
    char * tmpPtr=new char[len+1];           //申请新的堆空间
    strcpy(tmpPtr,sp);
    strcpy(tmpPtr+length,s.sp);
    delete [] sp;                            //释放 sp 指向的堆空间
    sp=tmpPtr;                               //sp 指向新空间
    length=len;
    return *this;
}
String String::operator+(const String & s) const{
    String tmp(*this);
    tmp+=s;
    return tmp;
}
String String::operator+(double d) const{
    char buffer[50];
    _gcvt(d,10,buffer);                      //_gcvt 转换实型数为字符串
    String tmp(*this);
    tmp+=buffer;
    return tmp;
}
char & String::operator[](int index){
    if(index<0 || index>=length){
        throw out_of_range("下标越界访问! ");  //抛出越界访问异常
    }
```

```
        return sp[index];
    }
    bool String::operator!() const{
        return length==0;
    }
    bool String::operator==(const String & s) const{
        return strcmp(sp,s.sp)==0;     //比较字符串是否相同
    }
    int String::matching_BF(const String & t) const{
        int i=0,j=0;                   //i指向主串，j指向模式串
        while (sp[i]!='\0' && t.sp[j]!='\0') {
            if (sp[i]==t.sp[j]) { //如果相等,继续向下匹配
                i++;
                j++;
            }
            else{                      //主串回到i-j+1，模式从第1个位置重新匹配
                i=i-j+1;
                j=0;
            }
        }
        if (t.sp[j]=='\0')
            return i-j+1;
        else
            return -1;
    }
    #endif
```

BF 模式匹配功能函数测试主函数代码如下：

```
#include<iostream>
#include"string.h"
using namespace std;
int main(void){
    String S("abbabbabaabbb"),T("aba");
    cout<<"主串内容："<<S<<"\t"<<"模式串内容："<<T<<endl;
    cout<<"应用BF模式匹配算法返回值为："<<S.matching_BF(T)<<endl;
    return 0;
}
```

运行结果：

主串内容：abbabbabaabbb　　模式串内容：aba
应用BF模式匹配算法返回值为：7

程序说明：

VC++系统提供了 String 类。String 类中的字符串是存放在堆空间，堆内存是在程序运行时分配和释放的，其使用需要程序员维护。例如，在 String 类的 "+=" 运算符重载函数中，为实现字符串的拼接，需要先申请一个长度为两个字符串长度之和的新的空间，再将左右操作数的字符串依次复制到新的空间中，最后还不能忘记释放左操作数原有的空间。

3.2 KMP 模式匹配算法

KMP 算法是对 BF 算法的改进，由 D.E.Knuth、V.R.Pratt 和 J.H.Morris 同时发现，其特点是主串的指针不回溯，即主串的每个字符仅比较一次，提高了效率。KMP 算法的关键点是根据模式求出模式指针回溯的位置，其值由模式决定，与主串无关。

3.2.1 next 数组求解窗体程序

根据模式 T 求 next 数组的公式如下，其中：$T[x]$ 表示模式中第 x 个字符，$T[m,n]$ 表示模式中第 m 个至第 n 个字符间的子字符串。

$$next[j] = \begin{cases} -1 & j=0 \\ \max\ \{k | 1 \leq k \leq j \text{且} T[0,k-1] == T[j-k,j-1]\} \\ 0 & \text{其他情况} \end{cases}$$

用递推的方法求 next 数组。从上面公式可知，如果 $next[j]==k$，则有 $T[0, k-1]==T[j-k, j-1]$，据此可求 $next[j+1]$ 的值。根据 $T[k]$ 与 $T[j]$ 是否相等，分别计算 $next[j+1]$ 的值如下。

(1) 若 $T[k]==T[j]$，则有 $T[0,k]==T[j-k,j]$，不存在 $x>k$，使得 $T[0, x]==T[j-x,j]$，故 $next[j+1]$ 的值为 $k+1$。

(2) 若 $T[k]!=T[j]$，则可将求 $next[j+1]$ 的值看成是一个模式匹配问题，如图 3-1 所示。即模式向右滑动至 $k'=next[k](0<k'<k<j)$，如果 $T[k']==T[j]$，则 $next[j+1]=next[next[k]]+1$。以此类推，直到某次匹配成功。

图 3-1 求 next[j+1] 的模式匹配

下面以 next 数组的求解设计一个窗体演示程序。如图 3-2 所示，鼠标左键单击黑色区域一次，窗口显示一个 next 数组中的值。

本节程序的设计是在 3.1 节 String 类的基础上，添加 next 数组求解函数，并通过窗体显示 next 数组中的值，设计步骤和主要代码如下。

(1) 创建窗体应用程序项目 ExampleCh3_2GUI。复制 3.1 节 String.h 文件到项目文件夹中，在"解决方案资源管理器"中添加其到头文件夹下。打开 String.h 文件，在最后一行 #endif 之前添加 get_Next 函数，代码如下：

```
void get_Next(String & s,int next[]){
    int j=0,k=-1;              //初始化j和k
    next[0]=-1;
    while(j<s.getLength()-1){
        if(k==-1||(s[j]==s[k])){   //若k==-1，则next[j]=0
            j++;
```

```
            k++;
            next[j]=k;            //若s[j]==s[k],则next[j]=next[next[k]]+ 1
        }else
            k=next[k];            //模式串向右滑动至 k'=next[k]
    }
}
```

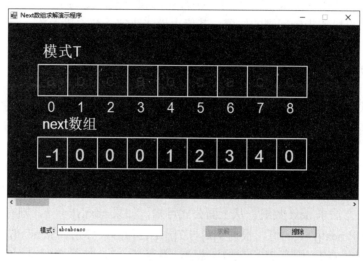

图 3-2 next 数组求解窗体演示程序界面

在 KMP 算法实现中，求 next 数组值的算法极为重要，但较难理解。下面通过表 3-1 解析 get_Next 函数求解模式 T="abcabcacc"的 next 数组的方法。

表 3-1 get_Next 函数求 next 数组值的过程

次序	while 循环语句 if(k==-1||s[j]==s[k])	j	k	next	k=next[k]
		0	-1	next[0]=-1	
1	k==-1	1	0	next[1]=0	
2	false		-1		k=next[0]
3	k==-1	2	0	next[2]=0	
4	false		-1		k=next[0]
5	k==-1	3	0	next[3]=0	
6	s[3]==s[0]==a	4	1	next[4]=1	
7	s[4]==s[1]==b	5	2	next[5]=2	
8	s[5]==s[2]==c	6	3	next[6]=3	
9	s[6]==s[3]==a	7	4	next[7]=4	
10	false		1		k=next[4]
11	false		-1		k=next[1]
12	k==-1	8	0	next[8]=0	

(2) 窗体界面设计。根据图 3-2 和表 3-2，从工具箱拖曳控件到设计窗体，设置控件属性和响应事件。

第3章 字符串和多维数组

表 3-2 next 数组求解演示程序控件与参数设置

控件	名称	属性设置	响应事件	备注
Form	Form1	Text=Next 数组求解演示程序；MaximizeBox=False；FormBorderStyle=FixedSingle		
HScrollBar	hScrollBar1		ValueChanged	pictureBox1 左右滚动
PictureBox	pictureBox1	BackColor=Black Size=5000, 350	Paint Click	
TextBox	textBox1			
Button	button1	Text=求解	Click	
	button2	Text=擦除		
Label	label1	Text=模式		

(3) 在 Form1.h 代码文件的第二行添加#include "String.h"，使程序能引用 String 类。由于窗体应用程序中，系统已定义了 String 类，为能正确引用自定义的 String 类，需要在 String.h 文件中添加命名空间，参见下面代码中的画线部分。

```
//文件名: String.h
#ifndef STRING_H
#define STRING_H
#include<iostream>
#include<exception>
using namespace std;
namespace ExampleCh3_2GUI {
class String{
    (省略)
};
void get_Next(String & s,int next[]){
    (省略)
}
}
#endif
```

在 Form1.h 文件的 class Form1 中，定义私有数据。

```
private:
    String * TPtr;        //指向自定义类 String 的指针
    char * TArray;        //指向自由存储区的模式 T
    int * NextArray;      //指向自由存储区的 next 数组
    int len;              //记录模式串的长度
    int curLocation;      //记录当前已显示的 next 中的元素位置
```

(4) 事件响应函数代码。

```
private: System::Void button1_Click(System::Object^ sender, System::EventArgs^ e) {
        len=textBox1->Text->Length;
```

```
                TArray=new char[len+1];        //动态分配字符数组
                for(int i=0;i<len;i++)         //textBox1->Text 字符串保存至 TArray
                    TArray[i]=Convert::ToChar(textBox1->Text->Substring(i,1));
                TArray[len]='\0';
                TPtr=new String(TArray);       //生成模式对象,引用自定义的 String 类
                NextArray=new int[len];        //生成 next 数组
                get_Next(*TPtr,NextArray);     //调用求解 next 中元素值的函数
                curLocation=0;
                pictureBox1->Refresh();
                button1->Enabled=false;
            }
    private: System::Void button2_Click(System::Object^ sender, System::EventArgs^ e) {
                textBox1->Clear();
                len=0;
                if(TArray!=0){                 //释放自由存储区中的字符串
                    delete [] TArray;
                    TArray=0;
                }
                if(NextArray!=0){              //释放 next 数组
                    delete [] NextArray;
                    NextArray=0;
                }
                if(TPtr!=0){                   //释放模式对象
                    delete TPtr;
                    TPtr=0;
                }
                pictureBox1->Refresh();
                button1->Enabled=true;
                hScrollBar1->Value=0;
            }
    private: System::Void pictureBox1_Paint(System::Object^  sender,
                         System::Windows::Forms::PaintEventArgs^  e) {
                char ch;
                System::String ^ str;          //引用 System 中的 String 类
                e->Graphics->Clear(Color::Black);  //清除
                if(len!=0){                    //绘图
                    for(int i=0;i<len;i++){
                        e->Graphics->DrawString("模式 T",gcnew System::Drawing::
                        Font("Arial",20),gcnew System::Drawing::SolidBrush(
                        System::Drawing::Color::White),65.0,40.0);
                        e->Graphics->DrawRectangle(gcnew Pen(Color::
                        White,2),60+i*60,80,60,60);   //画方格
                        ch=TArray[i];
                        str=Convert::ToChar(ch)+"";   //填字符
                        e->Graphics->DrawString(str,gcnew System::Drawing::Font(
                            "Arial",25),gcnew System::Drawing::SolidBrush(
                            System::Drawing::Color::Red),70.0+i*60,90.0);
                        str=(i).ToString();    //标数组下标
                        e->Graphics->DrawString(str,gcnew System::Drawing::Font(
                        "Arial",20),gcnew System::Drawing::SolidBrush(
```

```
                    System::Drawing::Color::White),75.0+i*60,145.0);
                    e->Graphics->DrawString("next 数组",gcnew System::Drawing
                    ::Font("Arial", 20),gcnew System::Drawing::SolidBrush(
                    System::Drawing::Color::White),65.0,180.0);
                    e->Graphics->DrawRectangle(gcnew Pen(Color::White,2),
                    60+i*60,220,60,60);
                        for(int j=0;j<curLocation;j++){
                            str=NextArray[j].ToString();
                            e->Graphics->DrawString(str,gcnew System::
           Drawing::Font("Arial",25),gcnew System::
    Drawing::SolidBrush(System::Drawing::Color::
    Yellow),70.0+j*60,235.0);
                        }
                    }
                }
            }
private: System::Void pictureBox1_Click(System::Object^ sender, System::EventArgs^ e) {
             if(curLocation<len)
                 curLocation++;
             pictureBox1->Refresh();
         }
private: System::Void hScrollBar1_ValueChanged(System::Object^ sender,
                                               System::EventArgs^ e) {
             int x=(pictureBox1->Size.Width/hScrollBar1-> Maximum)*hScrollBar1 -> Value;
             pictureBox1->Location=Point(-x,pictureBox1->Location.Y);
             //移动pictureBox1
         }
```

程序说明：

（1） HScrollBar 控件用于控制窗体中 "黑板" 的左右移动。该控件的 ValueChanged 事件响应函数在 Value 值改变时被调用，该函数通过修改 pictureBox1 控件的 Location 值，实现控件的左右移动。

（2） pictureBox1 控件的 Click 事件响应函数用于控制 Next 数组中元素值的依次显现。用 curLocation 变量的不断加 1 控制 Next 中所显示元素的个数，再调用 pictureBox1 控件的刷新函数，让 Paint 事件响应函数重新画图。

3.2.2 KMP 算法的实现

在 3.1 节的 String.h 文件中，添加 3.2.1 节定义的 void get_Next(String & s,int next[])函数。String 类中添加的 KMP 算法实现代码如下：

```
int String::matching_KMP(String & t) const{
    int i=0,j=0;                              //i 指向主串，j 指向模式串
    int * next=new int[t.length];
    get_Next(t,next);
    while (sp[i]!='\0' && t.sp[j]!='\0') {
        if (j==-1||sp[i]==t.sp[j]) {          //如果相等，继续向下匹配
            i++;
```

```
            j++;
        }
        else{                              //模式从next[j]位置重新匹配
            j=next[j];
        }
    }
    delete [] next;
    if (t.sp[j]=='\0')
        return i-t.length+1;
    else
        return -1;
}
```

在 String.h 文件的 class String 之前声明函数和类引用如下：

```
class String;
void get_Next(String & s,int next[]);
```

主函数及测试代码与 3.1 节类似，读者自己完成。

3.3 特殊矩阵的存储

对于一些特殊的矩阵，由于矩阵中有很多相同或为零的值，为节约存储空间，可对此类矩阵进行压缩存储。

本节介绍对称矩阵的压缩存储，稀疏矩阵的三元组表存储和十字链表存储。

3.3.1 对称矩阵的压缩存储

对称矩阵的特点是以主对角线为轴，矩阵中上三角和下三角元素对称相等，因此上三角和下三角中的元素只需存储一个。

用模板定义对称矩阵类 SymMatrix，代码如下：

```
//文件名：symMatrix.h
#ifndef SYMMATRIX_H
#define SYMMATRIX_H
#include<iostream>
using namespace std;
template <typename T>
class SymMatrix{
    template <typename T>
    friend ostream & operator<<(ostream & , SymMatrix<T> &);
    template <typename T>
    friend istream & operator>>(istream & , SymMatrix<T> &);
public:
    SymMatrix();
    SymMatrix(const SymMatrix & );
    ~SymMatrix();
```

```cpp
        SymMatrix & operator=(const SymMatrix &);
        SymMatrix operator+(const SymMatrix &);         //矩阵相加
        T & getElem(int,int);                            //获取矩阵中的元素
    protected:
        void allocMem(int);                              //申请内存
        void freeMem();                                  //释放内存
    private:
        int n;                                           //方阵的阶
        T * ptr;                                         //指向方阵的指针
};
template <typename T>
SymMatrix<T>::SymMatrix(){
    n=0;
    ptr=NULL;
}
template <typename T>
SymMatrix<T>::SymMatrix(const SymMatrix<T> & sm){
    allocMem(sm.n);
    for(int i=0;i<n*(n+1)/2;i++)
        this->ptr[i]=sm.ptr[i];
}
template <typename T>
SymMatrix<T>::~SymMatrix(){
    freeMem();
}
template <typename T>
SymMatrix<T> & SymMatrix<T>::operator=(const SymMatrix<T> & sm){
    freeMem();
    allocMem(sm.n);
    for(int i=0;i<n*(n+1)/2;i++)
        this->ptr[i]=sm.ptr[i];
    return *this;
}
template <typename T>
SymMatrix<T> SymMatrix<T>::operator+(const SymMatrix & sm){
    SymMatrix<T> tmp;
    if(n!=sm.n)
        throw "二矩阵的阶数不同，不能相加！";
    else{
        tmp.allocMem(n);
        for(int i=0;i<n*(n+1)/2;i++)
            tmp.ptr[i]=ptr[i]+sm.ptr[i];
    }
    return tmp;
}
template <typename T>
T & SymMatrix<T>::getElem(int i,int j){//输入行号与列号，返回对存储单元的引用
    if(i>=j)
        return ptr[(i*(i-1))/2+j-1]; //主对角线或下三角中元素
    else
        return ptr[(j*(j-1))/2+i-1]; //上三角中元素
```

```cpp
}
template <typename T>
void SymMatrix<T>::allocMem(int x){
    n=x;
    ptr=new T[n*(n+1)/2];
}
template <typename T>
void SymMatrix<T>::freeMem(){
    n=0;
    delete [] ptr;
}
template <typename T>
ostream & operator<<(ostream & os, SymMatrix<T> & sm){
    for(int i=1;i<=sm.n;i++){
        for(int j=1;j<=sm.n;j++)
            os<<"\t"<<sm.getElem(i,j);
        os<<endl;
    }
    return os;
}
template <typename T>
istream & operator>>(istream & is, SymMatrix<T> & sm){
    int n,k=0;
    cout<<"请输入对称矩阵的阶：";is>>n;
    sm.allocMem(n);
    for(int i=0;i<n;i++){
        cout<<"请输入第"<<i+1<<"行的前"<<i+1<<"个元素：";
        for(int j=0;j<i+1;j++)
            is>>sm.ptr[k++];
    }
    return is;
}
#endif
```

主函数如下：

```cpp
//文件名：mainFunCh3_4.cpp
#include<iostream>
#include"symMatrix.h"
using namespace std;
int main(){
    SymMatrix<int> matrix1,matrix2;
    cout<<"向matrix1输入数据,";    cin>>matrix1;
    cout<<"向matrix2输入数据,";    cin>>matrix2;
    cout<<"matrix1 为：\n"<<matrix1<<endl;
    cout<<"matrix2 为：\n"<<matrix2<<endl;
    try{
        cout<<"matrix1+matrix2 为：\n"<<matrix1+matrix2<<endl;
    }catch(char * str){
        cout<<str<<endl;
    }
```

```
        return 0;
}
```

运行结果：

向 matrix1 输入数据,请输入对称矩阵的阶：3✓
请输入第 1 行的前 1 个元素：1✓
请输入第 2 行的前 2 个元素：2 3✓
请输入第 3 行的前 3 个元素：4 5 6✓
向 matrix2 输入数据,请输入对称矩阵的阶：3✓
请输入第 1 行的前 1 个元素：7✓
请输入第 2 行的前 2 个元素：8 9✓
请输入第 3 行的前 3 个元素：10 11 12✓
matrix1 为：
    1   2   4
    2   3   5
    4   5   6

matrix2 为：
    7   8   10
    8   9   11
    10 11 12

matrix1+matrix2 为：
    8   10 14
    10 12 16
    14 16 18

程序说明：

T & getElem(int,int);函数由于返回的是存储单元的引用，因此它不仅能读取矩阵中的元素，也能修改矩阵元素的值。例如，语句 matrix2.getElem(1,2)=10;是将矩阵第 1 行第 2 列中的值置为 10。

3.3.2　三元组表法存储稀疏矩阵

稀疏矩阵是零元素较多的矩阵，其压缩存储的基本思想是仅存储非零元素，常用的方法有三元组表和十字链表。本节程序采用三元组表进行存储，并实现了矩阵的转置、加法和乘法运算，代码如下：

```
//文件名：sparseMatrix.h
#ifndef SPARSEMATRIX_H
#define SPARSEMATRIX_H
#include<iostream>
using namespace std;
const int MaxSize=1000;
template<typename T>
struct TripleElement{        //定义三元组表中各单元的数据类型
    int i,j;                 //行号，列号
    T item;                  //非零元素
};
```

```cpp
template<typename T>
class SparseMatrix{
public:
    template<typename T>
    friend ostream & operator<<(ostream &,SparseMatrix<T> &);
    template<typename T>
    friend istream & operator>>(istream &,SparseMatrix<T> &);
    SparseMatrix(int r=0,int c=0,int n=0):row(r),col(c),num(n){}
    SparseMatrix(const SparseMatrix &);
    T getValue(int i,int j);                          //取值
    SparseMatrix  transpose();                        //转置
    SparseMatrix & operator=(const SparseMatrix &);   //赋值运算符重载
    SparseMatrix operator+(const SparseMatrix &);     //矩阵加
    SparseMatrix operator*(SparseMatrix &);           //矩阵乘
private:
    TripleElement<T> data[MaxSize];    //三元组表
    int row,col,num;                   //矩阵的行数、列数和非零元素个数
};
template<typename T>
SparseMatrix<T>::SparseMatrix(const SparseMatrix<T> & sm){
    row=sm.row;    col=sm.col;
    num=sm.num;
    for(int i=0;i<num;i++)
        data[i]=sm.data[i];
}
template<typename T>
T SparseMatrix<T>::getValue(int i,int j){
    for(int k=0;k<num;k++)
        if(data[k].i==i && data[k].j==j)
            return data[k].item;
    return 0;
}
template<typename T>
SparseMatrix<T> SparseMatrix<T>::transpose(){
    SparseMatrix<T> tmp(col,row,num);
    int k=0;
    if(tmp.num>0){
        for(int p=1;p<=tmp.row;p++)
            for(int q=0;q<tmp.num;q++)
                if(this->data[q].j==p){
                    tmp.data[k].i=data[q].j;
                    tmp.data[k].j=data[q].i;
                    tmp.data[k].item=data[q].item;
                    k++;
                }
    }
    return tmp;
}
template<typename T>
SparseMatrix<T> & SparseMatrix<T>::operator=(const SparseMatrix<T> & sm){
```

```cpp
        this->row=sm.row;   this->col=sm.col;
        this->num=sm.num;
        for(int i=0;i<num;i++)
            data[i]=sm.data[i];
        return *this;
}
template<typename T>
SparseMatrix<T> SparseMatrix<T>::operator+(const SparseMatrix<T> & sm){
    SparseMatrix<T> tmp(row,col);
    if(row!=sm.row || col!=sm.col)
        throw "二矩阵的阶数不相等，不能相加！";
    int p=0,q=0,k=0;                              //分别指向this、sm和tmp三元组表
    while(p<this->num && q<sm.num){
        if(data[p].i==sm.data[q].i){              //行相同
            if(data[p].j==sm.data[q].j){          //列相同
                if((data[p].item+data[q].item)!=0){   //二元素之和非零
                    tmp.data[k].i=data[p].i;
                    tmp.data[k].j=data[p].j;
                    tmp.data[k].item=data[p].item+sm.data[q].item;
                    k++;tmp.num++;
                }
                p++;q++;
            }
            else{                                 //行相同，列不同
                if(data[p].j<sm.data[q].j){       //分两种情况
                    tmp.data[k].i=data[p].i;
                    tmp.data[k].j=data[p].j;
                    tmp.data[k].item=data[p].item;
                    k++;tmp.num++;p++;
                }
                else{
                    tmp.data[k].i=sm.data[q].i;
                    tmp.data[k].j=sm.data[q].j;
                    tmp.data[k].item=sm.data[q].item;
                    k++;tmp.num++;q++;
                }
            }
        }//end if
        else{
            if(data[p].i<sm.data[q].i){
                tmp.data[k].i=data[p].i;
                tmp.data[k].j=data[p].j;
                tmp.data[k].item=data[p].item;
                k++;tmp.num++;p++;
            }
            else{
                tmp.data[k].i=sm.data[q].i;
                tmp.data[k].j=sm.data[q].j;
                tmp.data[k].item=sm.data[q].item;
                k++;tmp.num++;q++;
            }
```

```cpp
            }
        }
        while(p<this->num){//复制this 三元组表中剩余元素
            tmp.data[k].i=data[p].i;
            tmp.data[k].j=data[p].j;
            tmp.data[k].item=data[p].item;
            k++;tmp.num++;p++;
        }
        while(q<sm.num){            // 复制sm 三元组表中剩余元素
            tmp.data[k].i=sm.data[q].i;
            tmp.data[k].j=sm.data[q].j;
            tmp.data[k].item=sm.data[q].item;
            k++;tmp.num++;q++;
        }
        return tmp;
}
template<typename T>
SparseMatrix<T> SparseMatrix<T>::operator*(SparseMatrix<T> & sm){
        SparseMatrix<T> tmp(this->row,sm.col);
        T sum;
        int p=0;
        if(this->col!=sm.row)                       //容错处理
            throw "二矩阵的行与列不相等,不能相乘! ";
        for(int i=1;i<=tmp.row;i++)
            for(int j=1;j<=tmp.col;j++){
                sum=0;
                for(int k=1;k<=this->col;k++)
                    sum+=getValue(i,k)*sm.getValue(k,j);
                if(sum!=0){
                    tmp.data[p].i=i;
                    tmp.data[p].j=j;
                    tmp.data[p].item=sum;
                    p++;tmp.num++;
                }
            }
        return tmp;
}
template<typename T>
ostream & operator<<(ostream & os,SparseMatrix<T> & sm){
        int k=0;
        for(int i=1;i<=sm.row;i++){
            for(int j=1;j<=sm.col;j++)
                if(sm.data[k].i==i && sm.data[k].j==j)
                    cout<<"\t"<<sm.data[k++].item;
                else
                    cout<<"\t"<<0;
            cout<<endl;
        }
        return os;
}
```

```cpp
template<typename T>
istream & operator>>(istream & is,SparseMatrix<T> & sm){
    T x;
    int k=0;
    if(is==cin)
        cout<<"请输入稀疏矩阵的行数，列数: ";
    is>>sm.row>>sm.col;
    for(int i=1;i<=sm.row;i++){
        if(is==cin)
            cout<<"请输入第"<<i<<"行的"<<sm.col<<"个元素: ";
        for(int j=1;j<=sm.col;j++){
            is>>x;
            if(x!=0){
                sm.data[k].i=i;
                sm.data[k].j=j;
                sm.data[k].item=x;
                sm.num++;
                k++;
            }
        }
    }
    return is;
}
#endif
```

用于测试稀疏矩阵类的代码如下，其中矩阵信息通过文本文件输入。

```cpp
//文件名: mainFunCh3_5.cpp
#include<iostream>
#include<fstream>
#include"sparseMatrix.h"
using namespace std;
int main(){
    SparseMatrix<int> A,B,C;
    ifstream inFile("e:\\dataCh3_5.txt");
    inFile>>A;
    inFile>>B;
    inFile>>C;
    cout<<"A:\n"<<A;
    cout<<"B:\n"<<B;
    cout<<"C:\n"<<C;
    try{
        cout<<"A':\n"<<A.transpose();
        cout<<"A+B:\n"<<A+B;
        cout<<"A*C:\n"<<A*C;
    }
    catch(char * exp){
        cout<<exp<<endl;
    }
    inFile.close();
    return 0;
}
```

运行结果：

A:
```
2    0    0    1
0    0    5    0
0    7    0    0
```

B:
```
1    0    1    0
0    0    0    1
0   -7    0    0
```

C:
```
0    1    0    3    0
2    0    0    0    0
0    4    0    0    0
0    0    0    1    0
```

A':
```
2    0    0
0    0    7
0    5    0
1    0    0
```

A+B:
```
3    0    1    1
0    0    5    1
0    0    0    0
```

A*C:
```
0    2    0    7    0
0   20    0    0    0
14    0    0    0    0
```

程序说明：

(1) 文本文件 dataCh3_5.txt 的内容为 3 个矩阵的行数、列数以及每个元素的值。

(2) SparseMatrix 类中的 getValue 是专门用于获取矩阵中每个元素值的功能函数。矩阵乘函数通过调用 getValue 实现，其代码较加法函数简单。读者不妨尝试不用 getValue 函数，编写直接访问三元组表实现矩阵加法的函数。

3.3.3 十字链表法存储稀疏矩阵

十字链表法是用横向和纵向链表连接稀疏矩阵中的非零元素，具备链接存储的特点。

如图 3-3 所示，十字链表法是分别用带头结点的循环链表将同行(或同列)的非零元素链接在一起。每个结点有两个指针域，分别指向同行(或同列)的结点，所有指向头结点的指针存储于头结点指针数组，数组元素的个数为矩阵行数与列数的最大值。事实上，行号与列号相同的循环链表共享同一个头结点，图中因绘图需要分开绘了各自的头结点，但使用的指针域互不相同。

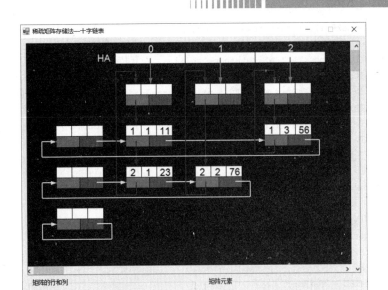

图 3-3 十字链表法存储稀疏矩阵窗体程序界面

用十字链表法存储稀疏矩阵窗体程序设计方法如下。

(1) 创建窗体应用程序项目 ExampleCh3_6GUI。在头文件夹中创建 OrthgonalList.h 文件，代码如下：

```cpp
//文件名:OrthgonalList.h
#ifndef ORTHGONALLIST_H
#define ORTHGONALLIST_H
#include<iostream>
using namespace std;
template <typename T>
struct Node{                                //定义结点 Node 结构体
    int row,col;                            //行、列位置
    T item;                                 //数据
    Node<T> * down,* right;                 //纵向指针域，横向指针域
};
template <typename T>
class OrthgonalList{                        //定义十字链表类
    template <typename T>
    friend ostream & operator<<(ostream & os,OrthgonalList<T> & ol);
public:
    OrthgonalList(){ ha=NULL; }
    ~OrthgonalList(){ Destroy(); }
    void Setup(int r,int c);                //创建矩阵
    void Destroy();                         //销毁矩阵
    int Insert(int r,int c,T x);            //插入
    int Delete(int r,int c);                //删除
    void GetNode(int row,int col,int item); //用于画图
```

```cpp
        int GetMaxRC(){ return row>col?row:col;}      //返回行列最大值
        int GetRow(Node<T> * p){return p->row;}       //获取p指向元素的行
        int GetCol(Node<T> * p){return p->col;}       //获取p指向元素的列
        T GetItem(Node<T> * p){return p->item;}       //获取p指向元素的值
        Node<T> * GetDownPtr( Node<T> * p){ return p->down;}//取down指针域值
        Node<T> * GetRightPtr( Node<T> * p){ return p->right;}//取right指针域值
        Node<T> * GetHa(int i){ return ha[i];}        //获取ha数组第i单元指针
        Node<T> * * GetHa(){ return ha; }             //返回
    private:
        Node<T> * * ha;                               //指向头结点的指针数组的指针,二级指针
        int row,col;                                  //矩阵的行与列
};
template <typename T>
void OrthgonalList<T>::Setup(int r,int c){
    row=r;
    col=c;
    int maxRC = r>c?r:c;
    ha=new Node<T>*[maxRC];                           //生成指针数组
    for(int i=0;i<maxRC;i++){
        ha[i]=new Node<T>;                            //生成头结点
        ha[i]->row=0;                                 //row赋值为0,代表头结点
        ha[i]->col=i+1;
        ha[i]->down=ha[i];                            //初始指向自己
        ha[i]->right=ha[i];
    }
}
template <typename T>
void OrthgonalList<T>::Destroy(){
    Node<T> * p;
    for(int i=0;i<(row>col?row:col);i++){
        p=ha[i]->down;
        while(p!=ha[i]){
            ha[i]->down=p->down;
            delete p;
            p=ha[i]->down;
        }
        delete ha[i];
    }
    delete [] ha;
    ha=NULL;
}
template <typename T>
int OrthgonalList<T>::Insert(int r,int c,T x){
    Node<T> * s,* p,* q;
    if((r<=0||r>row) || (c<=0||c>col))
        return -1;                                    //插入位置错误,返回-1
    //纵向查找
    q=ha[c-1];
    p=q->down;
    while(p!=ha[c-1] && p->row<r){
```

第3章 字符串和多维数组

```
            q=p;
            p=p->down;
        }
        if(p->down->row==r && p->down->col==c)
            return 0;                       //若结点已存在，返回0
        s=new Node<T>;                      //生成新结点，先纵向插入
        s->row=r;
        s->col=c;
        s->item=x;
        s->down=q->down;
        q->down=s;
        //横向插入
        q=ha[r-1];
        p=q->right;
        while(p!=ha[r-1] && p->col<c){
            q=p;
            p=p->right;
        }
        s->right=q->right;
        q->right=s;
        return 1;                           //插入成功，返回1
    }
    template <typename T>
    int OrthgonalList<T>::Delete(int r,int c){
        Node<T> * p,*q,*k;
        if((r<=0||r>row) || (c<=0||c>col))
            return -1;                      //删除位置错误，返回-1
        p=ha[c-1]->down;
        q=ha[c-1];
        while(p!=ha[c-1] && p->row<r){      //p指向被删结点，q指向前结点
            q=p;
            p=p->down;
        }
        if(p->row==r && p->col==c){
            k=ha[r-1]->right;
            while(k->right!=p)              //k指向p的左结点
                k=k->right;
            q->down=p->down;                //修改列指针q
            k->right=p->right;              //修改行指针k
            delete p;
            return 1;                       //删除成功，返回1
        }
        return 0;                           //删除位上无元素，返回0
    }
    template <typename T>
    void OrthgonalList<T>::GetNode(int row,int col,int item){
        Node<T> * p=ha[col-1];
        while(p->row<row)
            p=p->down;
        item=p->item;
    }
```

```
#endif
```

(2) 窗体界面设计。参照图 3-3 和表 3-3，从工具箱拖曳控件到设计窗体，并设置各控件属性和响应事件。

表 3-3　十字链表法存储稀疏矩阵窗体程序控件与参数设置

控件	名称	属性设置	响应事件
Form	Form1	Text=稀疏矩阵存储法—十字链表 Size=934,796;MaximizeBox=False; FormBorderStyle=FixedSingle;	
Panel	panel1	Size=897,562;Location=0,0	
PictureBox	pictureBox1	BackColor=Black; Size=2695,1276	Paint
HScrollBar	hScrollBar1		ValueChanged
VScrollBar	vScrollBar1		ValueChanged
TextBox	textBox1	MaxLength=1	KeyPress
	textBox2	MaxLength=1	
	textBox3	MaxLength=1	
	textBox4	MaxLength=1	
	textBox5	MaxLength=2	
GroupBox	groupBox1	Text=矩阵的行和列	
	groupBox2	Text=矩阵元素	
Button	button1	Text=生成	Click
	button2	Text=清空	
	button3	Text=插入	
	button4	Text=删除	
Label	label1	Text=行数:	
	label2	Text=列数:	
	label3	Text=第　　行,第　　列,值为	

(3) 在 Form.h 的第二行添加下列引用语句。

```
#include"OrthgonalList.h"
#include<string>
#include <msclr\marshal_cppstd.h>
using namespace std;
using namespace msclr::interop;
```

在 using namespace System::Drawing;的下一行，添加 OrthgonalList<int> myOrthgList;语句，为窗体程序定义十字链表对象。

(4) 控件的事件响应函数和自定义函数设计。

```
private: System::Void button1_Click(System::Object^ sender,
    System::EventArgs^ e) {
```

第3章 字符串和多维数组

```cpp
            myOrthgList.Setup(Convert::ToInt32(textBox1->Text),
                Convert::ToInt32(textBox2->Text));
            pictureBox1->Refresh();
        }
private: System::Void button2_Click(System::Object^ sender, System::EventArgs^ e) {
            myOrthgList.Destroy();
            pictureBox1->Refresh();
        }
private: System::Void button3_Click(System::Object^ sender, System::EventArgs^ e) {
            int result=myOrthgList.Insert(Convert::ToInt32(textBox3->
                Text),Convert::ToInt32(textBox4->Text),Convert::ToInt32
                (textBox5->Text));
            if(result==-1)
                MessageBox::Show("插入元素位置错误！",
                    "错误提示",MessageBoxButtons::OK,MessageBoxIcon::Warning);
            if(result==0)
                MessageBox::Show("该位置已存在元素，不能重复插入！",
                    "错误提示",MessageBoxButtons::OK,MessageBoxIcon::Warning);
            if(result==1)
                pictureBox1->Refresh();
        }
private: System::Void button4_Click(System::Object^ sender, System:: EventArgs^ e) {
            int result=myOrthgList.Delete(Convert::ToInt32(textBox3->Text),
                Convert::ToInt32(textBox4->Text));
            if(result==-1)
                MessageBox::Show("删除元素位置错误！",
                    "错误提示",MessageBoxButtons::OK,MessageBoxIcon::Warning);
            if(result==0)
                MessageBox::Show("该位置不存在元素！",
                    "错误提示",MessageBoxButtons::OK,MessageBoxIcon::Warning);
            if(result==1)
                pictureBox1->Refresh();
        }
private: System::Void pictureBox1_Paint(System::Object^ sender, System::
                                                Windows::Forms::PaintEventArgs^ e){
            Drawing::Font^ fontTxt = gcnew Drawing::Font("Arial", 14);
            SolidBrush^ haCol = gcnew SolidBrush(Color::White);
            Pen ^ penPtr=gcnew Pen(Color::Gray,2);
            penPtr->CustomEndCap = gcnew Drawing2D::AdjustableArrowCap(4, 6);
                //箭头
            if(myOrthgList.GetHa()==NULL){
                e->Graphics->Clear(Color::Black);
                return;
            }
            int max=myOrthgList.GetMaxRC();
            e->Graphics->DrawString("HA",fontTxt,haCol,140,18);
            for(int i=0;i<max;i++){//绘ha指向的指针数组
                e->Graphics->FillRectangle(haCol,180+i*(140+1),20,140,20);
                e->Graphics->DrawLine(penPtr,200+i*(140+1)+50,30,200+i* (140+1)+50,80);
                e->Graphics->DrawString(Convert::ToString(i),fontTxt,haCol,
                                    200+i*(140+1)+43,1);
```

```
        }
        for(int i=0;i<max;i++){//绘头结点
            paintNode(e,0,i+1,0);
        }
        Node<int> * p,*q;
        for(int i=0;i<max;i++){//绘结点
            q=myOrthgList.GetHa(i);
            p=myOrthgList.GetDownPtr(q);
            while(p!=q){//相等表示p指向列的头结点
                paintNode(e,myOrthgList.GetRow(p),
                        myOrthgList.GetCol(p),myOrthgList.GetItem(p));
                p=myOrthgList.GetDownPtr(p);
            }
        }
        for(int i=0;i<max;i++){//画十字链表
            q=myOrthgList.GetHa(i);
            p=q;
            do{
                paintDownPtr(e,p);
                paintRightPtr(e,p);
                p=myOrthgList.GetDownPtr(p);
            }while(p!=q);
        }
    }
private: void paintNode(System::Windows::Forms::PaintEventArgs^ e,int row,int col,int item){
        //自定义函数，画顶点表结点
        SolidBrush^ dataCol = gcnew SolidBrush(Color::White);
        SolidBrush^ bshTxt = gcnew SolidBrush(Color::Black);
        SolidBrush^ ptrDownCol = gcnew SolidBrush(Color::Gray);
        SolidBrush^ ptrRightCol = gcnew SolidBrush(Color::Green);
        Drawing::Font^ fontTxt = gcnew Drawing::Font("Arial", 14);
        //画结点
        int xInterval=140,yInterval=80;
        int x0=200,y0=80;
        int w=20,h=20,x,y;
        x=x0+(col-1)*xInterval;
        y=y0+row*yInterval;
        e->Graphics->FillRectangle(dataCol,x,y,w+10,h);
        e->Graphics->FillRectangle(dataCol,x+w+11,y,w+10,h);
        e->Graphics->FillRectangle(dataCol,x+2*w+22,y,w+11,h);
        e->Graphics->FillRectangle(ptrDownCol,x,y+h+1,2*w+6,h);
        e->Graphics->FillRectangle(ptrRightCol,x+2*w+7,y+h+1,2*w+6,h);
        if(row==0){//若是头结点，在左侧再画一次
            x=x0-xInterval;
            y=y0+col*yInterval;
            e->Graphics->FillRectangle(dataCol,x,y,w+10,h);
            e->Graphics->FillRectangle(dataCol,x+w+11,y,w+10,h);
            e->Graphics->FillRectangle(dataCol,x+2*w+22,y,w+11,h);
            e->Graphics->FillRectangle(ptrDownCol,x,y+h+1,2*w+6,h);
            e->Graphics->FillRectangle(ptrRightCol,x+2*w+7,y+h+1,2*w+6,h);
```

```cpp
            }
            if(row>0){//填结点中的值
                e->Graphics->DrawString(Convert::ToString(row),fontTxt,bshTxt,x+5,y);
                e->Graphics->DrawString(Convert::ToString(col),fontTxt, bshTxt,x+5+w+11,y);
                e->Graphics->DrawString(Convert::ToString(item), fontTxt,bshTxt, x+2*w+22+3,y);
            }
        }
private: void paintDownPtr(System::Windows::Forms::PaintEventArgs^ e, Node <int> * p){
            Pen ^ penDownPtr=gcnew Pen(Color::Red,2);
            penDownPtr->CustomEndCap = gcnew Drawing2D::AdjustableArrowCap(4, 6);
            Pen ^ penDown=gcnew Pen(Color::Red,2);
            int row=myOrthgList.GetRow(p);//获得当前结点行与列信息
            int col=myOrthgList.GetCol(p);
            int nextRow=myOrthgList.GetRow(myOrthgList.GetDownPtr(p));
             //获下一行信息
            int xInterval=140,yInterval=80;
            int x0=200,y0=80;
            int w=20,h=20;
            int x=x0+(col-1)*xInterval+20;
            int delt=nextRow-row;
            int y=y0+row*yInterval+30;
            if(nextRow==0){
                e->Graphics->DrawLine(penDown,x,y,x,y+25);
                e->Graphics->DrawLine(penDown,x-40,y+25,x,y+25);
                e->Graphics->DrawLine(penDown,x-40,y+25,x-40,y+25-yInterval*(row+1));
                e->Graphics->DrawLine(penDown,x-40,y+25-yInterval*(row+1),
                                x,y+25-yInterval*(row+1));
                e->Graphics->DrawLine(penDownPtr,x,y+25-yInterval*(row+1),
                                x,y+50-yInterval*(row+1));
            }
            else
                e->Graphics->DrawLine(penDownPtr,x,y,x,y+48+(delt>0? delt-1:0)*yInterval);
        }
private: void paintRightPtr(System::Windows::Forms::PaintEventArgs^ e,Node<int> * p){
            Pen ^ penRightPtr=gcnew Pen(Color::Yellow,2);
            penRightPtr->CustomEndCap = gcnew Drawing2D::AdjustableArrowCap(4, 6);
            Pen ^ penRight=gcnew Pen(Color::Yellow,2);
            int row=myOrthgList.GetRow(p);//获得当前结点行与列信息
            int col=myOrthgList.GetCol(p);
            int nextRow=myOrthgList.GetRow(myOrthgList.GetRightPtr(p));
            //获下一行信息
            int nextCol=myOrthgList.GetCol(myOrthgList.GetRightPtr(p));
            int xInterval=140,yInterval=80;
            int x0=120,y0=160;
            int w=20,h=20;
            int transX=(row!=0)?col:row;
            int transY=(row!=0)?row-1:col-1;
            int x=x0+transX*xInterval+20;
            int y=y0+transY*yInterval+30;
```

```
                int delt=nextCol-(row==0?0:col);
                if(nextRow==0){
                    e->Graphics->DrawLine(penRight,x,y,x+30,y);
                    e->Graphics->DrawLine(penRight,x+30,y,x+30,y+30);
                    e->Graphics->DrawLine(penRight,x+30,y+30,
                                    x+30-(transX+1)*xInterval,y+30);
                    e->Graphics->DrawLine(penRight,x+30-(transX+1)*xInterval,y+30,
                                    x+30-(transX+1)*xInterval,y);
                    e->Graphics->DrawLine(penRightPtr,x+30-(transX+1)*xInterval,y,
                                    x+60-(transX+1)*xInterval,y);
                }
                else
                    e->Graphics->DrawLine(penRightPtr,x,y,x+60+(delt> 0?delt-1:0)*xInterval,y);
            }
        private: System::Void hScrollBar1_Scroll(System::Object^  sender,
                                        System::Windows::Forms::ScrollEventArgs^  e) {
                    int x=(pictureBox1->Size.Width/hScrollBar1->Maximum)* hScrollBar1->Value;
                    pictureBox1->Location=Point(-x,pictureBox1->Location.Y);
                }
        private: System::Void vScrollBar1_Scroll(System::Object^  sender,
                                        System::Windows::Forms::ScrollEventArgs^  e) {
                    int y=(pictureBox1->Size.Height/vScrollBar1->Maximum)* vScrollBar1->Value;
                    pictureBox1->Location=Point(pictureBox1->Location.X,-y);
                }
        private: System::Void textBox1_KeyPress(System::Object^  sender,
                                        System::Windows::Forms::KeyPressEventArgs^  e) {
                    //注：其余 KeyPress 响应函数与之完全相同，不再重复
                    if(!Char::IsNumber(e->KeyChar) && e->KeyChar!=(char)8)
                        e->Handled=true;
                }
```

程序说明：

(1) 在十字链表定义的结点 Node 中，共有 5 个域，分别是 3 个记录矩阵元素所在行、列和值的域，以及 2 个链接各结点的链域。down 指针域指向列中下一个结点，形成一个纵向的循环链表。right 指针域指向行中右侧的结点，构成一个横向的循环链表。

纵向和横向的循环链表均包括头结点，但这些头结点被两个方向上的循环链表所共享，因此，十字链表中定义的头结点个数是矩阵行数与列数中的最大值，例如，一个 3 行 4 列的矩阵，需要定义 4 个头结点。

所有指向头结点的指针又构成一个指针数组，OrthgonalList 类模板中的数组成员 ha 就是专门指向该指针数组的二级指针，其所指的指针数组是在程序运行时，根据矩阵的行列数生成的，其中的每个指针指向一个十字链表的头结点。

(2) 由于十字链表的图形比较复杂，程序中专门定义了几个绘图函数供 Paint 事件响应函数调用。paintNode 函数用于画结点，paintDownPtr 和 paintRightPtr 函数分别用于画纵向链表和横向链表。链表连线的绘制比较烦琐，需要根据结点的位置推算出线的长度和方向。

3.4 奇数阶幻方矩阵

幻方是一种广为流传的数学游戏。n 阶幻方是一个 n 阶矩阵，其中的元素为 1 到 n^2 的数，并且每一行、每一列和每条对角线上数值的累加和相等。按填写幻方的方法，把幻方分为三类，即奇数阶幻方、双偶阶幻方和单偶阶幻方。

求奇数阶幻方的经典方法是罗伯法，规则如下。

(1) 从 1 开始填数，数值依次增加，直到最后 n^2。1 放在第 1 行的中间位置。

(2) 矩阵的上边和下边，左边和右边分别视同是相连接的，每次新填数是填在上一数的右上角。如图 3-4 所示，2 是填在 1 的右上角，由于超出上边，填入与上边相连接的第 5 行；4 是填在 3 的右上角，由于超出右边，填入与右边相连接的第 1 列；5 正常填在 4 的右上角。

(3) 如果右上角已填数，则在上一数的同一列下一行填入数值。如图 3-4 所示，6 应填入 5 的右上角，由于该位置已有数值 1，故 6 填入 5 的下面位置。

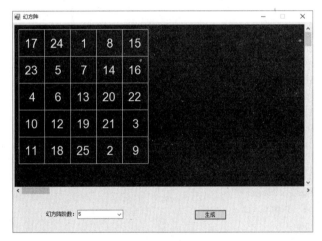

图 3-4　幻方阵窗体程序界面

有人编写了罗伯法助记口诀：
1 居上行正中央，依次斜填切莫忘；
上出框界往下写，右出框时左边放；
重复便在下格填，右上重复一个样。

幻方阵窗体程序设计步骤如下。

(1) 创建窗体应用程序项目 ExampleCh3_7GUI。在头文件夹中创建 MagicSquare.h 文件，其中设计的 MagicSquare 类能根据输入的奇数，自动生成奇数阶幻方阵，详细代码如下：

```
#ifndef MAGICSQUARE_H
#define MAGICSQUARE_H
class MagicSquare{
public:
```

```cpp
        MagicSquare(int n=0);
        ~MagicSquare();
        void create(int n);          //动态生成n阶矩阵
        void revoke();               //撤销矩阵
        int getSize(){ return size;}
        int getElem(int i,int j);    //获取方阵中元素
        void fillMagicSquare();      //填充幻方阵
private:
        int * * ptr;
        int size;
};
MagicSquare::MagicSquare(int n){
        create(n);
}
MagicSquare::~MagicSquare(){
        revoke();
}
void MagicSquare::create(int n){
        size=n;
        if(size>0){
                ptr=new int*[n];
                for(int i=0;i<n;i++)
                        ptr[i]=new int[n];
                for(int i=0;i<n;i++)
                        for(int j=0;j<n;j++)
                                ptr[i][j]=0;
        }else
                ptr=0;
}
void MagicSquare::revoke(){
        for(int i=0;i<size;i++)
                delete [] ptr[i];
        delete [] ptr;
}
int MagicSquare::getElem(int i,int j){
        return ptr[i][j];
}
void MagicSquare::fillMagicSquare(){    //生成奇数阶幻方阵
        int i=0,j=size/2;
        int iTemp,jTemp;
        ptr[i][j]=1;
        for(int k=2;k<=size*size;k++){
                iTemp=i;jTemp=j;
                i=(i-1+size)%size;              //计算右上位置
                j=(j+1+size)%size;
                if(ptr[i][j]>0){                //如果右上有元素
                        i=(iTemp+1)%size;
                        j=jTemp;
                }
                ptr[i][j]=k;                    //填入数值
```

    }
}
#endif
```

(2) 窗体界面设计。参照图 3-4 和表 3-4，从工具箱拖曳控件到设计窗体，并设置各控件属性和响应事件。

表 3-4  幻方阵窗体程序控件与参数设置

| 控 件 | 名 称 | 属性设置 | 响应事件 |
|---|---|---|---|
| Form | Form1 | Text=幻方阵;Size=700,498;<br>MaximizeBox=False;<br>FormBorderStyle=FixedSingle | |
| Panel | panel1 | Size=691,379;Location=0,0 | |
| PictureBox | pictureBox1 | BackColor=Black;<br>Size=2000,2000 | Paint |
| HScrollBar | hScrollBar1 | | ValueChanged |
| VScrollBar | vScrollBar1 | | ValueChanged |
| ComboBox | comboBox1 | Items=3,5,7…,31<br>Text=7 | |
| Button | button1 | Text=生成 | Click |
| Label | label1 | Text=幻方阵阶数: | |

(3) 在 Form.h 的第二行添加#include "MagicSquare.h"语句，使程序能引用 MagicSquare 类。在 using namespace System::Drawing;语句之后，添加 MagicSquare myMagSqu;语句，为窗体程序定义幻方阵对象。

(4) 控件事件响应函数设计代码如下：

```
private: System::Void hScrollBar1_ValueChanged(System::Object^ sender,
                                               System::EventArgs^ e) {
             int x=(pictureBox1->Size.Width/hScrollBar1-> Maximum)*hScrollBar1->Value;
             pictureBox1->Location=Point(-x,pictureBox1->Location.Y);
         }
private: System::Void vScrollBar1_ValueChanged(System::Object^ sender,
                                               System::EventArgs^ e) {
             int y=(pictureBox1->Size.Height/vScrollBar1-> Maximum)*vScrollBar1->Value;
             pictureBox1->Location=Point(pictureBox1->Location.X,-y);
         }
private: System::Void pictureBox1_Paint(System::Object^ sender,
                                        System::Windows::Forms::PaintEventArgs^ e) {
             int x0=10,y0=10,width=60,val;
             int n=myMagSqu.getSize();
             e->Graphics->Clear(Color::Black);
             if(n>0){
                 for(int i=0;i<n;i++)
                     for(int j=0;j<n;j++){
                         val=myMagSqu.getElem(i,j);
```
```

```
                    e->Graphics->DrawRectangle(gcnew Pen(Color::White,1),
                                x0+i*width,y0+j*width,width,width);
                    e->Graphics->DrawString(val.ToString(),gcnew System::Drawing
                                ::Font("Arial", 20),gcnew System::Drawing
                                ::SolidBrush(System::Drawing::Color::White),
                                width*j+(val<10?30:(val>99?15:20)),width*i+25);
                }
            }
        }
private: System::Void button1_Click(System::Object^  sender, System::EventArgs^  e) {
            myMagSqu.revoke();                  //释放原二维矩阵
            myMagSqu.create(Convert::ToInt16(comboBox1->Text));//动态生成新二维矩阵
            myMagSqu.fillMagicSquare();         //生成幻方阵
            pictureBox1->Refresh();
        }
```

程序说明：

fillMagicSquare()函数仅完成了奇数阶幻方的实现，双偶阶幻方和单偶阶幻方功能的实现留给读者自行尝试。

习 题

1. 选择题

(1) 串是一种特殊的线性表，其特殊性体现在(　　)。
　　A. 可以顺序存储　　　　　　　　B. 数据元素是一个字符
　　C. 可以链式存储　　　　　　　　D. 数据元素可以是多个字符

(2) 设有两个字符串 p 和 q，求 q 在 p 中首次出现的位置的运算称作(　　)。
　　A. 连接　　　B. 模式匹配　　　C. 求子串　　　D. 求串长

(3) 对特殊矩阵采用压缩存储的目的是 (　　)。
　　A. 表达变得简单　　　　　　　　B. 对矩阵元素的存取变得简单
　　C. 去掉矩阵中的多余元素　　　　D. 减少不必要的存储空间

(4) 一个 n 阶对称矩阵 A 采用压缩存储方式，将其下三角部分(含主对角线元素)按行优先存储到一维数组 B 中，则 B 中的元素个数是(　　)。
　　A. $n*n$　　　B. n　　　C. $n(n+1)/2$　　　D. $n(n+1)/2+1$

(5) (　　)不属于特殊矩阵。
　　A. 对称矩阵　　　B. 对角矩阵　　　C. 稀疏矩阵　　　D. 三角矩阵

(6) 以下关于特殊矩阵和稀疏矩阵的叙述中，正确的是(　　)。
　　A. 特殊矩阵适合采用双向链表存储，稀疏矩阵适合采用单向链表存储
　　B. 特殊矩阵的非零元素分布有规律，可以用一维数组进行压缩存储
　　C. 稀疏矩阵的非零元素分布没有规律，只能用二维数组压缩存储
　　D. 稀疏矩阵的非零元素分布没有规律，只能用双向链表进行压缩存储

(7) 如下是一个稀疏矩阵的三元组法存储结构，相关叙述正确的是( )。

行下标	列下标	值
1	2	5
1	3	2
2	7	9
3	5	6
3	6	1
4	6	−1
5	4	3

A. 该稀疏矩阵有 8 列
B. 该稀疏矩阵有 7 列
C. 该稀疏矩阵有 9 个非 0 元素
D. 该稀疏矩阵的第 3 行第 6 列的值为 0

(8) 稀疏矩阵常用的压缩存储方法有( )。
A. 二维数组
B. 三元组和哈希表
C. 哈希表和十字链表
D. 三元组和十字链表

2. 填空题

(1) 在下列 BF 模式匹配算法中，补齐空白处的代码。

```
int String::matching_BF(const String & t) const{
    int i=0,j=0;                          //i 指向主串，j 指向模式串
    while (sp[i]!='\0' && t.sp[j]!='\0') { //sp 为 String 类中指向字符串的指针
        if (sp[i]==t.sp[j]) {              //如果相等，继续向下匹配
            i++;
                j++;
        }
        else{
            _____
            _____
        }
    }
    if (t.sp[j]=='\0')
        return _____
    else
        return _____
}
```

(2) 在下列 KMP 算法的求 next 值的实现中，补齐空白处的代码。

```
void get_Next(String & s, int next[]){
        int j=0,k=-1;                      //初始化 j 和 k
        next[0]=-1;
        while(j<s.getLength()-1){
            if(k==-1||(s[j]==s[k])){       //如果 k==-1 成立，则 next[j]=0
                j++;      //如果 s[j]==s[k]成立，则 next[j]=next[next[k]]+ 1
                k++;
                _____
```

```
            }else
                _____
        }
}
```

(3) 在下列对称矩阵压缩存储的获取元素算法中，补齐空白处的代码。

```
template <typename T>
T & SymMatrix<T>::getElem(int i,int j){
    if(i>=j)
        return ptr[_____];        //主对角线或下三角中元素
    else
        return ptr[_____];        //上三角中元素
}
```

(4) 在下列用三元组表法存储稀疏矩阵的元素获取算法中，补齐空白处的代码。

```
template<typename T>
T SparseMatrix<T>::getValue(int i,int j){
    for(int k=0;k<num;k++)
        if(_____)
            return data[k].item;
    return 0;
}
```

(5) 在下列用三元组表法存储稀疏矩阵的转置算法中，补齐空白处的代码。

```
template<typename T>
SparseMatrix<T> SparseMatrix<T>::transpose(){
    SparseMatrix<T> tmp(col,row,num);
    int k=0;
    if(tmp.num>0){
        for(int p=1;p<=tmp.row;p++)
            for(int q=0;q<tmp.num;q++)
                if(_____){
                    tmp.data[k].i=data[q].j;
                    _____
                    tmp.data[k].item=data[q].item;
                    k++;
                }
    }
    return tmp;
}
```

3. 编程题

(1) 在 3.3.1 节的 SymMatrix 类中实现矩阵相乘运行函数。

(2) 如果矩阵 A 中存在元素 A[i][j]满足下列条件：A[i][j]是第 i 行中值最小的，同时又是第 j 列中值最大的元素，则称之为该矩阵的一个马鞍点。用三元组表存储矩阵，设计程序求出矩阵的所有马鞍点。

(3) 用十字链表法存储稀疏矩阵，实现矩阵的转置和加法运算。

(4) 查阅双偶阶幻方的解法，并编程实现。

第 4 章
树和二叉树

　　树是一种层次结构，其应用十分广泛。与线性表类似，树的存储方法也分为顺序存储和链式存储两类。树的基本操作是遍历，其实现方法有递归和非递归之分。

　　二叉树是一种重要的树型结构，其存储结构相对简单，并且普通的树均可转换为二叉树进行存储。

本章学习要点

　　本章重点讨论二叉树的存储结构及其算法实现。4.1 节给出了树抽象类模板的定义。4.2 节讨论了二叉树的顺序存储及其遍历算法的实现，窗体程序直观地演示了二叉树的逻辑结构与存储结构间的对应关系。4.3 节介绍了链式存储构建二叉树的方法，并用窗体程序绘出了二叉链表的结构示意图。4.4 节讨论了中序线索二叉树的存储与遍历算法的实现。4.5 节基于二叉链表讨论了前序遍历、中序遍历和后序遍历算法的非递归实现，其中用到了第 2 章介绍的数据结构——栈，以帮助程序"记住"所访问的结点。4.6 节给出了哈夫曼树生成算法的实现代码，并且用图形方式显示了生成的哈夫曼树。

4.1 树抽象类的定义

树是一种层次结构,每棵树都有一个根结点,结点间是双亲与孩子的关系。每个结点可以有多个孩子,但只能有一个双亲。根结点只有孩子,而叶子结点则仅有双亲。二叉树是一棵结点仅允许最多有左右两个孩子的树,由于区分左右,故它是一棵有序树。

树的主要操作是遍历,包括前根序遍历、后根序遍历和层次序遍历,而二叉树多一个中根序遍历。遍历的结果是得到一个包含树中所有结点的线性表。

```
//文件名: Tree.h
#ifndef TREE_H
#define TREE_H
template <typename T>
class Tree{                    //定义树抽象类
public:
    void PreOrder()=0;         //树的前序遍历
    void PostOrder()=0;        //树的后序遍历
    void LevelOrder()=0;       //树的层序遍历
};
#endif
```

4.2 二叉树的顺序存储结构

4.2.1 二叉树顺序存储控制台程序

二叉树顺序存储的方法是:用数组存储二叉树中的结点,结点之间的父子关系依据结点之间的物理位置(下标)计算得到。树中结点在数组中是按层次序存放,二叉树中无元素的空结点在数组中也应占位,否则父子关系不能正确计算。

创建控制台应用程序项目 ExampleCh4_1。在头文件夹下,导入上节定义的树类,定义采用顺序存储结构的二叉树类模板 BinaryTree。

```
//文件名: BinaryTree.h
#ifndef BINARYTREE_H
#define BINARYTREE_H
#include <iostream>
#include "Tree.h"
using namespace std;
const int MaxSize=200;
template <typename T>
class BinaryTree : public Tree<T>{           //定义BinaryTree
    template<typename T>
    friend ostream & operator<<(ostream &,BinaryTree<T> &);
public:
    BinaryTree():num(0){}
```

```cpp
        BinaryTree(T * ary,int n,T emp);    //用数组中元素初始化二叉树
        void PreOrder();                    //调用preOrder(int idx)实现
        void InOrder();                     //二叉树的中序遍历,普通树无此功能
        void PostOrder();                   //调用postOrder(int idx)实现
        void LevelOrder();                  //层次序
        void preOrder(int idx);             //前序遍历递归函数
        void inOrder(int idx);              //中序遍历递归函数
        void postOrder(int idx);            //后序遍历递归函数
        void display(ostream &);            //供operator<<调用
        void print(ostream &,int idx,int depth);//递归函数,由display调用
        int depth(int idx);                 //求子树的深度,idx为0是求树的深度
        int Count();                        //求二叉树中结点个数
    private:
        T data[MaxSize];                    //顺序存储二叉树结点元素
        int num;                            //记录最后一个元素存放的位置
        T empty;                            //用其表示空元素,由用户定义
};
template<typename T>
BinaryTree<T>::BinaryTree(T * ary,int n,T emp):num(n),empty(emp){
    for(int i=0;i<n;i++)
        data[i]=ary[i];
}
template<typename T>
void BinaryTree<T>::PreOrder(){
    preOrder(0);
}
template<typename T>
void BinaryTree<T>::preOrder(int idx){//递归函数
    if(data[idx]==empty || idx>=num)
        return;
    else{
        cout<<data[idx];                //访问根结点
        preOrder(2*idx+1);              //遍历左子树
        preOrder(2*idx+2);              //遍历右子树
    }
}
template<typename T>
void BinaryTree<T>::InOrder(){
    inOrder(0);   }
template<typename T>
void BinaryTree<T>::inOrder(int idx){
    if(data[idx]==empty || idx>=num)
        return;
    else{
        inOrder(2*idx+1);
        cout<<data[idx];
        inOrder(2*idx+2);
    }
}
template<typename T>
void BinaryTree<T>::PostOrder(){
```

```cpp
        postOrder(0);                    //0 为根结点的位置
    }
    template<typename T>
    void BinaryTree<T>::postOrder(int idx){
        if(data[idx]==empty || idx>=num)
            return;
        else{
            postOrder(2*idx+1);          //先访问左孩子
            postOrder(2*idx+2);          //再访问右孩子
            cout<<data[idx];             //最后访问根结点
        }
    }
    template<typename T>
    void BinaryTree<T>::LevelOrder(){
        for(int i=0;i<num;i++)
            if(data[i]!=empty)
                cout<<data[i];
    }
    template<typename T>
    void BinaryTree<T>::display(ostream & os){
        print(os,0,1);
    }
    template<typename T>
    void BinaryTree<T>::print(ostream & os,int idx,int depth){//输出二叉树
        if(data[idx]!=empty && idx<num){
            print(os,2*idx+2,depth+1);                    //遍历右子树
            for(int i=0;i<4*(depth-1);i++)
                os<<" ";
            os<<"*--"<<data[idx]<<endl;                   //访问根结点
            print(os,2*idx+1,depth+1);                    //遍历左子树
        }
    }
    template<typename T>
    int BinaryTree<T>::depth(int idx){
        int ldep,rdep;
        if(data[idx]==empty||idx>=num)
            return 0;
        else{                                             //后序遍历
            ldep=depth(2*idx+1);
            rdep=depth(2*idx+2);
            return (ldep>rdep?ldep:rdep)+1;
        }
    }
    template<typename T>
    int BinaryTree<T>::Count(){
        int n=0;
        for(int i=0;i<num;i++)
            if(data[i]!=empty)
                n++;
        return n;
```

```
}
template<typename T>
ostream & operator<<(ostream & os,BinaryTree<T> & bt){
    bt.display(os);
    return os;
}
#endif
```

顺序存储结构二叉树模板类 BinaryTree 测试主函数如下：

```
//文件名：mainFunCh4_1.h
#include<iostream>
#include"BinaryTree.h"
using namespace std;
int main(){
    char ary[]={'A','B','C','#','D','E','#','#','#','F','#','#','G'};
    int n=(int)sizeof(ary)/sizeof(ary[0]);
    BinaryTree<char> myBiTree(ary,n,'#');
    cout<<myBiTree;
    cout<<"二叉树的高度: "<<myBiTree.depth(0);
    cout<<"\n 二叉树结点数: "<<myBiTree.Count();
    cout<<"\n 前序遍历结果: ";myBiTree.PreOrder();
    cout<<"\n 中序遍历结果: ";myBiTree.InOrder();
    cout<<"\n 后序遍历结果: ";myBiTree.PostOrder();
    cout<<"\n 层序遍历结果: ";myBiTree.LevelOrder();
    cout<<endl;
    return 0;
}
```

运行结果：

```
    *--C
        *--G
    *--E
*--A
    *--D
        *--F
    *--B
二叉树的高度: 4
二叉树结点数: 7
前序遍历结果: ABDFCEG
中序遍历结果: BFDAEGC
后序遍历结果: FDBGECA
层序遍历结果: ABCDEFG
```

程序说明：

(1) 二叉树的顺序存储结构比较适合存储完全二叉树或满二叉树，并且结点的插入与删除操作不频繁的情形。

(2) BinaryTree 类模板中有许多功能函数没有实现，如插入新结点、获取结点值等功能，留给读者练习。

4.2.2 二叉树顺序存储窗体演示程序

在 4.2.1 节 BinaryTree 类模板的基础上，利用窗体应用程序友好的界面，设计如图 4-1 所示程序，演示二叉树的顺序存储结构。主要设计过程和代码如下。

(1) 创建窗体应用程序项目 ExampleCh4_2GUI。复制 BinaryTree.h 文件到项目文件夹中，并将该文件添加到头文件夹下。在 BinaryTree.h 文件中，添加新的功能函数，用于支持窗体程序获取 BinaryTree 类中的数据。

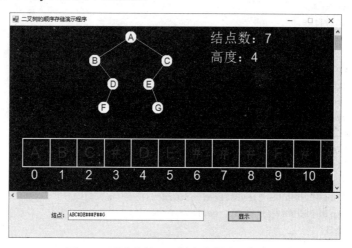

图 4-1　顺序存储二叉树窗体程序运行界面

新增成员函数 fillValue，用于向二叉树对象赋值。

```
template<typename T>
void BinaryTree<T>::fillValue(T * ary,int n,T emp){
    num=n;                    //结点数，含中间的空结点数
    empty=emp;                //用 emp 表示空结点
    for(int i=0;i<num;i++)
        data[i]=ary[i];
}
```

添加如下函数分别用于获取 BinaryTree 类中的 num 和 data[i]值。

```
int getNum(){ return num;}
T getElem(int i){return data[i];}
```

(2) 窗体界面设计。根据图 4-1 和表 4-1，从工具箱拖曳控件到设计窗体，设置各控件属性，添加事件响应函数。

表 4-1　二叉树的顺序存储演示程序控件与参数设置

控　件	名　称	属性设置	响应事件
Form	Form1	Text=二叉树的顺序存储演示程序;Size=700,498;MaximizeBox=False;FormBorderStyle=Fixed3D	Load

续表

控件	名称	属性设置	响应事件
Panel	panel1	Size=735,379;Location=0,0	
PictureBox	pictureBox1	BackColor=Black;Size=3000,2000	Paint
HScrollBar	hScrollBar1		ValueChanged
VScrollBar	vScrollBar1		ValueChanged
TextBox	textBox1		
ToolTip	toolTip1		
Button	button1	Text=显示	Click
Label	label1	Text=结点:	

（3）打开 Form1.h 代码文件，在第 2 行添加#include "BinaryTree.h"，第 11 行加入语句 BinaryTree<char> myBiTree;定义对象 myBiTree。

表 4-1 中各事件响应函数的代码如下：

```cpp
private: System::Void Form1_Load(System::Object^  sender, System::EventArgs^  e) {
            // toolTip1 控件与 textBox1 绑定，鼠标移到 textBox1 上，显示提示信息
            this->toolTip1->SetToolTip(this->textBox1,
                "按层次序输入结点字符，空结点用#号。");
        }
private: System::Void pictureBox1_Paint(System::Object^  sender,
            System::Windows::Forms::PaintEventArgs^  e) {
            char ch;
            int len=myBiTree.getNum();
            int depth=myBiTree.depth(0);        //获取树的深度
            System::String ^ str;               //引用 System 中 String 类
            e->Graphics->Clear(Color::Black);   //清除
            PaintTree(e,0,65*depth,10,depth,0); //绘二叉树
            if(len!=0){                         //绘顺序存储数组
                for(int i=0;i<len;i++){
                    e->Graphics->DrawRectangle(gcnew Pen(Color::White,2),
                                30+i*60,depth*60,60,60);
                    ch=myBiTree.getElem(i);
                    str=Convert::ToChar(ch)+"";
                    e->Graphics->DrawString(str,gcnew Drawing::Font("Arial", 25),
                            gcnew SolidBrush(Color::Red),40.0+i*60,10+depth*60);
                    str=(i).ToString();
                    e->Graphics->DrawString(str,gcnew Drawing::Font("Arial", 20),
                            gcnew SolidBrush(Color::White),45.0+i*60,60+depth*60);
                }
                str="结点数："+myBiTree.Count().ToString()+"\n";
                e->Graphics->DrawString(str,gcnew Drawing::Font("Arial", 20),
                        gcnew SolidBrush(Color::White),40.0+depth*100,10);
                str="高度："+depth.ToString()+"\n";
                e->Graphics->DrawString(str,gcnew Drawing::Font("Arial", 20),
                        gcnew SolidBrush(Color::White),40.0+depth*100,50);
            }
```

```cpp
        }
private:void PaintTree(System::Windows::Forms::PaintEventArgs^ e, int idx, int x, int y,
int depth, int tag){    //递归法画树
                String ^ str;
                char ch=myBiTree.getElem(idx);
                int num=myBiTree.getNum();
                if (ch!='#' && idx<num){
                    int xMoveParent = (int)(pow(2.0, depth + 1) / 4);
                    if (tag != 0){//画节点间连接线
                        e->Graphics->DrawLine(gcnew Pen(Color::White),x+10,y+10,
                            x - xMoveParent * 20 * tag + 10, y - 50 + 10);
                    }
                    int xMove = (int)(pow(2.0, depth) / 4);
                    depth--;
                    PaintTree(e, 2*idx+1, x - xMove * 20, y + 50, depth, -1);//画左子树
                    PaintTree(e, 2*idx+2, x + xMove * 20, y + 50, depth, 1); //画右子树
                    str = Convert::ToChar(ch) + "\n";
                    SolidBrush^ brush = gcnew SolidBrush(Color::White);
                    e->Graphics->FillEllipse(brush, x - 5, y, 25, 25);
                    e->Graphics->DrawString(str, gcnew System::Drawing::
                        Font("Arial", 14), gcnew SolidBrush(Color::Red),
                        (float)(x)-1, (float)(y)+3);//当前结点
                }
            }
private: System::Void button1_Click(System::Object^  sender,  System::EventArgs^  e) {
                String ^ str=textBox1->Text->ToString();    //窗体输入的字符串
                int n=str->Length;
                char * ary =(char*)Runtime::InteropServices::Marshal::
                        StringToHGlobalAnsi(str).ToPointer();//转换字符串
                myBiTree.fillValue(ary,n,'#');              //二叉树对象myBiTree填充数据
                Runtime::InteropServices::Marshal::FreeHGlobal(IntPtr(ary));
                pictureBox1->Refresh();
            }
private: System::Void hScrollBar1_Scroll(System::Object^  sender,
                        System::Windows::Forms::ScrollEventArgs^  e) {
                int x=(pictureBox1->Size.Width/hScrollBar1->Maximum)*hScrollBar1->Value;
                pictureBox1->Location=Point(-x,pictureBox1->Location.Y);
            }
private: System::Void vScrollBar1_Scroll(System::Object^  sender,
                        System::Windows::Forms::ScrollEventArgs^  e) {
                int y=(pictureBox1->Size.Height/vScrollBar1-> Maximum)*vScrollBar1->Value;
                pictureBox1->Location=Point(pictureBox1->Location.X,-y);
            }
```

程序说明：

二叉树的绘画靠自定义函数 PaintTree 完成。该函数是一个递归函数，使用了前序遍历规则。函数形参中的 idx 用于指明结点在顺序存储结构中的位置，x 和 y 是绘制结点的坐标，depth 是结点所构成的子树的深度，tag 是结点的性质：-1 表示左孩子，1 是右孩子，0 表示叶子结点。

4.3 二叉树的链式存储结构

4.3.1 二叉树链式存储控制台程序

二叉树用指针指向左、右子树的链式存储结构称为二叉链表，其中每个结点包括数据、左孩子指针和右孩子指针三个域，结点之间通过指针链接。

结点使用结构体类型，其中含有数据域和左、右子树指针域。代码如下：

```cpp
//文件名：BiTree.h
#ifndef BITREE_H
#define BITREE_H
#include<iostream>
using namespace std;
template <typename T>
struct BiNode{                          //二叉链表结点，递归定义
    T data;
    BiNode<T> * lchild,* rchild;        //左孩子和右孩子指针域
};
template <typename T>
class BiTree{                           //二叉链表类模板
    template <typename T>
    friend ostream & operator<<(ostream & os,BiTree<T> & bt);
public:
    BiTree(T none);
    BiTree(T ary[],int num,T none);
    void Create(BiNode<T> * & root,T none);
    BiNode<T> * Create(T ary[],int num,T none,int idx);
    ~BiTree(){                          //析构函数
        Release(rootPtr);
    }
    void Release(BiNode<T> * & root);
    void PreOrder(){                    //前序遍历
        PreOrder(rootPtr);
    }
    void PreOrder(BiNode<T> * root);
    void InOrder(){                     //中序遍历
        InOrder(rootPtr);
    }
    void InOrder(BiNode<T> *root);
    void PostOrder(){                   //后序遍历
        PostOrder(rootPtr);
    }
    void PostOrder(BiNode<T> *root);
    void LevelOrder();                  //层序遍历
    int Depth(){                        //树的深度
        return Depth(rootPtr);
    }
```

```cpp
        int Depth(BiNode<T> *root);
        int Count(){                        //结点个数
            int x=0;
            Count(rootPtr,x);
            return x;
        }
        void Count(BiNode<T> *root,int & n);
        void Print(ostream & os){           //输出
            Print(os,rootPtr,1);
        }
        void Print(ostream & os,BiNode<T> *root,int depth);
    private:
        BiNode<T> * rootPtr;                //根结点指针
};
template <typename T>
void BiTree<T>::Create(BiNode<T> * & root,T none){//控制台输入，建二叉树
    T x;
    cout<<"请输入字符("<<none<<"表示空)：";cin>>x;
    if(x==none)
        root=NULL;
    else{
        root=new BiNode<T>;
        root->data=x;
        Create(root->lchild,none);
        Create(root->rchild,none);
    }
}
template <typename T>
BiNode<T> * BiTree<T>::Create(T ary[],int num,T none,int idx){
    //创建二叉链表
    BiNode<T> * p;
    int left,right;
    if(idx-1<num && ary[idx-1]!=none){
        p=new BiNode<T>;
        p->data=ary[idx-1];
        left=2*idx;
        right=2*idx+1;
        p->lchild=Create(ary,num,none,left);
        p->rchild=Create(ary,num,none,right);
        return p;
    }
    else
        return NULL;
}
template <typename T>
void BiTree<T>::Release(BiNode<T> * & root){     //删除二叉链表
    if(root!=NULL){
        Release(root->lchild);
        Release(root->rchild);
        delete root;
```

```cpp
        }
    }
    template <typename T>
    BiTree<T>::BiTree(T none){
        Create(rootPtr,none);
    }
    template <typename T>
    BiTree<T>::BiTree(T ary[],int num,T none){
        rootPtr=Create(ary,num,none,1);
    }
    template <typename T>
    void BiTree<T>::Print(ostream & os,BiNode<T> * root,int depth){
        //输出二叉树
        if(root!=NULL){
            Print(os,root->rchild,depth+1);
            for(int i=0;i<4*(depth-1);i++)
                os<<" ";
            os<<"*--"<<root->data<<endl;
            Print(os,root->lchild,depth+1);
        }
    }
    template <typename T>
    ostream & operator<<(ostream & os,BiTree<T> & bt){
        bt.Print(os);
        return os;
    }
    template <typename T>
    void BiTree<T>::PreOrder(BiNode<T> * root){
        if(root==NULL)
            return;
        else{
            cout<<root->data<<" ";
            PreOrder(root->lchild);
            PreOrder(root->rchild);
        }
    }
    template <typename T>
    void BiTree<T>::InOrder(BiNode<T> *root){
        if(!root)
            return;
        else{
            InOrder(root->lchild);
            cout<<root->data<<" ";
            InOrder(root->rchild);
        }
    }
    template <typename T>
    void BiTree<T>::PostOrder(BiNode<T> *root){
        if(!root)
            return;
        else{
```

```cpp
            PostOrder(root->lchild);
            PostOrder(root->rchild);
            cout<<root->data<<" ";
        }
    }
    template <typename T>
    void BiTree<T>::LevelOrder(){                    //层序遍历，非递归算法
        BiNode<T> * queueArray[100], * q;
        int front=0,rear=0;
        if(rootPtr==NULL)
            return;
        queueArray[++rear]=rootPtr;
        while(front!=rear){
            front=(front+1)%100;
            q=queueArray[front];
            cout<<q->data<<" ";
            if(q->lchild!=NULL){
                rear=(rear+1)%100;
                queueArray[rear]=q->lchild;
            }
            if(q->rchild!=NULL){
                rear=(rear+1)%100;
                queueArray[rear]=q->rchild;
            }
        }
    }
    template <typename T>
    int BiTree<T>::Depth(BiNode<T> * root){          //求子树高度，后序遍历策略
        int ldep,rdep;
        if(!root)
            return 0;
        else{
            ldep=Depth(root->lchild);
            rdep=Depth(root->rchild);
            return (ldep>rdep?ldep:rdep)+1;
        }
    }
    template <typename T>
    void BiTree<T>::Count(BiNode<T> *root,int & n){  //求子树结点个数
        if(root){
            Count(root->lchild,n);
            Count(root->rchild,n);
            n++;
        }
    }
    #endif
```

二叉树类模板测试主函数如下：

```cpp
//文件名：mainFunCh4_3.cpp
#include<iostream>
```

```cpp
#include"BiTree.h"
using namespace std;
int main(){
    char ary[]={'A','B','C','D','#','E','F','#','G','#','#','H','I','J','K','#','#','L'};
    BiTree<char> myBTree(ary,18,'#');
    cout<<myBTree<<endl;
    cout<<"树的深度："<<myBTree.Depth()<<endl;
    cout<<"结点个数："<<myBTree.Count()<<endl;
    cout<<"前序遍历结果：";
    myBTree.PreOrder();
    cout<<endl;
    cout<<"中序遍历结果：";
    myBTree.InOrder();
    cout<<endl;
    cout<<"后序遍历结果：";
    myBTree.PostOrder();
    cout<<endl;
    cout<<"层序遍历结果：";
    myBTree.LevelOrder();
    cout<<endl;
    return 0;
}
```

运行结果：

```
                *--K
          *--F
                *--J
     *--C
                *--I
          *--E
                *--H
*--A
     *--B
          *--G
                *--L
          *--D
```

树的深度：5

结点个数：12
前序遍历结果：A B D G L C E H I F J K
中序遍历结果：D L G B A H E I C J F K
后序遍历结果：L G D B H I E J K F C A
层序遍历结果：A B C D E F G H I J K L

程序说明：

程序支持键盘输入方式构建二叉树。主函数中的 myBTree(ary,18,'#')改为 myBTree('#')，程序将调用 Create(BiNode<T> * & root, T none)函数生成二叉树。

程序运行后，按先序遍历次序输入结点信息，空子树输入#号。在提示信息后输入用空格分隔的字符串如下。

请输入字符(#表示空):
A B # D F # # # C E # G # # #↙
相应地，程序将输出如下二叉树。

```
      *--C
          *--G
      *--E
*--A
      *--D
          *--F
*--B
```

4.3.2　二叉树链式存储窗体演示程序

链式存储二叉树演示程序用图形化的方式显示二叉树的内部结构。如图 4-2 所示，上半部分模拟了一块黑板，可以通过滚动条让"黑板"中的内容上下或左右移动。演示程序设计了根据前序序列和中序序列创建二叉树的功能，数据的输入通过对话框完成。

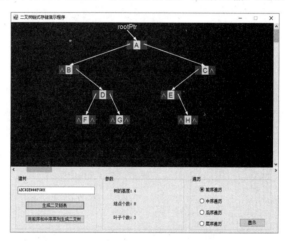

图 4-2　链式存储二叉树演示程序运行界面

程序运行界面如图 4-2 所示，下面介绍软件设计的主要步骤、方法和代码。

(1) 创建窗体应用程序项目，项目名称为 ExampleCh4_4GUI。

(2) 修改 BiTree 类中成员函数。复制 4.3.1 节的 BiTree.h 文件到项目的头文件夹中，对其中的部分函数做一些修改，其中与上节相同部分代码用"……"表示省略。

```cpp
//文件名: BiTree.h
#ifndef BITREE_H
#define BITREE_H
#include<iostream>
using namespace std;
template <typename T>
struct BiNode{                              //二叉链表结点
    ……
};
template <typename T>
```

```cpp
class BiTree{                         //二叉链表类模板
public:
    BiTree(){ rootPtr=NULL;}
    BiTree(T ary[],int num,T none);
    BiNode<T> * Create(T ary[],int num,T none,int idx);
    BiNode<T> * Create(string preStr, string inStr);
    void Build(T ary[],int num,T none){       //根据数组 ary 建树
        rootPtr=Create(ary,num,none,1);
    }
    void Build(string preStr, string inStr){   //前序和后序遍历序列建树
        rootPtr=Create(preStr,inStr);
    }
    ~BiTree(){                        //析构函数
        Release(rootPtr);
    }
    void Release(BiNode<T> * & root);
    string PreOrder(){                //前序遍历
        string s="";
        PreOrder(rootPtr,s);
        return s;
    }
    void PreOrder(BiNode<T> * root,string & s);
    string InOrder(){                 //中序遍历
        string s="";
        InOrder(rootPtr,s);
        return s;
    }
    void InOrder(BiNode<T> *root,string & s);
    string PostOrder(){               //后序遍历
        string s="";
        PostOrder(rootPtr,s);
        return s;
    }
    void PostOrder(BiNode<T> *root,string & s);
    string LevelOrder();              //层序遍历
    int Depth(){                      //求树的深度
        return Depth(rootPtr);
    }
    int Depth(BiNode<T> *root);
    int Count(){                      //结点个数
        ……
    }
    void Count(BiNode<T> *root,int & n);
    BiNode<T> * getRootPtr(){ return rootPtr;}
    int Leaf(){                       //求叶子结点个数
        int x=0;
        Leaf(rootPtr,x);
        return x;
    }
    void Leaf(BiNode<T> *root,int & n){
        if(root!=NULL){
            if(!root->lchild && !root->rchild)
                n++;
```

```cpp
            else{
                Leaf(root->lchild,n);
                Leaf(root->rchild,n);
            }
        }
    }
private:
    BiNode<T> * rootPtr;            //根结点指针
};
template <typename T>
BiNode<T> * BiTree<T>::Create(T ary[],int num,T none,int idx){
//创建二叉链表
……
}
template<typename T>
BiNode<T> * BiTree<T>::Create(string preStr, string inStr)
{            //新增成员函数，实现前序序列preStr和中序序列inStr建二叉树
    if(preStr.empty() || inStr.empty())    {
        return NULL;
    }
    if(preStr.length()!=inStr.length())
        throw "两个序列元素个数不一致！";
    string leftPre, leftIn, rightPre, rightIn;
    char strRoot;
    int mid,length;
    strRoot=preStr[0];          //在前序中找到根结点字符
    length=preStr.length();
    mid=inStr.find(strRoot,0);   //在中序中找到根结点字符的位置
    if(mid==-1)
        throw "没有查找到相同元素！";
    leftIn=inStr.substr(0,mid);
    rightIn=inStr.substr(mid+1,length-mid-1);
    leftPre=preStr.substr(1,mid);
    rightPre=preStr.substr(mid+1,length-mid-1);
    BiNode<T> * root=new BiNode<T>;
    root->data=strRoot;
    root->lchild=Create(leftPre, leftIn);
    root->rchild=Create(rightPre,rightIn);
    return root;
}
template <typename T>
void BiTree<T>::Release(BiNode<T> * & root){//撤销二叉链表
    ……
}
template <typename T>
BiTree<T>::BiTree(T ary[],int num,T none){
    rootPtr=Create(ary,num,none,1);
}
template <typename T>
void BiTree<T>::PreOrder(BiNode<T> * root,string & s){//前序遍历
```

```cpp
        if(root==NULL)
            return;
        else{
            s+=root->data;
            PreOrder(root->lchild,s);
            PreOrder(root->rchild,s);
        }
}
template <typename T>
void BiTree<T>::InOrder(BiNode<T> *root,string & s){  //中序遍历
    if(!root)
        return;
    else{
        InOrder(root->lchild,s);
        s+=root->data;
        InOrder(root->rchild,s);
    }
}
template <typename T>
void BiTree<T>::PostOrder(BiNode<T> *root,string & s){    //后序遍历
    if(!root)
        return;
    else{
        PostOrder(root->lchild,s);
        PostOrder(root->rchild,s);
        s+=root->data;
    }
}
template <typename T>
string BiTree<T>::LevelOrder(){                           //层序遍历
    BiNode<T> * queueArray[100], * q;
    string s="";
    int front=0,rear=0;
    if(rootPtr==NULL)
        return "";
    queueArray[++rear]=rootPtr;
    while(front!=rear){
        front=(front+1)%100;
        q=queueArray[front];
        s+=q->data;
        if(q->lchild!=NULL){
            rear=(rear+1)%100;
            queueArray[rear]=q->lchild;
        }
        if(q->rchild!=NULL){
            rear=(rear+1)%100;
            queueArray[rear]=q->rchild;
        }
    }
    return s;
}
```

```
template <typename T>
int BiTree<T>::Depth(BiNode<T> * root){          //求子树高度,后序遍历策略
    ……
}
template <typename T>
void BiTree<T>::Count(BiNode<T> *root,int & n){  //求子树结点个数
    ……
}
#endif
```

(3) 主窗体界面设计与功能函数实现。根据图 4-2 和表 4-2,拖曳控件到设计窗体的相应位置,修改控件属性,添加事件响应函数。

表 4-2　链式存储二叉树演示程序控件与参数设置

控件	名称	属性设置	响应事件
Form	Form1	Text=二叉树链式存储演示程序; Size=797, 622; MaximizeBox=False; StartPosition=CenterScreen; FormBorderStyle=Fixed3D	Load
Panel	panel1	Size=788,422;Location=0,0	
PictureBox	pictureBox1	BackColor=Black;Size=3000,3000	Paint
HScrollBar	hScrollBar1		ValueChanged
VScrollBar	vScrollBar1		ValueChanged
TextBox	textBox1		
GroupBox	groupBox1	Text=建树	
GroupBox	groupBox2	Text=参数	
GroupBox	groupBox3	Text=遍历	
ToolTip	toolTip1		
Button	button1	Text=生成二叉链表	Click
Button	button2	Text=用前序和中序序列生成二叉树	Click
Button	button3	Text=显示	Click
Label	label1	Text=树的高度:	
Label	label2	Text=结点个数:	
Label	label3	Text=叶子个数:	
RadioButton	radioButton1	Text=前序遍历;Checked=True	
RadioButton	radioButton2	Text=中序遍历;	
RadioButton	radioButton3	Text=后序遍历;	
RadioButton	radioButton4	Text=层序遍历;	

在 Form1.h 文件的第二行添加语句:#include "BiTree.h"和#include "PreInOrderDlg.h"。

在 using namespace System::Drawing;语句之后输入 BiTree<char> myBiTree;定义对象。

各控件的事件响应函数代码如下:

```cpp
private: System::Void Form1_Load(System::Object^  sender, System::EventArgs^  e) {
             this->toolTip1->SetToolTip(this->textBox1,
                     "按层次序输入结点字符，空结点用#号。");
         }
private: System::Void pictureBox1_Paint(System::Object^  sender,
                     System::Windows::Forms::PaintEventArgs^  e) {
             BiNode<char> * root = myBiTree.getRootPtr();
             int depth = myBiTree.Depth();
             PaintTree(e, root, 120*depth, 50, depth);
         }
private:void PaintTree(System::Windows::Forms::PaintEventArgs^ e, BiNode<char> * r,
                     int x, int y, int depth){
             String ^ str;
             char ch;
             if (r != NULL){
                 int xMove = (int)(pow(2.0, depth) / 4);
                 depth--;
                 ch = (*r).data;
                 str = Convert::ToChar(ch) + "\n";
                 Pen ^ p=gcnew Pen(Color::White,2);
                 p->CustomEndCap = gcnew
                         Drawing2D::AdjustableArrowCap(4, 6);
                         //定义线尾的样式为箭头
                 if(r==myBiTree.getRootPtr()){
                     e->Graphics->DrawString("rootPtr", gcnew Drawing::Font
                             ("Arial",14), gcnew SolidBrush(Color::White),
                             x-50, (float)(y)-50);
                     e->Graphics->DrawLine(p,x-20,y-30,x+10, y);
                 }
                 SolidBrush^ brush = gcnew SolidBrush(Color::Yellow);
                 e->Graphics->FillRectangle(brush, x, y, 20, 25);
                 brush = gcnew SolidBrush(Color::Green);
                 e->Graphics->FillRectangle(brush, x - 20, y, 20, 25);
                 e->Graphics->FillRectangle(brush, x + 20, y, 20, 25);
                 e->Graphics->DrawString(str, gcnew Drawing::Font("Arial", 14),
    gcnew SolidBrush(System::Drawing::Color::Red),(float)(x),(float)(y)+3);
                 if((*r).lchild==NULL)
                     e->Graphics->DrawString("∧", gcnew Drawing::Font("Arial", 10),
                     gcnew SolidBrush(Color::White),(float)(x)-20, (float)(y)+7);
                 else
                     e->Graphics->DrawLine(p,x-10,y+9,x-xMove * 50+10, y+70);
                 if((*r).rchild==NULL)
                     e->Graphics->DrawString("∧", gcnew Drawing::Font("Arial", 10),
                         gcnew SolidBrush(Color::White),(float)(x)+20, (float)(y)+7);
                 else
                     e->Graphics->DrawLine(p,x+30,y+9,x+xMove * 50+10, y+70);
                 PaintTree(e, (*r).lchild, x - xMove * 50, y+70, depth);
                 PaintTree(e, (*r).rchild, x + xMove * 50, y+70, depth);
             }
         }
```

```cpp
private: System::Void update() {
            pictureBox1->Refresh();
            label1->Text="树的高度："+myBiTree.Depth().ToString();
            label2->Text="结点个数："+myBiTree.Count().ToString();
            label3->Text="叶子个数："+myBiTree.Leaf().ToString();
        }
private: System::Void button1_Click(System::Object^  sender, System::EventArgs^  e) {
            String ^ str=textBox1->Text->ToString();
            int n=str->Length;
            char * ary =(char*)Runtime::InteropServices::
                        Marshal::StringToHGlobalAnsi(str).ToPointer();
            myBiTree.Build(ary,n,'#');
            Runtime::InteropServices::Marshal::FreeHGlobal(IntPtr(ary));
            update();
        }
private: System::Void button2_Click(System::Object^  sender, System::EventArgs^  e) {
            PreInOrderDlg ^ paiDlg = gcnew PreInOrderDlg();
            if (paiDlg->ShowDialog()==System::Windows::Forms::DialogResult::OK) {
                string preStr = paiDlg->getPreStr();
                string inStr = paiDlg->getInStr();
                try{
                    myBiTree.Build(preStr,inStr);
                    update();
                }
                catch(Exception ^ exp){
                    MessageBox::Show("输入的前序序列与中序序列字符串有误！",
                "错误提示",MessageBoxButtons::OK,MessageBoxIcon::Warning);
                }
            }
        }
private: System::Void button3_Click(System::Object^  sender, System::EventArgs^  e) {
            if(radioButton1->Checked)
                MessageBox::Show(gcnew String(myBiTree.PreOrder().c_str()),"前序遍
                    历结果",MessageBoxButtons::OK,MessageBoxIcon::Information);
            if(radioButton2->Checked)
                MessageBox::Show(gcnew String(myBiTree.InOrder().c_str()),"中序遍历
                        结果",MessageBoxButtons::OK,MessageBoxIcon::Information);
            if(radioButton3->Checked)
                MessageBox::Show(gcnew String(myBiTree.PostOrder().c_str()),"后序遍
                    历结果",MessageBoxButtons::OK,MessageBoxIcon::Information);
            if(radioButton4->Checked)
                MessageBox::Show(gcnew String(myBiTree.LevelOrder().c_str()),"层序遍
                    历结果",MessageBoxButtons::OK,MessageBoxIcon::Information);
        }
private: System::Void hScrollBar1_ValueChanged(System::Object^  sender,
                                                System::EventArgs^  e) {
            int x=(pictureBox1->Size.Width/hScrollBar1->Maximum)*hScrollBar1->Value;
            pictureBox1->Location=Point(-x,pictureBox1->Location.Y);
        }
private: System::Void vScrollBar1_ValueChanged(System::Object^  sender,
                                                System::EventArgs^  e) {
            int y=(pictureBox1->Size.Height/vScrollBar1->Maximum)*vScrollBar1->Value;
```

```
picturebox1->Location=Point(pictureBox1->Location.X,-y);
        }
```

(4) 数据输入对话框设计与功能函数实现。在"解决方案资源管理器"中，右击项目名称，从弹出菜单中选择"添加"|"新建项"命令，在对话框中选择"Windows 窗体"选项，输入名称：PreInOrderDlg，单击"添加"按钮。参照表 4-3 向窗体拖曳控件。

表 4-3 对话框窗体控件与参数设置

控 件	名 称	属性设置	响应事件
Form	PreInOrderDlg	Text=前序与中序序列生成二叉树； MaximizeBox=False;MinimizeBox=False; StartPosition=CenterScreen; FormBorderStyle=Fixed3D	
TextBox	textBox1		
TextBox	textBox2		
Button	button1	Text=确定;DialogResult=OK	
Button	button2	Text=取消; DialogResult=Cancel	
Label	label1	Text=前序序列:	
Label	label2	Text=中序序列:	

由于对话框输入的字符串是 System::String 类型，而 C++中的字符串是 std::string 类型，需要进行转换。为此，在 PreInOrderDlg.h 文件中添加下列函数。

```
private:std::string ConvertToString(System::String^ str){
        char * p=(char *)System::Runtime::InteropServices::Marshal
                    ::StringToHGlobalAnsi(str).ToPointer();
        return std::string(p);
    }
public:string getPreStr(){
        string str = ConvertToString(textBox1->Text);
        return str;
    }
public:string getInStr(){
        string str = ConvertToString(textBox2->Text);
        return str;
    }
```

程序说明：

采用跟踪方式运行程序，可观察到二叉链表在内存中的状况。如图 4-3 可知，树的根结点指针 rootPtr 指向结点的 data 域为 A，其左孩子指针域指向结点的 data 域为 B，右孩子指针域指向结点的 data 域为 C。

data 域的内容为 F 的结点，其左、右孩子指针域中的值为 0x00000000，即空指针。从每个结点所在的地址可见，它们之间相距很近。在二叉链表中，二叉树结点之间的父子关系依赖于结点的左右孩子指针域。

数据结构与算法——C++实现

图 4-3 二叉链表在内存中的存储情况

4.4 线索二叉树

在 n 个结点的二叉链表中，有 n+1 个指针域为空指针，可以利用它们存放遍历序列中的前驱或后继结点指针，此类指针称为线索。相应地，加上线索的二叉树(或二叉链表)称为线索二叉树(二叉链表)。

为区别指针域中的指针是指向孩子结点还是线索，需要在结点中增加标志位，区分指针域的用途。

下面通过中序线索二叉链表介绍线索二叉树的设计方法。

```cpp
//文件名：ThrBiTree.h
#ifndef BITREE_H
#define BITREE_H
#include<iostream>
using namespace std;
enum Flag:char{Child,Thread};           //枚举类型，用于区别指针域
template <typename T>
struct ThrBiNode{                        //线索二叉链表结点
    T data;
    ThrBiNode<T> * lchild,* rchild;     //左孩子和右孩子指针
    Flag ltag,rtag;                      //标志指针域为：孩子指针或线索
};
template <typename T>
class ThrBiTree{                         //线索二叉链表类模板
    template <typename T>
    friend ostream & operator<<(ostream & os,ThrBiTree<T> & bt);
public:
    ThrBiTree(T ary[],int num,T none);   //构造函数
    ~ThrBiTree(){                        //析构函数
        Release(rootPtr,Child);
```

```cpp
        }
        void InOrderThreading(){
            pre=rootPtr;
            InOrderThreading(rootPtr);
        }
        void InOrder();                          //中序遍历
protected:
        ThrBiNode<T> * Create(T ary[],int num,T none,int idx);
        void Release(ThrBiNode<T> * & root,Flag tag);
        void Print(ostream & os,ThrBiNode<T> *root,Flag tag,int depth);
        void Print(ostream & os){                //输出二叉树
            Print(os,rootPtr,Child,1);
        }
        void InOrderThreading(ThrBiNode<T> *);//中序线索化二叉链表
        ThrBiNode<T> * Next(ThrBiNode<T> *);     //中序线索二叉链表查找后继
private:
        ThrBiNode<T> * rootPtr;                  //根结点指针
        ThrBiNode<T> * pre;                      //记录线索过程中刚刚访问过的结点
};
template <typename T>
ThrBiNode<T> * ThrBiTree<T>::Create(T ary[],int num,T none,int idx){//创建线索二叉链表
    ThrBiNode<T> * p;
    int left,right;
    if(idx-1<num && ary[idx-1]!=none){
        p=new ThrBiNode<T>;
        p->data=ary[idx-1];
        left=2*idx;
        right=2*idx+1;
        p->lchild=Create(ary,num,none,left);
        p->ltag=(p->lchild?Child:Thread);        //标记左孩子指针域性质
        p->rchild=Create(ary,num,none,right);
        p->rtag=(p->rchild?Child:Thread);        //标记右孩子指针域性质
        return p;
    }
    else
        return NULL;
}
template <typename T>
void ThrBiTree<T>::Release(ThrBiNode<T> * & root,Flag tag){  //撤销线索二叉链表
    if(root!=NULL){
        if(root->ltag==Child)
            Release(root->lchild,root->ltag);
        if(root->rtag==Child)
            Release(root->rchild,root->rtag);
        delete root;
        root=NULL;
    }
}
template <typename T>
ThrBiTree<T>::ThrBiTree(T ary[],int num,T none){
    rootPtr=Create(ary,num,none,1);
```

```cpp
}
template <typename T>
void ThrBiTree<T>::Print(ostream & os,ThrBiNode<T> * root,Flag tag,int depth){//输出
    if(root!=NULL && tag==Child){
        Print(os,root->rchild,root->rtag,depth+1);
        for(int i=0;i<4*(depth-1);i++)
            os<<" ";
        os<<"*--"<<root->data<<endl;
        Print(os,root->lchild,root->ltag,depth+1);
    }
}
template <typename T>
ostream & operator<<(ostream & os,ThrBiTree<T> & bt){
    bt.Print(os);
    return os;
}
template <typename T>
void ThrBiTree<T>::InOrderThreading(ThrBiNode<T> * bt){    //中序线索二叉树
    if(bt!=NULL){
        if(bt->ltag==Child)
            InOrderThreading(bt->lchild);              //中序递归线索化左子树
        else
            bt->lchild=pre;
        if(pre->rtag==Thread)                          //前驱pre无右孩子
            pre->rchild=bt;                            //前驱pre右孩子指针指向其后继bt
        pre=bt;
        if(bt->rtag==Child)
            InOrderThreading(bt->rchild);              //中序递归线索化右子树
    }
}
template <typename T>
ThrBiNode<T> * ThrBiTree<T>::Next(ThrBiNode<T> * p){//查找后继
    ThrBiNode<T> * q;
    if(p->rtag==Thread)
        q=p->rchild;        //右孩子指针域为线索,指向后继
    else{                   //后继为右子树中最左下结点
        q=p->rchild;
        while(q->ltag==Child)
            q=q->lchild;
    }
    return q;
}
template <typename T>
void ThrBiTree<T>::InOrder(){
    if(rootPtr==NULL) return;
    ThrBiNode<T> * p=rootPtr;
    while(p->ltag==Child)      //查找中序遍历序列的首结点
        p=p->lchild;
    cout<<p->data<<" ";
    while(p->rchild!=NULL){    //p尚未访问到中序遍历序列的尾结点
```

```cpp
            p=Next(p);
            cout<<p->data<<" ";
        }
    }
#endif
```

测试线索二叉树的主函数如下：

```cpp
//文件名：mainFunCh4_5.cpp
#include <iostream>
#include "ThrBiTree.h"
using namespace std;
int main(){
    char ary[]={'A','B','C','D','#',
                'E','F','#','G','#',
                '#','H','I','J','K',
                '#','#','L'};
    ThrBiTree<char> myBiTree(ary,18,'#');
    myBiTree.InOrderThreading();
    cout<<myBiTree;
    myBiTree.InOrder();cout<<endl;
    return 0;
}
```

运行结果：

```
            *--K
        *--F
            *--J
    *--C
            *--I
        *--E
            *--H
*--A
    *--B
            *--G
                *--L
        *--D
D L G B A H E I C J F K
```

程序说明：

(1) 先序线索化的递归函数和后序线索化的递归函数的实现方法与 InOrderThreading 中序递归函数相似，留给读者完成。

(2) Next 函数的功能是查找某结点的中序后继，查找中序前驱结点函数也留给读者练习。

(3) 语句 enum Flag:char{Child,Thread};中的 char 用于指定 Flag 枚举类型的大小与 char 类型相同，占 1 字节，缺省情况为 int 类型，占 4 字节。

4.5 二叉树遍历的非递归算法

在 4.3.1 节，BiTree 类中的前序、中序和后序遍历函数采用的是比较容易理解的递归算法。递归算法的优点是简洁，缺点是执行效率较低。通过模仿递归算法的执行过程，可以将其转化为非递归算法。

二叉树的前序、中序和后序遍历非递归算法的实现，需要利用栈。栈所具有的"先进后出"特性，使得左子树遍历结束后，能借助栈"记住"下面应当遍历的右子树。代码如下：

```
//文件名：BiTree.h
#ifndef BITREE_H
#define BITREE_H
#include <iostream>
#include <stack>
using namespace std;
template <typename T>
struct BiNode{                              //二叉链表结点
    T data;
    BiNode<T> * lchild,* rchild;           //左孩子和右孩子指针
};
template <typename T>
struct Element{                             //非递归后序遍历栈元素类型
    BiNode<T> * ptr;                       //结点指针
    int flag;//1 表示完成左子树遍历；2 表示完成右子树遍历，结点可以访问
};
template <typename T>
class BiTree{                               //二叉链表类模板
    template <typename T>
    friend ostream & operator<<(ostream & os,BiTree<T> & bt);
public:
    BiTree(T none);
    BiTree(T ary[],int num,T none);
    void Create(BiNode<T> * & root,T none);
    BiNode<T> * Create(T ary[],int num,T none,int idx);
    ~BiTree(){                              //析构函数
        Release(rootPtr);
    }
    void Release(BiNode<T> * & root);
    void PreOrder(){                        //非递归前序遍历
        stack<BiNode<T> *> s;              //标准模板库定义栈对象 s
        BiNode<T> * p=rootPtr;             //p 指向根结点
        while(p!=NULL || !s.empty()){
            while(p!=NULL){                //直到 p 访问到最左下结点
                cout<<p->data<<" ";//访问根结点
                s.push(p);
                p=p->lchild;               //遍历左子树
```

```cpp
            }
            if(!s.empty()){              //栈不空
                p=s.top();               //左子树为空,访问右子树
                s.pop();
                p=p->rchild;             //遍历右子树
            }
        }
    }
    void InOrder(){                      //非递归中序遍历
        stack<BiNode<T> *> s;            //定义栈对象s
        BiNode<T> * p=rootPtr;           //p指向根结点
        while(p!=NULL || !s.empty()){
            while(p!=NULL){              //直到p访问到最左下结点
                s.push(p);
                p=p->lchild;             //先遍历左子树
            }
            if(!s.empty()){              //栈不空
                p=s.top();               //左子树为空,访问右子树
                s.pop();
                cout<<p->data<<" ";      //访问根结点
                p=p->rchild;             //遍历右子树
            }
        }
    }
    void PostOrder(){                    //非递归后序遍历
        Element<T> elem;
        stack< Element<T> > s;
        BiNode<T> * p=rootPtr;           //p指向根结点
        while(p!=NULL || !s.empty()){
            while(p!=NULL){              //遍历左子树
                elem.ptr=p;
                elem.flag=1;             //表示已访问过左子树
                s.push(elem);
                p=p->lchild;
            }
            while(!s.empty() && s.top().flag==2){//栈顶结点的右子树已遍历,输出
                elem=s.top();            //获取栈顶元素
                s.pop();                 //弹栈
                p=elem.ptr;
                cout<<p->data<<" ";
                p=NULL;
            }
            if(!s.empty()){              //将栈顶元素的标志改为2
                elem=s.top();            //出栈
                s.pop();
                elem.flag=2;             //修改
                p=elem.ptr;
                s.push(elem);            //再压栈
                p=p->rchild;             //遍历右子树
            }
        }
```

```cpp
        }
        void Print(ostream & os){              //输出
            Print(os,rootPtr,1);
        }
        void Print(ostream & os,BiNode<T> *root,int depth);
    private:
        BiNode<T> * rootPtr;                   //根结点指针
};
template <typename T>
void BiTree<T>::Create(BiNode<T> * & root,T none){//控制台输入，建二叉树
    T x;
    cout<<"请输入字符("<<none<<"表示空)：";cin>>x;
    if(x==none)
        root=NULL;
    else{
        root=new BiNode<T>;
        root->data=x;
        Create(root->lchild,none);
        Create(root->rchild,none);
    }
}
template <typename T>
BiNode<T> * BiTree<T>::Create(T ary[],int num,T none,int idx){//创建二叉链表
    BiNode<T> * p;
    int left,right;
    if(idx-1<num && ary[idx-1]!=none){
        p=new BiNode<T>;
        p->data=ary[idx-1];
        left=2*idx;
        right=2*idx+1;
        p->lchild=Create(ary,num,none,left);
        p->rchild=Create(ary,num,none,right);
        return p;
    }
    else
        return NULL;
}
template <typename T>
void BiTree<T>::Release(BiNode<T> * & root){              //销毁二叉链表
    if(root!=NULL){
        Release(root->lchild);
        Release(root->rchild);
        delete root;
    }
}
template <typename T>
BiTree<T>::BiTree(T none){
    Create(rootPtr,none);
}
template <typename T>
```

```cpp
BiTree<T>::BiTree(T ary[],int num,T none){
    rootPtr=Create(ary,num,none,1);
}
template <typename T>
void BiTree<T>::Print(ostream & os,BiNode<T> * root,int depth){//输出
    if(root!=NULL){
        Print(os,root->rchild,depth+1);
        for(int i=0;i<4*(depth-1);i++)
            os<<" ";
        os<<"*--"<<root->data<<endl;
        Print(os,root->lchild,depth+1);
    }
}
template <typename T>
ostream & operator<<(ostream & os,BiTree<T> & bt){
    bt.Print(os);
    return os;
}
#endif
```

主函数代码如下：

```cpp
//文件名: mainFunCh4_6.cpp
#include <iostream>
#include "BiTree.h"
using namespace std;
int main(){
    char ary[]={'A','B','C','#','D','E','#','#','#','F','#','#','G'};
    BiTree<char> myBTree(ary,13,'#');
    cout<<myBTree<<endl;
    cout<<"前序遍历结果: ";myBTree.PreOrder();cout<<endl;
    cout<<"中序遍历结果: ";myBTree.InOrder();cout<<endl;
    cout<<"后序遍历结果: "; myBTree.PostOrder();cout<<endl;
    return 0;
}
```

程序说明：

(1) 对比前序遍历函数 PreOrder 和中序遍历函数 InOrder 的代码，发现它们非常相似，主要不同点是访问输出语句的位置。

(2) 后序遍历由于根结点是最后访问，需要记录其左右子树是否已遍历。为此，程序中定义了 struct Element 作为栈的数据类型，其中 flag 域记录了结点的左右子树的遍历是否完成。flag 值为 1，表明结点的左子树已遍历；其值为 2，表示该结点的右子树已遍历结束，此时可以访问该结点。

4.6 哈 夫 曼 树

哈夫曼树又称最优二叉树，是一类带权路径长度最短的树，具有广泛的应用。哈夫曼树的构造使用了贪心法，其基本思想如下：

(1) 最初视给定的 n 个权值构成 n 棵二叉树的集合 F。

(2) 从 F 中选取两棵根结点的权值最小的树，以此为左右子树构造一棵新的二叉树，并且其根结点的权值是左右子树根结点权值之和。

(3) 在 F 中删除被合并的两棵树，再添加合并后得到的新树。

(4) 重复(2)和(3)步骤，直到 F 中剩下一棵二叉树，此树即为哈夫曼树。

如图 4-4 所示，演示程序从文本框中输入一串用分号隔开的整数，单击"生成"按钮，窗口将直观地显示一棵哈夫曼树。

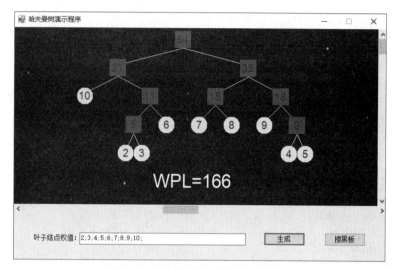

图 4-4　哈夫曼树演示程序运行界面

下面介绍哈夫曼树演示程序的设计过程和代码。

(1) 创建窗体应用程序项目 ExampleCh4_7GUI。

(2) 设计窗体界面。参照图 4-4 和表 4-4，在设计窗口完成控件拖放、属性修改和事件响应函数的添加。

表 4-4　哈夫曼树演示程序控件与参数设置

控　件	名　称	属性设置	响应事件
Form	Form1	Text=哈夫曼树演示程序; Size=693,441; MaximizeBox=False; StartPosition=CenterScreen; FormBorderStyle=Fixed3D	Load
Panel	panel1	Size=686,328;Location=0,0	
PictureBox	pictureBox1	BackColor=Black;Size=3000,2000	Paint
HScrollBar	hScrollBar1		ValueChanged
VScrollBar	vScrollBar1		ValueChanged
TextBox	textBox1		
ToolTip	toolTip1		
Button	button1	Text=生成	Click

续表

控件	名称	属性设置	响应事件
Button	button2	Text=擦黑板	Click
Label	label1	Text=叶子结点权值：	

(3) HuffmanTree 类的实现。

```cpp
//文件名：HuffmanTree.h
#ifndef HUFFMAN_H
#define HUFFMAN_H
struct HuffNode {                       //定义结点结构体
    int weight;                         //权值
    int parent;                         //双亲结点指针域
    int lchild;                         //左孩子指针域
    int rchild;                         //右孩子指针域
};
class HuffmanTree{
public:
    HuffmanTree(){pTree=0;num=0;}
    HuffmanTree(int array[],int n);
    ~HuffmanTree();
    void Create(int array[],int n);     //构建哈夫曼树
    void Destroy();                     //销毁树
    int depth(HuffNode node);           //求结点的深度
    HuffNode getNode(int i);            //获取i结点内容
    HuffNode getRoot();                 //获取根结点信息
    bool isNullTree();                  //是否为空树
    int leafWPL(HuffNode node);         //求叶子结点的带权路径长度WPL
    int treeWPL();                      //求树的WPL
private:
    HuffNode * pTree;
    int num;

};
#endif
//文件名：HuffmanTree.cpp
#include "stdafx.h"
#include "HuffmanTree.h"
HuffmanTree::HuffmanTree(int array[], int n){
    Create(array,n);
}
void HuffmanTree::Create(int array[],int n){
    num=2*n-1;
    this->pTree=new HuffNode[num];
    for(int i=0;i<num;i++)   {
        pTree[i].weight=(i<n?array[i]:0);
        pTree[i].parent=-1;
        pTree[i].lchild=-1;
        pTree[i].rchild=-1;
    }
```

```cpp
        for(int i=n;i<num;i++)   {
            int minLoc=-1,secMinLoc=-1;          //权值最小的两个结点的位置
            for(int j=0;j<i;j++){                //定位 minLoc
                if(pTree[j].parent==-1){         //parent 为-1 表示其为一棵树的树根
                    if(minLoc==-1)
                        minLoc=j;
                    if(pTree[minLoc].weight > pTree[j].weight)
                        minLoc=j;
                }
            }
            for(int j=0;j<i;j++){                //定位 secMinLoc
                if(j!=minLoc && pTree[j].parent==-1){
                    if(secMinLoc==-1)
                        secMinLoc=j;
                    if(pTree[secMinLoc].weight > pTree[j].weight)
                        secMinLoc=j;
                }
            }
            //设置新结点
            pTree[i].weight=pTree[minLoc].weight+pTree[secMinLoc].weight;
            pTree[i].parent=-1;
            pTree[i].lchild=minLoc;
            pTree[i].rchild=secMinLoc;
            pTree[minLoc].parent=i;
            pTree[secMinLoc].parent=i;
        }
    }
    void HuffmanTree::Destroy(){
        num=0;
        delete [] pTree;
        pTree=0;
    }
    HuffmanTree::~HuffmanTree(){                 //析构函数
        Destroy();
    }
    HuffNode HuffmanTree::getNode(int i){        //获取 i 结点
        return pTree[i];
    }
    HuffNode HuffmanTree::getRoot(){             //获取根结点
        if(pTree!=0)
            return pTree[num-1];
    }
    bool HuffmanTree::isNullTree(){              //是否为空树
        return pTree==0;
    }
    int HuffmanTree::depth(HuffNode node){       //求深度
        int lh=0,rh=0;
        if(isNullTree())
            return 0;
        else
```

```
        {
            if(node.lchild==-1)
                return 1;
            else
                lh=depth(getNode(node.lchild));
            if(node.rchild==-1)
                return 1;
            else
                rh=depth(getNode(node.rchild));
            return (1+(lh>rh?lh:rh));
        }
}
int HuffmanTree::leafWPL(HuffNode node){        //求叶子结点的 WPL
    int l=0;
    HuffNode Parent=getNode(node.parent);
    if(node.lchild==-1 && node.rchild==-1){
        while(Parent.parent != -1){
            l++;
            Parent=getNode(Parent.parent);
        }
        return (++l)*node.weight;
    }
    else
        return 1;
}
int HuffmanTree::treeWPL(){                     //求树的 WPL
    int wpl=0;
    for(int i=0;i<(num+1)/2;i++)
        wpl+=leafWPL(pTree[i]);
    return wpl;
}
```

(4) 编写事件响应函数。在 Form1.h 代码文件中的第 2 行添加#include "HuffmanTree.h" 和#include <math.h>，在第 13 行定义对象 HuffmanTree myHTree;。添加功能代码如下：

```
private: System::Void pictureBox1_Paint(System::Object^  sender,
                     System::Windows::Forms::PaintEventArgs^  e) {
            int depth=0;
            if(!myHTree.isNullTree()){
                depth=myHTree.depth(myHTree.getRoot());
                PaintTree(e,myHTree.getRoot(),pictureBox1->Width/2,5,myHTree,depth,0);
                e->Graphics->DrawString("WPL="+Convert::ToString(myHTree.treeWPL()),
                    gcnew System::Drawing::Font("Arial", 25),
                    gcnew System::Drawing::SolidBrush(System::Drawing::Color::White),
                    (pictureBox1->Width/2)-50, 50*depth);
            }
        }
private:void PaintTree(System::Windows::Forms::PaintEventArgs^ e,
            HuffNode r, int x, int y, HuffmanTree & tree,int depth,int tag){
            System::String ^ str;
            str=Convert::ToString(r.weight);
```

```
            int xMoveParent = (int)(pow(2.0, depth + 1) / 4);
            if(tag!=0)
                e->Graphics->DrawLine(gcnew Pen(Color::White), x + 10, y + 10,
                                x - xMoveParent * 15 * tag+10 , y - 50+30);
            if(r.lchild==-1 && r.rchild==-1)
                e->Graphics->FillEllipse(gcnew SolidBrush(Color::Yellow), x - 5, y, 30, 30);
            else
                e->Graphics->FillRectangle(gcnew SolidBrush(Color::Green),x - 5,y,30,30);
            e->Graphics->DrawString(str, gcnew System::Drawing::Font("Arial", 14),
                gcnew System::Drawing::SolidBrush(System::Drawing::Color::Red),
                    (float)(r.weight<10?(x+2):(r.weight<100?(x-4):(x-10))), (float)(y+4));
            int xMove = (int)(pow(2.0, depth) / 4);
            depth--;
            if(r.lchild!=-1)
                PaintTree(e, tree.getNode(r.lchild), x - xMove * 15, y + 50,tree,depth,-1);
            if(r.rchild!=-1)
                PaintTree(e, tree.getNode(r.rchild), x + xMove * 15, y + 50,tree,depth,1);
        }
    private: System::Void button1_Click(System::Object^  sender, System::EventArgs^  e) {
            cleanBlackBoard();
            int nodeValue[100];
            int n=0;
            int index=0;
            String ^ str=textBox1->Text;
            try{
                while(str!=""){
                    index=str->IndexOf(";",0);
                    if(index==-1)
                        throw gcnew Exception("分号必须为西文字符。");
                    nodeValue[n++]=Convert::ToInt32(str->Substring(0,index));
                    str=str->Substring(index+1);
                }
                myHTree.Create(nodeValue,n);
                hScrollBar1->Value=40;
            }
            catch(Exception ^ exp){
                MessageBox::Show("输入数据有误! "+exp->Message,"错误提示",
                        MessageBoxButtons::OK,MessageBoxIcon::Warning);
            }
        }
    private: Void cleanBlackBoard(){
            if(!myHTree.isNullTree()){
                myHTree.Destroy();
                hScrollBar1->Value=0;
                pictureBox1->Refresh();
            }
        }
    private: System::Void button2_Click(System::Object^  sender, System::EventArgs^  e) {
            cleanBlackBoard();
        }
    private: System::Void hScrollBar1_ValueChanged(System::Object^ sender,
System::EventArgs^ e) {
```

```
                int x=(pictureBox1->Size.Width/hScrollBar1->Maximum)*hScrollBar1->Value;
                pictureBox1->Location=Point(-x,pictureBox1->Location.Y);
        }
private: System::Void vScrollBar1_ValueChanged(System::Object^ sender,
System::EventArgs^ e) {
                 int y=(pictureBox1->Size.Height/vScrollBar1->Maximum)*vScrollBar1->Value;
                pictureBox1->Location=Point(pictureBox1->Location.X,-y);
        }
private: System::Void Form1_Load(System::Object^ sender, System::EventArgs^ e) {
                this->toolTip1->SetToolTip(this->textBox1,
                     "输入正整数并用分号隔开,如2;3;4;5;");
        }
```

程序说明:

(1) 哈夫曼树的存储结构采用双亲孩子表示法。程序中先定义了一个包含结点信息、双亲、左孩子和右孩子域的结构体,据此再定义一个数组,存储哈夫曼树。

(2) 哈夫曼树中只有叶子结点和度为 2 的结点,因此整棵树的结点个数是 $2 \times n-1$,故申请的动态数组只需 $2 \times n-1$ 即可。

(3) HuffmanTree 类中的 Create 函数功能是根据输入的 n 个权值,在堆中构建哈夫曼树。

习　　题

1. 选择题

(1) 如果结点 A 有 2 个兄弟结点,结点 B 为 A 的双亲,则 B 的度为(　　)。
　　A. 1　　　　　　B. 3　　　　　　C. 4　　　　　　D. 5

(2) 把一棵树转换为二叉树后,这棵二叉树的形态是(　　)。
　　A. 唯一的　　　　　　　　　　　B. 有多种
　　C. 有多种,但根结点都没有左孩子　　D. 有多种,但根结点都没有右孩子

(3) 一棵完全二叉树上有 1001 个结点,其中叶子结点的个数是(　　)。
　　A. 250　　　　　B. 500　　　　　C. 254　　　　　D. 501

(4) 由 3 个结点可以构造(　　)种不同的二叉树。
　　A. 2　　　　　　B. 3　　　　　　C. 4　　　　　　D. 5

(5) 二叉树的前序序列和后序序列正好相反,则该二叉树一定是(　　)的二叉树。
　　A. 空或只有一个结点　　　　　B. 高度等于其结点数
　　C. 任一结点无左孩子　　　　　D. 任一结点无右孩子

(6) 若二叉树采用二叉链表存储结构,要交换其所有分支结点左、右子树的位置,则利用(　　)遍历方法最合适。
　　A. 前序　　　　　B. 中序　　　　　C. 后序　　　　　D. 层次序

(7) 任何一棵二叉树的叶子结点在前序、中序、后序遍历序列中的相对次序(　　)。
　　A. 肯定不发生改变　　　　　　B. 肯定发生改变

C. 不能确定　　　　　　　　D. 有时发生变化

(8) 线索二叉树是一种(　　)结构。

A. 逻辑　　　B. 逻辑和存储　　C. 物理　　　D. 线性

(9) 讨论树、森林和二叉树的关系，目的是(　　)。

A. 借助二叉树上的运算方法实现对树的一些运算

B. 将树、森林按二叉树的存储方式进行存储并利用二叉树的算法解决树的有关问题

C. 将树、森林转换成二叉树

D. 体现一种技巧，没有任何实际意义

(10) 设 F 是一个森林，B 是由 F 变换得到的二叉树。若 F 中有 n 个非终端结点，则 B 中右指针域为空的结点有(　　)个。

A. n–1　　　B. n　　　C. n+1　　　D. n+2

2. 填空题

(1) 在采用顺序存储结构的二叉树中，补齐中序遍历递归算法空白处的代码。

```
template<typename T>
void BinaryTree<T>::inOrder(int idx){
    if(data[idx]==empty || idx>=num)
        return;
    else{
        _____
        _____
        _____
    }
}
```

(2) 在采用二叉链表存储的二叉树中，补齐前序遍历递归算法空白处的代码。

```
template <typename T>
void BiTree<T>::PreOrder(BiNode<T> * root){
    if(root==NULL)
        _____
    else{
        cout<<root->data<<" ";
        _____
        _____
    }
}
```

(3) 在采用二叉链表存储的二叉树中，补齐中序遍历非递归算法空白处的代码。

```
template <typename T>
void BiTree<T>::InOrder(){              //非递归中序遍历
    stack<BiNode<T> *> s;               //定义栈对象s
    BiNode<T> * p=rootPtr;              //p指向根结点
    while(p!=NULL || !s.empty()){
        while(p!=NULL){                 //直到p访问到最左下结点
```

```
            _____
            p=p->lchild;              //先遍历左子树
        }
        if(_____){              //栈不空
            p=s.top();
            _____
            cout<<p->data<<" ";//访问根结点
            _____       //遍历右子树
        }
    }
}
```

(4) 在下列创建线索二叉链表的递归函数中，补齐空白处的代码。

```
template <typename T>
ThrBiTree<T>::ThrBiTree(T ary[],int num,T none){
    rootPtr=Create(ary,num,none,1);
}
template <typename T>
ThrBiNode<T> * ThrBiTree<T>::Create(T ary[],int num,T none,int idx){
    ThrBiNode<T> * p;
    int left,right;
    if(idx-1<num && ary[idx-1]!=none){
        p=_____
        p->data=ary[idx-1];
        left=2*idx;
        right=2*idx+1;
        p->lchild=_____
        p->ltag=(p->lchild?Child:Thread);
        p->rchild=Create(ary,num,none,right);
        _____
        return p;
    }
    else
        return NULL;
}
```

3. 编程题

(1) 编写算法，要求输出二叉树后序遍历序列的逆序。
(2) 以二叉链表为存储结构，编写算法求树中结点的双亲。
(3) 以二叉链表为存储结构，在二叉树中删除以值 x 为根结点的子树。
(4) 编写算法交换二叉树中所有结点的左右子树。
(5) 以孩子兄弟表示法为存储结构，求树中结点 x 的第 i 个孩子。

第 5 章

图

图是一种网状结构，其应用领域十分广泛。根据图中的边是否具有方向性，图分为有向图和无向图。图的存储结构主要有邻接矩阵、邻接表、十字链表和邻接多重表等。图中的遍历操作分别是深度优先遍历和广度优先遍历。

本章学习要点

本章学习图的基本概念、存储结构、图的遍历及应用。5.1 节主要介绍图的邻接矩阵、邻接表和十字链表三种存储结构的实现，此外，还介绍了顶点和边窗体控件的设计方法，用于支持本章窗体程序能以图形方式输入图中顶点与边。5.2 节介绍了图的深度优先和广度优先遍历算法的实现，其中，深度优先遍历是基于邻接矩阵存储的无向图，广度优先遍历是基于邻接表存储的无向图。5.3 节介绍了用 Prim 算法和 Kruskal 算法求解无向网中最小生成树的编程实现，程序具有生成过程演示功能。5.4 节实现了求解有向网中最短路径的 Dijkstra 算法和 Floyd 算法。5.5 节详解了有向无环图上求解拓扑序列和关键路径的算法实现。5.6 节讲解了求解七巧板涂色问题窗体程序的实现方法。

5.1 图的存储结构

5.1.1 邻接矩阵存储结构

图的邻接矩阵存储结构的基础是顺序存储结构，其存储方法是用一个一维数组记录图中顶点的信息，用一个二维数组保存图中边的信息，该二维数组称为邻接矩阵。例如，图 5-1 中有 4 个顶点的无向图的邻接矩阵是一个 4 阶方阵。

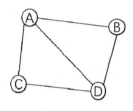

图 5-1　无向图的邻接矩阵存储结构

下面是用邻接矩阵存储法定义的无向图类 AdjMatrixGraph。

```
//文件名：AdjMatrixGraph.h
#ifndef ADJMATRIXGRAPH_H
#define ADJMATRIXGRAPH_H
#include<iostream>
using namespace std;
template<typename T>
class AdjMatrixGraph{
    template<typename T>
    friend ostream & operator<<(ostream &,AdjMatrixGraph<T> &);
    template<typename T>
    friend istream & operator>>(istream &,AdjMatrixGraph<T> &);
public:
    AdjMatrixGraph(int max=10);
    ~AdjMatrixGraph();
    int numberOfVertices(){return numVertices;}    //返回图中顶点数
    int numberOfEdges(){return numEdges;}          //返回图的边数
    bool insertVertex(T v);         //插入顶点
    bool eraseVertex(T v);          //删除顶点
    bool existVertex(T v);          //判别顶点是否存在
    bool insertEdge(T v1,T v2);     //插入边
    bool eraseEdge(T v1,T v2);      //删除边
    bool existEdge(T v1,T v2);      //判别边是否存在
protected:
    int index(T v);                 //返回顶点在一维数组中的下标
private:
    int maxVertices;                //图中最多顶点个数
    int numVertices;                //图的顶点数
```

```cpp
    int numEdges;              //图的边数
    T * vertexNode;            //存放图中顶点的一维数组
    int * * edge;              //存放图中边的二维数组，即邻接矩阵
};
template<typename T>
AdjMatrixGraph<T>::AdjMatrixGraph(int max){
    maxVertices=max;
    numVertices=0;
    numEdges=0;
    vertexNode=new T[maxVertices];
    edge=new int *[maxVertices];              //为邻接矩阵分配空间
    for(int i=0;i<maxVertices;i++)
        edge[i]=new int[maxVertices];
    for(int i=0;i<maxVertices;i++)
        for(int j=0;j<maxVertices;j++)
            edge[i][j]=0;
}
template<typename T>
AdjMatrixGraph<T>::~AdjMatrixGraph(){
    for(int i=0;i<maxVertices;i++)            //释放邻接矩阵占用的空间
        delete [] edge[i];
    delete [] edge;
    delete [] vertexNode;                     //释放顶点数组
}
template<typename T>
bool AdjMatrixGraph<T>::insertVertex(T v){
    if(index(v)==-1){
        vertexNode[numVertices++]=v;
        return true;
    }else
        return false;
}
template<typename T>
bool AdjMatrixGraph<T>::eraseVertex(T v){     //从图中删除顶点v
    int idx=index(v);
    if(idx!=-1){
        for(int i=0;i<numVertices;i++)        //修改二维边数组的值为0
            if(edge[idx][i]==1){
                edge[idx][i]=0;
                edge[i][idx]=0;
                numEdges--;
            }
        for(int i=idx;i<numVertices;i++)      //二维数组后一行覆盖前行
            for(int j=0;j<numVertices;j++)
                edge[i][j]=edge[i+1][j];
        for(int i=idx;i<numVertices;i++)      //二维数组后一列覆盖前列
            for(int j=0;j<numVertices;j++)
                edge[j][i]=edge[j][i+1];
        for(int i=idx;i<numVertices;i++)      //去除顶点信息
            vertexNode[i]=vertexNode[i+1];
        numVertices--;
```

```cpp
            return true;
        }else
            return false;                              //顶点不存在，返回假
}
template<typename T>
bool AdjMatrixGraph<T>::existVertex(T v){              //判别顶点是否存在
    return index(v)!=-1;
}
template<typename T>
bool AdjMatrixGraph<T>::insertEdge(T v1,T v2){         //插入边
    if(!existEdge(v1,v2)){
        int i=index(v1);
        int j=index(v2);
        edge[i][j]=edge[j][i]=1;
        numEdges++;
        return true;
    }
    return false;
}
template<typename T>
bool AdjMatrixGraph<T>::eraseEdge(T v1,T v2){          //删除(v1,v2)边
    if(existEdge(v1,v2)){
        int i=index(v1);
        int j=index(v2);
        edge[i][j]=edge[j][i]=0;
        numEdges--;
        return true;
    }
    return false;
}
template<typename T>
bool AdjMatrixGraph<T>::existEdge(T v1,T v2){          //判别边是否存在
    if(existVertex(v1) && existVertex(v2))
        return edge[index(v1)][index(v2)];
    return false;
}
template<typename T>
int AdjMatrixGraph<T>::index(T v){                     //返回v在vertexNode中的位置
    int idx=-1;
    for(int i=0;i<numVertices;i++)
        if(vertexNode[i]==v)
            idx=i;
    return idx;
}
template<typename T>
ostream & operator<<(ostream & os,AdjMatrixGraph<T> & mg){
    os<<"无向图的顶点数： "<<mg.numVertices<<"\t边数： "<<mg.numEdges<<endl;
    os<<"顶点数组： ";
    for(int i=0;i<mg.numVertices;i++)
        os<<mg.vertexNode[i]<<",";
```

```cpp
        os<<"\n 邻接矩阵："<<endl;
        for(int i=0;i<mg.numVertices;i++){
            for(int j=0;j<mg.numVertices;j++)
                os<<mg.edge[i][j]<<"  ";
            os<<endl;
        }
        return os;
}
template<typename T>
istream & operator>>(istream & is,AdjMatrixGraph<T> & mg){
        int edge,vexs,i=0;
        T v1,v2;
        cout<<"请输入图的顶点个数和边数：";is>>vexs>>edge;
        while(i<vexs){
            if(is==cin) cout<<"输入第"<<i+1<<"个顶点：";is>>v1;
            if(mg.insertVertex(v1))
                i++;
        }
        i=0;
        while(i<edge){
            if(is==cin) cout<<"输入第"<<i+1<<"条边的二个顶点：";is>>v1>>v2;
            if(mg.insertEdge(v1,v2))
                i++;
        }
        return is;
}
#endif
```

测试主函数如下：

```cpp
//文件名：mainFunCh5_1.cpp
#include <iostream>
#include "AdjMatrixGraph.h"
using namespace std;
int main(){
        char x,y;
        AdjMatrixGraph<char> graphObj;
        cin>>graphObj;
        cout<<graphObj;
        cout<<"输入删除的顶点：";cin>>x;
        graphObj.eraseVertex(x);
        cout<<graphObj;
        cout<<"输入新插入的顶点：";cin>>x;
        graphObj.insertVertex(x);
        cout<<"输入新插入边的二个顶点：";cin>>x>>y;
        graphObj.insertEdge(x,y);
        cout<<graphObj;
        return 0;
}
```

运行结果：

请输入图的顶点个数和边数：4 5✓
输入第 1 个顶点：A✓
输入第 2 个顶点：B✓
输入第 3 个顶点：C✓
输入第 4 个顶点：D✓
输入第 1 条边的二个顶点：A B✓
输入第 2 条边的二个顶点：A C✓
输入第 3 条边的二个顶点：A D✓
输入第 4 条边的二个顶点：B D✓
输入第 5 条边的二个顶点：C D✓
无向图的顶点数：4 边数：5
顶点数组：A,B,C,D,
邻接矩阵：
0 1 1 1
1 0 0 1
1 0 0 1
1 1 1 0
输入删除的顶点：A✓
无向图的顶点数：3 边数：2
顶点数组：B,C,D,
邻接矩阵：
0 0 1
0 0 1
1 1 0
输入新插入的顶点：E✓
输入新插入边的二个顶点：B E✓
无向图的顶点数：4 边数：3
顶点数组：B,C,D,E,
邻接矩阵：
0 0 1 1
0 0 1 0
1 1 0 0
1 0 0 0

程序说明：

(1) 用邻接矩阵存储无向图需要定义两个数组，一个是一维数组用于存储顶点信息，另一个是二维数组(即邻接矩阵)用来存储边。AdjMatrixGraph 类模板中的指针 vertexNode 和 edge，分别指向堆中的两个数组。

(2) 在邻接矩阵中，与顶点和边的插入算法相比，删除顶点的算法较为复杂。首先在邻接矩阵中修改与该顶点相关的边信息为 0，其次删除该顶点在邻接矩阵中对应的行和列，最后在一维数组中删除顶点并修改顶点数。

5.1.2 邻接表存储结构

在图的窗体应用程序中，需要用图形方式表示顶点和边，为此，本节专门设计一组自定义的窗体控件。在 Visual Studio 2010 中，采用 C#语言开发窗体控件较为简便。本节设计的顶点和边窗体控件，在本章的后继窗体应用程序中同样要用到。

1. 顶点与边自定义控件设计

在 Visual Studio 2010 窗体应用程序开发环境中，程序员不仅可以通过现有的复合控件或 Windows 窗体控件创建自定义控件，还可以设计用户绘制的控件，为窗体应用程序的设计提供了强大的灵活性。

下面分别介绍顶点、无向边和有向边自定义控件的设计方法。

(1) 创建窗体控件项目。选择"文件"|"新建"|"项目"命令，打开"新建项目"对话框，如图 5-2 所示。依次展开"其他语言"→Visual C#→Windows→"Windows 窗体控件库"。输入项目名称 GraphControlLibrary，修改 UserControl1.cs 文件名为 GraphVertex.cs。

图 5-2　新建 Windows 窗体控件项目对话框

(2) 顶点控件的设计方法。

从工具箱将 Label 控件拖曳至设计窗口。修改控件属性如表 5-1 所示。

表 5-1　GraphVertex 自定义控件属性与参数设置

控　件	名　称	属性设置	响应事件
UserControl	GraphVertex	Size=30,30;BackColor=Transparent;	MouseEnter MouseLeave MouseMove
Label	label1	Text=V0;BackColor=Transparent; TextAlign=TopCenter; Font=宋体, 10.5pt, style=Bold;	

在 GraphVertex.cs 代码窗口，添加引用 using System.Runtime.InteropServices;语句，调用 Windows 系统函数 ReleaseCapture 和 SendMessage，使程序在运行状态下可以通过鼠标移动顶点控件。

顶点控件 GraphVertex 的代码如下：

```csharp
public partial class GraphVertex : UserControl
{
    [DllImportAttribute("user32.dll")]
    private extern static bool ReleaseCapture();
    [DllImportAttribute("user32.dll")]
    private extern static int SendMessage(IntPtr handle, int m, int p, int h);
    private String verText;                    //记录顶点名称
    public String VertexText                   //定义属性VertexText
    {
        get
        {
            return verText;
        }
        set
        {
            verText = value;
            label1.Text = verText;             //在顶点信息label1中显示
        }
    }
    public GraphVertex():base()
    {
        InitializeComponent();
        SetStyle( ControlStyles.SupportsTransparentBackColor
                | ControlStyles.UserPaint
                | ControlStyles.AllPaintingInWmPaint
                | ControlStyles.Opaque, true );
        BackColor = Color.Transparent;         //背景透明
    }
        public GraphVertex(GraphVertex v)
        {
            InitializeComponent();
            this.VertexText = v.VertexText;
            this.BackgroundColor = v.backgroundColor;
            this.Location = v.Location;
        }
    protected override void OnLocationChanged(EventArgs e)
    {
        Visible = false;
        Visible = true;
    }
    protected override CreateParams CreateParams
    {
        get
        {
            CreateParams cp = base.CreateParams;
            cp.ExStyle |= 0x00000020; //开启WS_EX_TRANSPARENT，使控件背景透明
            return cp;
        }
    }
    protected override void OnPaint(PaintEventArgs pe)
```

```
    {
        base.OnPaint(pe);
        pe.Graphics.FillEllipse(new SolidBrush(Color.Lime), 0, 0, 30, 30);    //画顶点
    }
    private void GraphVertex_MouseEnter(object sender, EventArgs e)
    {
        this.Cursor = Cursors.SizeAll;
    }
    private void GraphVertex_MouseLeave(object sender, EventArgs e)
    {
        this.Cursor = Cursors.Default;
    }
    private void GraphVertex_MouseMove(object sender, MouseEventArgs e)
    {
        if (e.Button == MouseButtons.Left)
        {
            ReleaseCapture();
            SendMessage(this.Handle, 0xA1, 0x2, 0);
        }
    }
}
```

按 F5 键,运行程序,出现如图 5-3 所示的用户控件测试容器窗口。

图 5-3 用户控件测试容器运行时界面

(3) 无向边控件的设计方法。

在解决方案资源管理器中,右击项目名称,选择"添加"|"新建项"命令。在添加新项对话框中,选择用户控件,在名称栏输入 GraphEdge.cs。无向边控件的代码如下:

```
public partial class GraphEdge : UserControl
{
    private String fromVertex;                      //边的始点
    private String toVertex;                        //边的终点
    private Color penColor=Color.Black;             //边的颜色,默认为黑色
```

```
        private int weight=0;                    //权值
        private bool hasWeight=false;            //边是否带权
        private int direction=1;                 //画线方向，0 从左上到右下，1 从右上到左下
        public String From                       //设置属性
        {
           get
           {
               return fromVertex;
           }
           set
           {
               fromVertex = value;
           }
        }
        public String To
        {
           get
           {
               return toVertex;
           }
           set
           {
               toVertex = value;
           }
        }
        public Color PenColor
        {
           get
           {
               return penColor;
           }
           set
           {
               penColor = value;
           }
        }
        public int Weight
        {
           get
           {
               return weight;
           }
           set
           {
               weight = value;
           }
        }
        public bool HasWeight
        {
           get
```

```csharp
        {
            return hasWeight;
        }
        set
        {
            hasWeight = value;
        }
    }
    public GraphEdge():base()
    {
        InitializeComponent();
        SetStyle( ControlStyles.SupportsTransparentBackColor
                  | ControlStyles.UserPaint
                  | ControlStyles.AllPaintingInWmPaint
                  | ControlStyles.Opaque, true );
        BackColor = Color.Transparent;
    }
    protected override void OnLocationChanged(EventArgs e)
    {
        Visible = false;
        Visible = true;
    }
    protected override CreateParams CreateParams
    {
        get
        {
            CreateParams cp = base.CreateParams;
            cp.ExStyle |= 0x00000020;  //开启WS_EX_TRANSPARENT，使控件支持透明
            return cp;
        }
    }
    protected override void OnPaint(PaintEventArgs pe)              //画边
    {
        base.OnPaint(pe);
        int a=Width;
        int b=Height;
        int c=(int)Math.Sqrt(a*a+b*b);
        int x0=(15 * a)/c+direction*a*(c-30)/c;
        int y0=(15 * b)/c;
        int x1=x0+a*(c-30)/c-2*direction*a*(c-30)/c+1;
        int y1=y0+b*(c-30)/c;
        int delt = 16;
        pe.Graphics.DrawLine(new Pen(penColor),a<delt?a/2-4:x0,b<delt?b/2-4:y0,
                    a<delt?a/2-4:x1,b<delt?b/2-4:y1);
        if(hasWeight)
           pe.Graphics.DrawString(weight.ToString(),new Font("Arial",9),
               new SolidBrush(penColor),a<delt+14?-3:a/2,b<delt+14?-3:b/2);
    }
    public GraphEdge(GraphEdge otherEdge)                //拷贝构造函数
    {
        this.fromVertex = otherEdge.fromVertex;
```

```
        this.toVertex = otherEdge.toVertex;
        this.weight = otherEdge.weight;
        this.hasWeight = otherEdge.hasWeight;
        this.direction = otherEdge.direction;
        this.Location = otherEdge.Location;
        this.Width = otherEdge.Width;
        this.Height = otherEdge.Height;
    }
    public GraphEdge(String fromTxt,String toTxt,int x,int y,int width,int height,int dirct)
    {                                                          //构造函数
        InitializeComponent();
        this.fromVertex = fromTxt;
        this.toVertex = toTxt;
        this.Location = new Point(x, y);
        this.Width = width;
        this.Height = height;
        this.direction = dirct;
    }
    public static bool operator ==(GraphEdge e1, GraphEdge e2)  //==运算符重载
    {
        return Equals(e1,e2);
    }
    public static bool operator !=(GraphEdge e1, GraphEdge e2)  //!=运算符重载
    {
        return !Equals(e1,e2);
    }
    public static bool Equals(GraphEdge e1, GraphEdge e2)       //判边相等与否
    {
        if ((e1.From==e2.From && e1.To == e2.To)
           ||(e1.To==e2.From && e1.From==e2.To))
            return true;
        return false;
    }
}
```

(4) 有向边控件的设计方法。

由于有向图中两个顶点之间，可有方向相反的两条有向边，致使控件可能重叠，故需要为控件添加可移动功能。与顶点控件相似，添加 using System.Runtime.InteropServices;语句，使得控件可以通过鼠标移动位置。有向边控件的代码如下：

```
public partial class GraphArc : UserControl
{
    [DllImportAttribute("user32.dll")]
    private extern static bool ReleaseCapture();
    [DllImportAttribute("user32.dll")]
    private extern static int SendMessage(IntPtr handle, int m, int p, int h);
    private String fromVertex;               //弧尾结点
    private String toVertex;                 //弧头结点
    private Color penColor = Color.Black;    //背景颜色
    private int weight = 0;                  //权值
```

```csharp
private bool hasWeight = false;           //是否带权
private int direction = 0;                //画线方向，0 从左上到右下，1 从右上到左下
private int up = 0;                       //箭头方向，0 向上，1 向下
public String From
{
    get
    {
        return fromVertex;
    }
    set
    {
        fromVertex = value;
    }
}
public String To
{
    get
    {
        return toVertex;
    }
    set
    {
        toVertex = value;
    }
}
public Color PenColor
{
    get
    {
        return penColor;
    }
    set
    {
        penColor = value;
    }
}
public int Weight
{
    get
    {
        return weight;
    }
    set
    {
        weight = value;
    }
}
public bool HasWeight
{
    get
    {
```

```
            return hasWeight;
        }
        set
        {
            hasWeight = value;
        }
    }
    public GraphArc():base()
    {
        InitializeComponent();
        SetStyle( ControlStyles.SupportsTransparentBackColor
                | ControlStyles.UserPaint
                | ControlStyles.AllPaintingInWmPaint
                | ControlStyles.Opaque, true );
        BackColor = Color.Transparent;
    }
    protected override void OnLocationChanged(EventArgs e)
    {
        // 控件重新显现
        Visible = false;
        Visible = true;
    }
    protected override CreateParams CreateParams
    {
        get
        {
            CreateParams cp = base.CreateParams;
            cp.ExStyle |= 0x00000020; //开启WS_EX_TRANSPARENT, 使控件背景透明
            return cp;
        }
    }
    protected override void OnPaint(PaintEventArgs pe)                //画弧
    {
        base.OnPaint(pe);
        int a = Width;
        int b = Height;
        int c = (int)Math.Sqrt(a * a + b * b);
        int x0 = (15 * a) / c + direction * a * (c - 30) / c;
        int y0 = (15 * b) / c;
        int x1 = x0 + a * (c - 30) / c - 2 * direction * a * (c - 30) / c + 1;
        int y1 = y0 + b * (c - 30) / c;
        int delt = 16;
        Pen p=new Pen(penColor);
        p.CustomEndCap = new System.Drawing.Drawing2D.
        AdjustableArrowCap(4,8);      //定义线尾的样式为箭头
        int X0, Y0, X1, Y1;
        X0=(up==1?(a<delt?a/2-2:x1):(a<delt?a/2-2:x0));
        X1=(up==1?(a<delt?a/2-2:x0):(a<delt?a/2-2:x1));
        Y0=(up==1?(b<delt?b/2-2:y1):(b<delt?b/2-2:y0));
        Y1=(up==1?(b<delt?b/2-2:y0):(b<delt?b/2-2:y1));
```

```
           pe.Graphics.DrawLine(p,X0,Y0,X1,Y1);
       if (hasWeight)
           pe.Graphics.DrawString(weight.ToString(), new Font("Arial", 9),
                 new SolidBrush(penColor), a < delt + 14 ? -3 : a / 2,
                                           b < delt + 14 ? -3 : b / 2);
}
public GraphArc(String fromTxt, String toTxt,int x, int y,
                    int width, int height, int dirct, int up){
    InitializeComponent();
    this.fromVertex = fromTxt;
    this.toVertex = toTxt;
    this.Location = new Point(x, y);
    this.Width = width;
    this.Height = height;
    this.direction = dirct;
    this.up = up;
}
public GraphArc(GraphArc g)
{
    InitializeComponent();
    this.fromVertex = g.fromVertex;
    this.toVertex = g.toVertex;
    this.Location = g.Location;
    this.Width = g.Width;
    this.Height = g.Height;
    this.direction = g.direction;
    this.up = g.up;
    this.hasWeight = g.hasWeight;
    this.weight = g.weight;
}
public static bool operator ==(GraphArc a1, GraphArc a2)
{
    return Equals(a1, a2);
}
public static bool operator !=(GraphArc a1, GraphArc a2)
{
    return !Equals(a1, a2);
}
public static bool Equals(GraphArc a1, GraphArc a2)
{
    if (a1.From == a2.From && a1.To == a2.To)
        return true;
    return false;
}
public bool hasReverseArc(GraphArc a)
{
    if (this.From == a.To && this.To == a.From)
        return true;
    return false;
}
private void GraphArc_MouseEnter(object sender, EventArgs e)
{
    this.Cursor = Cursors.SizeAll;
```

```
    }
    private void GraphArc_MouseLeave(object sender, EventArgs e)
    {
        this.Cursor = Cursors.Default;
    }
    private void GraphArc_MouseMove(object sender, MouseEventArgs e)
    {
        if (e.Button == MouseButtons.Left)
        {
            ReleaseCapture();
            SendMessage(this.Handle, 0xA1, 0x2, 0);
        }
    }
}
```

程序说明：

（1）GraphControlLibrary 项目中，定义了顶点、无向边和有向边 3 个 Windows 窗体控件，它们为本章的窗体程序提供了可视化输入与输出的支持。程序是用 C#语言设计，熟悉 C++的读者应当没有太多语言障碍。

（2）系统函数 ReleaseCapture 的作用是从当前窗口释放鼠标捕获并恢复正常的鼠标输入处理。函数 SendMessage 的功能是将指定的消息发送到一个或多个窗口，直到窗口过程处理完消息后才返回。

2．图的邻接表存储结构演示程序

邻接表用数组保存顶点，链表记录边信息。如图 5-4 所示，窗体的左侧是无向图创建区，右侧是生成的邻接表存储结构示意图，下面是功能区。窗体中的顶点可通过鼠标在白框中移动，边不能移动。

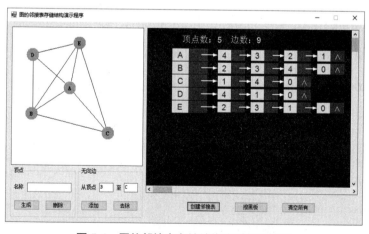

图 5-4　图的邻接表存储结构演示程序界面

主要设计步骤和代码如下。

（1）创建窗体应用程序项目 ExampleCh5_2GUI。根据图 5-4 所示布局和表 5-2 所示列表项，设计窗体界面，并设置控件属性，添加事件响应函数。

表 5-2　图的邻接表存储结构演示程序控件与参数设置

控件	名称	属性设置	响应事件
Form	Form1	Size=880,502; MaximizeBox=False; StartPosition=CenterScreen;Text=图的邻接表存储结构演示程序; KeyPreview=True;	Load KeyDown
Panel	panel1	Size=320,320;Location=12,12; BackColor=White	
	panel2	Size=512,382;Location=340,12; BorderStyle=FixedSingle;	
ToolTip	toolTip1		
PictureBox	pictureBox1	BackColor=Black;Size=2000,500	Paint
HScrollBar	hScrollBar1		ValueChanged
VScrollBar	vScrollBar1		ValueChanged
GroupBox	groupBox1	Location=12,338;Text=顶点	
	groupBox2	Location=176,338;Text=无向边	
TextBox	textBox1	Location=41,35;MaxLength=2;	
	textBox2	Location=51,35;MaxLength=2;	
	textBox3	Location=111,35;MaxLength=2;	
Button	button1	Text=生成	Click
	button2	Text=删除	
	button3	Text=添加	
	button4	Text=去除	
	button5	Text=创建邻接表	
	button6	Text=擦黑板	
	button7	Text=清空所有	
Label	label1	Text=名称	
	label2	Text=从顶点	
	label3	Text=至	

(2) 基于邻接表的图类模板设计。在解决方案资源管理器的头文件夹下，添加新项目文件，命名为 AdjListGraph.h。代码如下：

```
//文件名：AdjListGraph.h
#ifndef ADJLISTGRAPH_H
#define ADJLISTGRAPH_H
#include <iostream>
using namespace std;
const int MaxSize=30;        //假设顶点数最多 30 个
struct ArcNode{              //定义边表结点
    int adjvex;
```

```cpp
        ArcNode * next;
};
template <typename T>
struct VertexNode{              //定义顶点表结点
    T vertex;
    ArcNode * firstedge;
};
template <typename T>
struct Edge{                    //定义边结构体，用于边的输入
    T from,to;                  //边依附的顶点
    int weight;                 //边上的权
};
template <typename T>
class ALGraph{                  //图类模板
public:
    ALGraph(){vertexNum=0;arcNum=0;}
    ~ALGraph(){Release();}
    void Create(T a[],int n,Edge<T> b[],int e);
    void Release();
    int index(T v){             //返回顶点v在adjlist数组中的位置
        int idx=-1;
        for(int i=0;i<vertexNum;i++)
            if(adjlist[i].vertex==v){
                idx=i;
                break;
            }
        return idx;
    }
    int getVerNum(){ return vertexNum;}
    int getArcNum(){ return arcNum;}
    T getElem(int i){ return (i>=0&&i<vertexNum)?adjlist[i].vertex:NULL;}
    ArcNode * getFirstPtr(int i){return adjlist[i].firstedge;}
    int getIdx(ArcNode * p){return p->adjvex;}
    ArcNode * getNext(ArcNode * p){return p->next;}
private:
    VertexNode<T> adjlist[MaxSize];    //邻接表
    int vertexNum,arcNum;              //顶点数，边数
};
template <typename T>
void ALGraph<T>::Create(T a[],int n,Edge<T> b[],int e){//根据顶点和边数组建图
    ArcNode * s;
    Release();                  //先释放原有信息
    vertexNum=n,arcNum=e;
    for(int i=0;i<vertexNum;i++){      //建立顶点表
        adjlist[i].vertex=a[i];
        adjlist[i].firstedge=NULL;
    }
    for(int k=0;k<arcNum;k++){         //建立边表
        int i,j;
        i=index(b[k].from);
```

```
            j=index(b[k].to);
            s=new ArcNode;           //添加边从from到to
            s->adjvex=j;
            s->next=adjlist[i].firstedge;
            adjlist[i].firstedge=s;
            s=new ArcNode;           //添加边从to到from
            s->adjvex=i;
            s->next=adjlist[j].firstedge;
            adjlist[j].firstedge=s;
        }
    }
    template <typename T>
    void ALGraph<T>::Release(){       //释放邻接表
        ArcNode * p;
        for(int i=0;i<vertexNum;i++){
            p=adjlist[i].firstedge;
            while(p){
                adjlist[i].firstedge=p->next;
                delete p;
                p=adjlist[i].firstedge;
            }
        }
        vertexNum=0;
        arcNum=0;
    }
    #endif
```

(3) 窗体功能模块的设计。在 Form1.h 文件中，在第 2 行添加下列引用。

```
#include "AdjListGraph.h"
#include <string>
#include <msclr\marshal_cppstd.h>
using namespace std;
using namespace msclr::interop;//用于String ^和string间的转换
```

类模板生成的代码是本地 C++，窗体界面中的 C++/CLI 是托管代码。由于不同平台之间的字符串不兼容，需要引用 msclr::interop 中的函数实现字符串间的转换。

导入顶点、边和弧自定义控件。从菜单栏选择"项目"｜"ExampleCh5_2GUI 属性页"命令。在弹出的对话框中，单击"添加新引用"按钮，从 5.1.2 节 1.标题下设计的 GraphControlLibrary 项目中添加动态链接库文件 GraphControlLibrary.dll。

注：本章后面例程均采用上面的方法导入自定义控件，不再赘述。

在 Form1.h 文件的前端 using 语句的最后，添加语句：

```
using namespace GraphControlLibrary;        //引用自定义控件
```

再在其后定义对象。

```
ALGraph<string> myGraph;                    //模板类定义对象myGraph
```

在类的数据区，定义存储图中顶点和边的变量，如下：

```
protected:
```

```
        array<GraphVertex ^> ^ vertexes;           //保存所有顶点
        array<GraphEdge ^> ^ edges;                //保存所有边
        int numVertex,numEdge;                     //顶点和边的数目
```

Form1.h 中的各功能函数的代码如下:

```
private: System::Void Form1_Load(System::Object^ sender, System::EventArgs^ e) {
    this->toolTip1->SetToolTip(this->panel1,
        "按 Alt 键自动调整顶点和无向边子控件的层次！");
}
private: System::Void Form1_KeyDown(System::Object^ sender, System::Windows::
            Forms::KeyEventArgs^ e) {        //需设置 KeyPreview=True
    if (e->Alt == true){                     //若按了 Alt 键
        e->Handled = true;
        SetVertexToFront();                  //调整子控件的层次顺序
    }
}
private: Void SetVertexToFront(){            //设置顶点子控件到顶层
    for(int i=0;i<numVertex;i++)
        for(int j=0;;j++){
            if(vertexes[i]==panel1->Controls[j]){
                panel1->Controls[j]->BringToFront();
                break;
            }
        }
}
private: System::Void button1_Click(System::Object^ sender, System::EventArgs^ e) {
        //插入顶点
    if(textBox1->Text==""){
        MessageBox::Show("顶点名称不能为空！","错误提示",
            MessageBoxButtons::OK,MessageBoxIcon::Warning);
        return;
    }
    for(int i=0;i<numVertex;i++){
        if(vertexes[i]->VertexText==textBox1->Text){
            MessageBox::Show("顶点"+textBox1->Text+"已存在！",
                "错误提示",MessageBoxButtons::OK,MessageBoxIcon::Warning);
            return;
        }
    }
    GraphVertex^ vertex = gcnew GraphVertex;     //生成顶点控件
    vertex->VertexText=textBox1->Text;
    if(numVertex>0)
        vertex->Location=Point(15+vertexes[numVertex-1]->Location.X,
                                15+vertexes[numVertex-1]->Location.Y);
    panel1->Controls->Add(vertex);              //顶点控件在面板上显示
    vertexes[numVertex++]=vertex;               //保存顶点指针于数组 vertexes
    textBox1->Clear();
    textBox1->Focus();
}
private: System::Void button2_Click(System::Object^ sender, System::EventArgs^ e) {
        //删除顶点
    int i;
```

```
            for(i=0;i<numVertex;i++){
                if(vertexes[i]->VertexText==textBox1->Text){
                    panel1->Controls->Remove(vertexes[i]);//删除对应顶点控件
                    break;
                }
            }
            if(i!=numVertex){
                for(int j=i;j<numVertex;j++)                //从 vertexes 中删除控件
                    vertexes[j]=vertexes[j+1];
                numVertex--;
                eraseEdge();                                //删除相关联的边
            }
            else
                MessageBox::Show("顶点"+textBox1->Text+"不存在!","错误提示",
                            MessageBoxButtons::OK,MessageBoxIcon::Warning);
    }
private: void eraseEdge(){      //自定义成员函数,删除与被删顶点相连的边
        int i=0;
        while(i<numEdge){
            if(edges[i]->From==textBox1->Text){
                panel1->Controls->Remove(edges[i]);
                for(int j=i;j<numEdge;j++)
                    edges[j]=edges[j+1];
                numEdge--;continue;
            }
            if(edges[i]->To==textBox1->Text){
                panel1->Controls->Remove(edges[i]);
                for(int j=i;j<numEdge;j++)
                    edges[j]=edges[j+1];
                numEdge--;continue;
            }
            i++;
        }
    }
private: System::Void button3_Click(System::Object^  sender, System::EventArgs^  e) {
            //插入边
        GraphVertex^ from=nullptr,^ to=nullptr;
        if(textBox2->Text==textBox3->Text){
            MessageBox::Show("二顶点不能重复!","错误提示",
                        MessageBoxButtons::OK,MessageBoxIcon::Warning);
            return;
        }
        for(int i=0;i<numVertex;i++){
            if(vertexes[i]->VertexText==textBox2->Text)
                from=vertexes[i];
            if(vertexes[i]->VertexText==textBox3->Text)
                to=vertexes[i];
        }
        if(!from || !to){
            MessageBox::Show("顶点不存在!","错误提示",
                        MessageBoxButtons::OK,MessageBoxIcon::Warning);
            return;
        }
```

```
int x0,y0,x1,y1,up=0;
x0=from->Location.X;           //from 为边的始点
y0=from->Location.Y;
x1=to->Location.X;             //to 为边的终点
y1=to->Location.Y;
if(y0>y1){                     //y0>y1 边的始点在终点的下方,交换位置
    up=y0;y0=y1;y1=up;
    up=x0;x0=x1;x1=up;
    up=1;                      //标记为1,表示边的始点在终点下方
}
int x,y,width,height,dirct=0;
if(x0>x1)                      //x0>x1 表示边的始点在终点的左侧
    dirct=1;                   //标记为1,表示边的始点在终点左侧
width=dirct?x0-x1:x1-x0;
height=y1-y0;
x=(dirct?x1:x0)+15;
y=y0+15;
width=width<10?14:width;
height=height<10?14:height;
GraphEdge ^ edge = gcnew GraphEdge(from->VertexText,
    to->VertexText,x,y,width,height,dirct);
for(int i=0;i<numEdge;i++)
    if(edges[i]==edge){
        MessageBox::Show("从顶点"+edge->From+"到"
            +edge->To+"的边已存在!","错误提示",
                MessageBoxButtons::OK,MessageBoxIcon::Warning);
        return;
    }
panel1->Controls->Add(edge); //显示边
edges[numEdge++]=edge;       //存入边数组 edges
}
private: System::Void button4_Click(System::Object^ sender, System::EventArgs^ e) {
    //删除边
    GraphEdge ^ edge;
    if(textBox2->Text!="" && textBox3->Text!="")//顶点信息不能为空
        edge=gcnew GraphEdge(textBox2->Text,
            textBox3->Text,0,0,10,10,0);
    else{
        MessageBox::Show("顶点名称不能为空!","错误提示",
            MessageBoxButtons::OK,MessageBoxIcon::Warning);
        return;
    }
    int i;
    for(i=0;i<numEdge;i++){//删除panel1 界面上的边
        if(edges[i]==edge){
            panel1->Controls->Remove(edges[i]);
            break;
        }
    }
    if(i!=numEdge){//删除内存数组中的边
        for(int j=i;j<numEdge;j++)
            edges[j]=edges[j+1];
        numEdge--;
```

```
            }
            else                    //i==numEdge 表示没有边 edge
                MessageBox::Show("从"+textBox2->Text+"到"+
                    textBox3->Text+"的边不存在！",
                    "错误提示",MessageBoxButtons::OK,MessageBoxIcon::Warning);
        }
private: Void build(){    //自定义函数，根据 panel1 中的控件创建对象 myGraph
            string vertex[30];      //顶点数组
            Edge<string> edge[60];  //边数组
            int verNum=numVertex,edgNum=numEdge;
            for(int i=0;i<verNum;i++)
                vertex[i]=marshal_as<std::string>(vertexes[i]->VertexText);   //串转换
            for(int j=0;j<edgNum;j++){
                edge[j].from=marshal_as<std::string>(edges[j]->From);
                edge[j].to=marshal_as<std::string>(edges[j]->To);
            }
            myGraph.Create(vertex,verNum,edge,edgNum);  //Create 函数建邻接表
        }
private: System::Void button5_Click(System::Object^  sender, System::EventArgs^  e) {
            build();
            pictureBox1->Refresh();
         }
private: System::Void pictureBox1_Paint(System::Object^  sender,
                            System::Windows::Forms::PaintEventArgs^  e) {
            int vertexNum=myGraph.getVerNum();
            int arcNum=myGraph.getArcNum();
            SolidBrush^ brushE = gcnew SolidBrush(Color::Yellow);
            SolidBrush^ brushP = gcnew SolidBrush(Color::Green);
            SolidBrush^ brushS = gcnew SolidBrush(Color::Red);
            SolidBrush^ bNull = gcnew SolidBrush(Color::White);
            Drawing::Font^ font = gcnew Drawing::Font("Arial", 14);
            Drawing::Font^ fontN = gcnew Drawing::Font("Arial", 10);
            Pen ^ pen=gcnew Pen(Color::White,2);
            pen->CustomEndCap = gcnew Drawing2D::AdjustableArrowCap(4, 6);
            if(vertexNum)
                e->Graphics->DrawString("顶点数："
                    +Convert::ToString(vertexNum)+"   边数："
                        +Convert::ToString(arcNum),font,bNull,80,15);
            int x0=30,y0=50,h=30,w=40;
            ArcNode * p;
            for(int i=0;i<vertexNum;i++){
                e->Graphics->DrawString(Convert::ToString(i),
                        font,brushS, x0, y0+i*h);
                e->Graphics->FillRectangle(brushE, x0+30,y0+i*h-4,w,h-1);
                e->Graphics->FillRectangle(brushP, x0+30+w,y0+i*h-4,w+5,h-1);
                e->Graphics->DrawString(marshal_as<String^>(
                        myGraph.getElem(i)),font,brushS,x0+30+
                        (myGraph.getElem(i).length()<2?10:6),y0+i*h);
                p=myGraph.getFirstPtr(i);
                if(!p)
                    e->Graphics->DrawString("∧", font,bNull,x0+40+w,y0+i*h);
```

```
                    else
                        e->Graphics->DrawLine(pen,x0+60+w,y0+i*h+
                            10,x0+60+w+40,y0+i*h+10);
                    int n=0;
                    while(p){
                        e->Graphics->FillRectangle(brushE, x0+140+n*2*w,
                            y0+i*h-2,w-8,h-5);
                        e->Graphics->FillRectangle(brushP, x0+140+n*2*w+(w-8),
                            y0+i*h-2,w-6,h-5);
                        e->Graphics->DrawString(Convert::ToString(
                            myGraph.getIdx(p)),font,brushS,
                            x0+140+n*2*w+7,y0+i*h);
                        p=myGraph.getNext(p);
                        if(!p)
                            e->Graphics->DrawString("∧",fontN,bNull,
                                x0+140+n*2*w+(w-8)+8,y0+i*h+6);
                        else
                            e->Graphics->DrawLine(pen,x0+140+n*2*w+(w-8)+20,
                                y0+i*h+10,x0+140+n*2*w+(w-8)+50,y0+i*h+10);
                        n++;
                    }
                }
            }
        }
    private: System::Void button6_Click(System::Object^  sender, System::EventArgs^  e) {
                myGraph.Release();
                pictureBox1->Refresh();
             }
    private: System::Void button7_Click(System::Object^  sender, System::EventArgs^  e) {
                myGraph.Release();
                pictureBox1->Refresh();
                for(int i=0;i<numVertex;i++)
                    panel1->Controls->Remove(vertexes[i]);
                numVertex=0;
                for(int i=0;i<numEdge;i++)
                    panel1->Controls->Remove(edges[i]);
                numEdge=0;
                textBox1->Clear();textBox2->Clear();textBox3->Clear();
             }
    private: System::Void hScrollBar1_ValueChanged(System::Object^  sender,
                                                            System::EventArgs^  e) {
                int x=(pictureBox1->Size.Width/hScrollBar1->
                                            Maximum)*hScrollBar1->Value;
                pictureBox1->Location=Point(-x,pictureBox1->Location.Y);
             }
    private: System::Void vScrollBar1_ValueChanged(System::Object^  sender,
                                                            System::EventArgs^  e) {
                int y=(pictureBox1->Size.Height/vScrollBar1->
                                            Maximum)*vScrollBar1->Value;
                pictureBox1->Location=Point(pictureBox1->Location.X,-y);
             }
```

程序说明：

（1）无向图的输入方法是先输入顶点，再通过鼠标移动顶点控件到合适的位置，最后输入无向边。如果边的位置不合适，也可适当移动进行调整。

（2）窗体中生成的顶点和边控件被保存在托管堆中，Form1 类中定义了数组指针 vertexes 和 edges。在 Form1 的构造函数中，用下列语句在托管堆中分别产生用于存放指向顶点控件和边控件指针的数组。

```
vertexes = gcnew array<GraphVertex ^>(30);
edges = gcnew array<GraphEdge ^>(60);
```

（3）AdjListGraph 类中的 Create 函数依据顶点和边创建了邻接表，Form1 类中定义的 build 函数包括的下列语句，完成了无向图邻接表存储结构的创建。

```
myGraph.Create(vertex,verNum,edge,edgNum);
```

5.1.3 十字链表存储结构

十字链表是一种存储有向图的方法。本质上，它是邻接表和逆邻接表的组合。如图 5-5 中的右侧图形所示，顶点的出边构成一个横向链表，顶点的入边构成一个纵向链表。以顶点 V0 为例，V0 为弧尾到 V1 和 V2 的弧有<V0,V1>和<V0，V2>两条，构成横向的邻接表。V0 为弧头，分别以 V2 和 V3 为弧尾的弧也有两条，即<V2,V0>和<V3,V0>，构成纵向的逆邻接表。

如图 5-5 所示，本节窗体程序的左侧是图构建区，生成的顶点和有向边均是控件，重叠的有向边可以通过鼠标移动位置。窗体的右侧是十字链表存储结构示意图，它根据左侧的有向图生成。单击"顶点入度"或"顶点出度"按钮，弹出如图 5-6 所示的对话框，用于计算顶点的入度或出度。

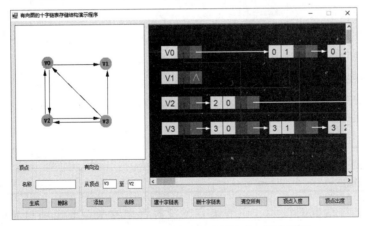

图 5-5 有向图的十字链表存储结构演示程序界面

窗体程序的设计过程和代码如下。

（1）创建窗体应用程序项目 ExampleCh5_3GUI。根据图 5-5 所示的控件布局和表 5-3 所示的列表设计窗体界面，并设置控件属性，添加事件响应函数。

表 5-3 有向图的十字链表存储结构演示程序控件与参数设置

控件	名称	属性设置	响应事件
Form	Form1	Size=860,498; MaximizeBox=False; StartPosition=CenterScreen;Text=有向图的十字链表存储结构演示程序; KeyPreview=True;	Load KeyDown
Panel	panel1	Size=320,320;Location=10,10; BackColor=White;	
	panel2	Size=500,380;Location=340,10; BorderStyle=FixedSingle;	
ToolTip	toolTip1		
PictureBox	pictureBox1	BackColor=Black;Size=2000,800	Paint
HScrollBar	hScrollBar1		ValueChanged
VScrollBar	vScrollBar1		ValueChanged
GroupBox	groupBox1	Location=10,341;Text=顶点	
	groupBox2	Location=172,341;Text=有向边	
TextBox	textBox1	Location=48,36;MaxLength=2;	
	textBox2	Location=53,36;MaxLength=2;	
	textBox3	Location=115,36;MaxLength=2;	
Button	button1	Text=生成	Click
	button2	Text=删除	
	button3	Text=添加	
	button4	Text=去除	
	button5	Text=建十字链表	
	button6	Text=删十字链表	
	button7	Text=清空所有	
	button8	Text=顶点入度	
	button9	Text=顶点出度	
Label	label1	Text=名称	
	label2	Text=从顶点	
	label3	Text=至	

(2) 自定义对话框的设计。在解决方案资源管理器中，右击项目名称，选择"添加"|"新建项"命令，在弹出的添加新项对话框中，选择 Windows 窗体，输入名称 DegreeDialogBox。

根据图 5-6 所示控件布局和表 5-4 所示内容设计对话框界面，设置控件属性，添加事件响应函数。

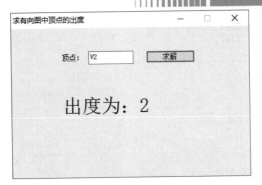

图 5-6　求顶点入度或出度对话框

表 5-4　求顶点入度与出度对话框中控件与参数设置

控件	名称	属性设置	响应事件
Form	DegreeDialogBox	Size=405,270; MaximizeBox=False; StartPosition=CenterScreen;	
TextBox	textBox1	Location=129,38;MaxLength=2;	
Button	button1	Text=求解	Click
Label	label1	Text=顶点	
	label2	Font=宋体,24pt	

（3）设计用十字链表存储有向图的类模板 OLGraph。在项目的头文件夹下，添加文件 OrthoListGraph.h，其内容如下：

```
//文件名: OrthoListGraph.h
#ifndef ORTHOLISTGRAPH_H
#define ORTHOLISTGRAPH_H
#include <iostream>
using namespace std;
const int MaxSize=30;
struct ArcNode{                          //定义弧表结点
    int tailVex,headVex;                 //弧尾、弧头在顶点表中的下标
    ArcNode * headLink,* tailLink;       //弧头、弧尾指针域
};
template <typename T>
struct VexNode{                          //定义顶点表结点
    T vertex;                            //顶点信息
    ArcNode * firstIn,* firstOut;        //弧头、弧尾链表指针
};
template <typename T>
struct ArcW{                             //弧，用于边的输入。命名 Arc 有冲突
    T from,to;                           //弧依附的顶点
    int weight;                          //权
};
template <typename T>
class OLGraph{                           //存储结构为十字链表的有向图类模板
public:
```

```cpp
        OLGraph(){vexNum=0;arcNum=0;}
        ~OLGraph(){Release();}
        void Create(T a[],int n,ArcW<T> b[],int e);
        void Release();
        int index(T v){                          //返回顶点v在adjlist数组中的位置
            int idx=-1;
            for(int i=0;i<vexNum;i++)
                if(ortholist[i].vertex==v){
                    idx=i;
                    break;
                }
            return idx;
        }
        int getVexNum(){ return vexNum;}
        int getArcNum(){ return arcNum;}
        T getElem(int i){ return (i>=0&&i<vexNum)?ortholist[i].vertex:NULL;}
        ArcNode * getFirstInPtr(int i){return ortholist[i].firstIn;}
        ArcNode * getFirstOutPtr(int i){return ortholist[i].firstOut;}
        int getIdx(ArcNode * p){return p->adjvex;}
        ArcNode * getHeadLink(ArcNode * p){return p->headLink;}
        ArcNode * getTailLink(ArcNode * p){return p->tailLink;}
        int inDegree(T elem);      //求顶点的入度
        int outDegree(T elem);     //求顶点的出度
    private:
        VexNode<T> ortholist[MaxSize];
        int vexNum,arcNum;
};
template <typename T>
void OLGraph<T>::Create(T a[],int n,ArcW<T> b[],int e){   //创建十字链表
    Release();                                             //先释放原有信息
    vexNum=n,arcNum=e;
    for(int i=0;i<vexNum;i++){                             //初始化
        ortholist[i].vertex=a[i];
        ortholist[i].firstIn=NULL;
        ortholist[i].firstOut=NULL;
    }
    for(int k=0;k<arcNum;k++){                             //建横向出弧链表
        int i,j;
        i=index(b[k].from);
        j=index(b[k].to);
        ArcNode * s=new ArcNode;                           //生成弧结点
        s->tailVex=i;
        s->headVex=j;
        ArcNode * p=ortholist[i].firstOut;                 //出弧头指针
        ArcNode * q=p;
        while(p){
            if(p->headVex<s->headVex){
                q=p;
                p=p->tailLink;                             //指针后移
            }
```

```
                else
                    break;
            }
            if(q==NULL){                                    //若插入首个弧结点
                s->tailLink=NULL;
                ortholist[i].firstOut=s;
            }
            else{
                if(p==ortholist[i].firstOut){
                    s->tailLink=p;
                    ortholist[i].firstOut=s;
                }
                else{
                    s->tailLink=q->tailLink;
                    q->tailLink=s;
                }
            }
        }
        for(int k=0;k<arcNum;k++){                          //建立纵向入弧链表
            int i,j;
            i=index(b[k].from);
            j=index(b[k].to);
            ArcNode * s=ortholist[i].firstOut;
            while(s){                                       //找到需要链接的弧
                if(s->tailVex==i && s->headVex==j)
                    break;
                else
                    s=s->tailLink;
            }
            ArcNode * p=ortholist[j].firstIn;               //入弧头指针
            ArcNode * q=p;
            while(p){
                if(p->tailVex<i){
                    q=p;
                    p=p->headLink;                          //指针后移
                }
                else
                    break;
            }
            if(q==NULL){                                    //若插入第1个弧结点
                s->headLink=NULL;
                ortholist[j].firstIn=s;
            }
            else{
                if(p==ortholist[j].firstIn){
                    s->headLink=p;
                    ortholist[j].firstIn=s;
                }
                else{
                    s->headLink=q->headLink;
                    q->headLink=s;
```

```cpp
                }
            }
        }
    }
    template <typename T>
    void OLGraph<T>::Release(){                          //销毁十字链表
        ArcNode * p;
        for(int i=0;i<vexNum;i++){
            p=ortholist[i].firstOut;
            while(p){
                ortholist[i].firstOut=p->tailLink;
                delete p;
                p=ortholist[i].firstOut;
            }
        }
        vexNum=0;
        arcNum=0;
    }
    template <typename T>
    int OLGraph<T>::inDegree(T elem){                    //求入度
        int n=0,i;
        ArcNode * p;
        for(i=0;i<vexNum;i++)
            if(ortholist[i].vertex==elem)
                break;
        if(i==vexNum)                                    //无顶点 elem
            return -1;
        p=ortholist[i].firstIn;
        while(p){
            n++;
            p=p->headLink;
        }
        return n;
    }
    template <typename T>
    int OLGraph<T>::outDegree(T elem){                   //求出度
        int n=0,i;
        ArcNode * p;
        for(i=0;i<vexNum;i++)
            if(ortholist[i].vertex==elem)
                break;
        if(i==vexNum)                                    //无顶点 elem
            return -1;
        p=ortholist[i].firstOut;
        while(p){
            n++;
            p=p->tailLink;
        }
        return n;
    }
#endif
```

(4) 窗体程序添加功能代码。在 Form1.h 文件的第一行的后面，添加引用代码如下：

```
#include "OrthoListGraph.h"
#include "DegreeDialogBox.h"
#include <string>
#include <msclr\marshal_cppstd.h>
using namespace std;
using namespace msclr::interop;          //用于 String ^和 string 间的转换
```

在 using namespace 语句之后，添加对自定义顶点和有向边控件的引用，并定义有向图对象。代码如下：

```
using namespace GraphControlLibrary;     //引用自定义控件
OLGraph<string> myGraph;                 //定义十字链表有向图对象
```

在私有数据区，自定义变量如下：

```
private:
    array<GraphVertex ^> ^ vertexes;     //保存所有顶点
    array<GraphArc ^> ^ arcs;            //保存所有弧
    int numVertex,numArc;                //记录顶点和弧的数目
```

在 Form1 构造函数中，对自定义变量初始化。

```
vertexes = gcnew array<GraphVertex ^>(30);
arcs = gcnew array<GraphArc ^>(60);
numVertex=0;  numArc=0;
```

窗体程序中的事件响应函数和自定义功能模块代码如下：

```
private: System::Void Form1_Load(System::Object^  sender, System::EventArgs^  e) {
            this->toolTip1->SetToolTip(this->panel1,
                "按 Alt 键自动调整顶点和有向边子控件的层次！");
        }
private: System::Void Form1_KeyDown(System::Object^  sender, System::Windows::
            Forms::KeyEventArgs^  e) {    //需设置 Form1 的 KeyPreview 为 True
            if (e->Alt == true){          //按了 Alt 键
                e->Handled = true;
                SetVertexToFront();       //调整子控件的层次顺序
            }
        }
private: Void SetVertexToFront(){         //自定义函数，设置顶点子控件至顶层
            for(int i=0;i<numVertex;i++)
                for(int j=0;;j++){
                    if(vertexes[i]==panel1->Controls[j]){
                        panel1->Controls[j]->BringToFront();
                        break;
                    }
                }
        }
private: System::Void button1_Click(System::Object^  sender, System::EventArgs^  e) {
            if(textBox1->Text==""){
                MessageBox::Show("顶点名称不能为空！","错误提示",
```

```
                        MessageBoxButtons::OK,MessageBoxIcon::Warning);
                    return;
                }
                for(int i=0;i<numVertex;i++){
                    if(vertexes[i]->VertexText==textBox1->Text){
                        MessageBox::Show("顶点"+textBox1->Text+"已存在！",
                        "错误提示",MessageBoxButtons::OK,MessageBoxIcon::Warning);
                        return;
                    }
                }
                GraphVertex^ vertex = gcnew GraphVertex;//生成顶点控件
                vertex->VertexText=textBox1->Text;
                if(numVertex>0)
                    vertex->Location=Point(15+vertexes[numVertex-1]->Location.X,
                                       15+vertexes[numVertex-1]->Location.Y);
                panel1->Controls->Add(vertex);//顶点控件在面板上显示
                vertexes[numVertex++]=vertex;//保存顶点指针于数组vertexes
                textBox1->Clear();
                textBox1->Focus();
            }
    private: System::Void button2_Click(System::Object^  sender, System::EventArgs^  e) {
                int i;
                for(i=0;i<numVertex;i++){
                    if(vertexes[i]->VertexText==textBox1->Text){
                        panel1->Controls->Remove(vertexes[i]);
                        break;
                    }
                }
                if(i!=numVertex){
                    for(int j=i;j<numVertex;j++)
                        vertexes[j]=vertexes[j+1];
                    numVertex--;
                    eraseArc();
                }
                else
                    MessageBox::Show("顶点"+textBox1->Text+"不存在！","错误提示",
                        MessageBoxButtons::OK,MessageBoxIcon::Warning);
            }
    private: void eraseArc(){                //自定义函数，删除与被删顶点邻接的边
                int i=0;
                while(i<numArc){
                    if(arcs[i]->From==textBox1->Text){
                        panel1->Controls->Remove(arcs[i]);
                        for(int j=i;j<numArc;j++)
                            arcs[j]=arcs[j+1];
                        numArc--;continue;
                    }
                    if(arcs[i]->To==textBox1->Text){
                        panel1->Controls->Remove(arcs[i]);
                        for(int j=i;j<numArc;j++)
```

```
                    arcs[j]=arcs[j+1];
                numArc--;continue;
            }
            i++;
        }
    }
private: System::Void button3_Click(System::Object^  sender, System::EventArgs^  e) {
            GraphVertex^ from=nullptr,^ to=nullptr;
            if(textBox2->Text==textBox3->Text){
                MessageBox::Show("二顶点不能重复！","错误提示",
                        MessageBoxButtons::OK,MessageBoxIcon::Warning);
                return;
            }
            for(int i=0;i<numVertex;i++){//查找顶点
                if(vertexes[i]->VertexText==textBox2->Text)
                    from=vertexes[i];
                if(vertexes[i]->VertexText==textBox3->Text)
                    to=vertexes[i];
            }
            if(!from || !to){//至少有一顶点不存在
                MessageBox::Show("顶点不存在！","错误提示",
                        MessageBoxButtons::OK,MessageBoxIcon::Warning);
                return;
            }
            int x0,y0,x1,y1,up=0;
            x0=from->Location.X;          //from 为边的始点
            y0=from->Location.Y;
            x1=to->Location.X;            //to 为边的终点
            y1=to->Location.Y;
            if(y0>y1){                    //y0>y1 边的始点在终点的下方，交换位置
                up=y0;y0=y1;y1=up;
                up=x0;x0=x1;x1=up;
                up=1;                     //标记为边的始点在终点下方
            }
            int x,y,width,height,dirct=0;
            if(x0>x1)                     //x0>x1 表示边的始点在终点的左侧
                dirct=1;                  //标记为边的始点在终点左侧
            width=dirct?x0-x1:x1-x0;
            height=y1-y0;
            x=(dirct?x1:x0)+15;
            y=y0+15;
            width=width<10?14:width;
            height=height<10?14:height;
            GraphArc ^ arc = gcnew GraphArc(from->VertexText,
to->VertexText,x,y,width,height,dirct,up);
            for(int i=0;i<numArc;i++){
                if(arcs[i]==arc){
                    MessageBox::Show("从顶点"+arc->From+"到"+arc->To+
                        "的弧已存在！","错误提示",
                            MessageBoxButtons::OK,MessageBoxIcon::Warning);
                    return;
```

```
                    }
                }
                panel1->Controls->Add(arc);           //显示有向边
                arcs[numArc++]=arc;                   //入边数组 arcs
        }
private: System::Void button4_Click(System::Object^ sender, System::EventArgs^ e) {
        GraphArc ^ arc;
        if(textBox2->Text!="" && textBox3->Text!="")//顶点信息不能为空
            arc=gcnew GraphArc(textBox2->Text,textBox3->Text,0,0,10,10,0,1);
        else{
            MessageBox::Show("顶点名称不能为空！","错误提示",
                        MessageBoxButtons::OK,MessageBoxIcon::Warning);
            return;
        }
        int i;
        for(i=0;i<numArc;i++){   //删除panel1界面上的弧
            if(arcs[i]==arc){
                panel1->Controls->Remove(arcs[i]);
                break;
            }
        }
        if(i!=numArc){           //删除内存数组中的弧
            for(int j=i;j<numArc;j++)
                arcs[j]=arcs[j+1];
            numArc--;
        }
        else                     //i==numArc 表示没有边 arc
            MessageBox::Show("从"+textBox2->Text+"到"+textBox3->Text+
                "的弧不存在！","错误提示",
                    MessageBoxButtons::OK,MessageBoxIcon::Warning);
        }
private: Void build(){            //自定义函数，用 vertexes 和 arcs 信息创建对象 myGraph
        string vertex[30];//顶点数组
        ArcW<string> arc[60];//边数组
        int vexNum=numVertex,arcNum=numArc;
        for(int i=0;i<vexNum;i++)
            vertex[i]=marshal_as<std::string>(vertexes[i]->VertexText);//串转换
        for(int j=0;j<arcNum;j++){
            arc[j].from=marshal_as<std::string>(arcs[j]->From);
            arc[j].to=marshal_as<std::string>(arcs[j]->To);
        }
        myGraph.Release();
        myGraph.Create(vertex,vexNum,arc,arcNum);//调用 Create 函数建链表
        }
private: System::Void button5_Click(System::Object^ sender, System::EventArgs^ e) {
        build();
        pictureBox1->Refresh();
        }
private: System::Void pictureBox1_Paint(System::Object^ sender,
                    System::Windows::Forms::PaintEventArgs^ e) {
```

```cpp
            int vexNum=myGraph.getVexNum();
            int arcNum=myGraph.getArcNum();
            int x0=30,y0=50,h=60,w=40;
            ArcNode * p,* q,* s;
            for(int i=0;i<vexNum;i++){
                p=myGraph.getFirstOutPtr(i);
                q=myGraph.getFirstInPtr(i);
                paintVexNode(e,x0,y0,marshal_as<String^>(myGraph.getElem(i)),
                    i,(p?p->headVex:-1),(q?q->tailVex:-1),(q?q->headVex:-1));
                while(p){
                    q=myGraph.getTailLink(p);
                    s=myGraph.getHeadLink(p);
                    paintArcNode(e,p->tailVex,p->headVex,
                        (q?q->tailVex:-1),(q?q->headVex:-1),(s?s->tailVex:-1),
                        (s?s->headVex:-1),150+p->headVex*145,y0);
                    p=q;
                }
                y0+=h;
            }
        }
private: void paintVexNode(System::Windows::Forms::PaintEventArgs^ e,int x,int y,
    String ^ vertex,int i,int right,int tailvex,int headvex){//自定义函数，画顶点表结点
            SolidBrush^ bshElem = gcnew SolidBrush(Color::Yellow);
            SolidBrush^ bshHeadPtr = gcnew SolidBrush(Color::Green);
            SolidBrush^ bshTailPtr = gcnew SolidBrush(Color::Gray);
            SolidBrush^ bshTxt = gcnew SolidBrush(Color::Red);
            SolidBrush^ bshNull = gcnew SolidBrush(Color::White);
            Drawing::Font^ fontTxt = gcnew Drawing::Font("Arial", 14);
            Pen ^ penTail=gcnew Pen(Color::White,2);
            penTail->CustomEndCap = gcnew Drawing2D::
            AdjustableArrowCap(4, 6);//定义线尾的样式为箭头
            Pen ^ penHead0=gcnew Pen(Color::Red,2);
            Pen ^ penHead1=gcnew Pen(Color::Red,2);
            penHead1->CustomEndCap = gcnew Drawing2D::
                    AdjustableArrowCap(4, 6);//定义线尾的样式为箭头
            int w=30,h=30;
            e->Graphics->DrawString(Convert::ToString(i),fontTxt,bshTxt,
                        x-20, y+5);
            e->Graphics->FillRectangle(bshElem, x,y,w+10,h);
            e->Graphics->FillRectangle(bshHeadPtr, x+w+10,y,w,h);
            e->Graphics->FillRectangle(bshTailPtr, x+w+10+w,y,w,h);
            e->Graphics->DrawString(vertex,fontTxt,bshTxt,x+
                            (vertex->Length<2?10:6),y+5);
            if(right>-1)
                e->Graphics->DrawLine(penTail,x+3*w-5,y+h/2,x+3*w-5+35+
                        right*145,y+h/2);
            else
                e->Graphics->DrawString("∧",fontTxt,bshNull,x+2*w+12,y+5);
            if(tailvex>-1){
                e->Graphics->DrawLine(penHead0,x+2*w-5,y+h/2,
                    x+2*w-5,y+h/2+25);
```

```
                    if(tailvex>headvex){
                        e->Graphics->DrawLine(penHead0,x+2*w-5,y+h/2+25,
                                x+2*w+135+headvex*145,y+h/2+25);
                        e->Graphics->DrawLine(penHead1,x+2*w+135+headvex*145,
                                y+h/2+25,x+2*w+135+headvex*145,
                                y+h/2+25+20+(tailvex-headvex-1)*(h+30));
                    }
                    else{
                        e->Graphics->DrawLine(penHead0,x+2*w-5,y+h/2+25,
                                x+2*w+110+headvex*145,y+h/2+25);
                        e->Graphics->DrawLine(penHead1,x+2*w+110+headvex*145,
                                y+h/2+25,x+2*w+110+headvex*145,
                                y+h/2+25-10-(headvex-tailvex)*(h+30));
                    }
                }
                else
                    e->Graphics->DrawString("∧",fontTxt,bshTxt,x+w+12,y+5);
            }
    private: void paintArcNode(System::Windows::Forms::PaintEventArgs^ e,
                int idxTailvex,int idxHeadvex, int hnextTail,int hnextHead,
                int vnextTail,int vnextHead,int x,int y){//自定义函数,画弧表结点
        SolidBrush^ bshElem = gcnew SolidBrush(Color::Yellow);
        SolidBrush^ bshHeadPtr = gcnew SolidBrush(Color::Green);
        SolidBrush^ bshTailPtr = gcnew SolidBrush(Color::Gray);
        SolidBrush^ bshTxt = gcnew SolidBrush(Color::Red);
        SolidBrush^ bshNull = gcnew SolidBrush(Color::White);
        Drawing::Font^ fontTxt = gcnew Drawing::Font("Arial", 14);
        Drawing::Font^ fontNull = gcnew Drawing::Font("Arial", 10);
        Pen ^ penTail=gcnew Pen(Color::White,2);
        penTail->CustomEndCap = gcnew Drawing2D::
                AdjustableArrowCap(4, 6);//定义线尾的样式为箭头
        Pen ^ penHead0=gcnew Pen(Color::Red,2);
        Pen ^ penHead1=gcnew Pen(Color::Red,2);
        penHead1->CustomEndCap = gcnew Drawing2D::
                AdjustableArrowCap(4, 6);//定义线尾的样式为箭头
        int w=30,h=30,delt;
        e->Graphics->FillRectangle(bshElem, x,y,w,h);
        e->Graphics->DrawString(Convert::ToString(idxTailvex),fontTxt,
                bshTxt, x+5, y+5);
        e->Graphics->FillRectangle(bshElem, x+w+1,y,w,h);
        e->Graphics->DrawString(Convert::ToString(idxHeadvex),fontTxt,
                bshTxt, x+w+6, y+5);
        e->Graphics->FillRectangle(bshHeadPtr, x+2*w+1,y,w,h);
        e->Graphics->FillRectangle(bshTailPtr, x+3*w+1,y,w,h);
        if(hnextHead>-1){//横向链表 tailLink
            delt=hnextHead-idxHeadvex-1;
            e->Graphics ->DrawLine(penTail,x+3*w+15,y+h/2,
                    x+3*w+15+38+delt*145,y+h/2);
        }else
            e->Graphics->DrawString("∧",fontTxt,bshNull,x+3*w+2,y+5);
```

```
                    if(vnextTail>-1){
                            delt=vnextTail-idxTailvex;
                            e->Graphics->DrawLine(penHead1,x+3*w-15,y+h/2,
                                x+3*w-15,y+h/2-15+delt*(h+30));
                    }else
                            e->Graphics->DrawString("∧",fontTxt,bshTxt,x+2*w,y+5);
            }
private: System::Void hScrollBar1_ValueChanged(System::Object^  sender,
                                                        System::EventArgs^  e) {
            int x=(pictureBox1->Size.Width/hScrollBar1->Maximum)*
                        hScrollBar1->Value;
            pictureBox1->Location=Point(-x,pictureBox1->Location.Y);
         }
private: System::Void vScrollBar1_ValueChanged(System::Object^  sender,
                                                        System::EventArgs^  e) {
            int y=(pictureBox1->Size.Height/vScrollBar1->Maximum)*
                        vScrollBar1->Value;
            pictureBox1->Location=Point(pictureBox1->Location.X,-y);
         }
public: int getInDegree(String ^ vex){           //返回顶点 vex 入度
            return myGraph.inDegree(marshal_as<std::string>(vex));
        }
public: int getOutDegree(String ^ vex){          //返回顶点 vex 出度
            return myGraph.outDegree(marshal_as<std::string>(vex));
        }
private: System::Void button6_Click(System::Object^  sender, System::EventArgs^  e) {
            myGraph.Release();
            pictureBox1->Refresh();
         }
private: System::Void button7_Click(System::Object^  sender, System::EventArgs^  e) {
            myGraph.Release();
            pictureBox1->Refresh();
            for(int i=0;i<numVertex;i++)
                panel1->Controls->Remove(vertexes[i]);
            numVertex=0;
            for(int i=0;i<numArc;i++)
                panel1->Controls->Remove(arcs[i]);
            numArc=0;
            textBox1->Clear();textBox2->Clear();textBox3->Clear();
         }
private: System::Void button8_Click(System::Object^  sender, System::EventArgs^  e) {
            DegreeDialogBox ^ degreeDlg = gcnew DegreeDialogBox();
            degreeDlg->Text="求有向图中顶点的入度";
            degreeDlg->countDegree=gcnew CountDegree(this,&Form1::
                        getInDegree);   //委托句柄赋给委托对象
            degreeDlg->ShowDialog();          //显示对话框
         }
private: System::Void button9_Click(System::Object^  sender, System::EventArgs^  e) {
            DegreeDialogBox ^ degreeDlg = gcnew DegreeDialogBox();
            degreeDlg->Text="求有向图中顶点的出度";
            degreeDlg->countDegree=gcnew CountDegree(this,&Form1::
```

```
                    getOutDegree);
        degreeDlg->ShowDialog();
}
```

(5) 设计 DegreeDialogBox.h 文件中的代码。在 using namespace 语句之后，声明委托类型 CountDegree 并在 DegreeDialogBox 类中定义委托句柄 countDegree。语句如下：

```
public delegate int CountDegree(String ^ vex);     //声明委托类
public: CountDegree ^ countDegree;                  //定义委托句柄
```

在 button1 的 Click 事件响应函数中，输入代码如下：

```
private: System::Void button1_Click(System::Object^ sender, System::EventArgs^ e) {
        int degree=countDegree(textBox1->Text);//委托对象调用主窗体中函数
        if(degree>-1)
            if(this->Text=="求有向图中顶点的出度")
                label2->Text="出度为: "+Convert::ToString(degree);
            else
                label2->Text="入度为: "+Convert::ToString(degree);
        else
            label2->Text="无此顶点！";
}
```

程序说明：

(1) 在求入度(或出度)的对话框子程序中，入度(或出度)的计算需调用 OLGraph 类模板中的 inDegree(或 outDegree)函数。程序使用 C++/CLI 的委托技术，实现了子窗体函数调用主窗体中函数。

(2) 委托(Delegate)是一种托管对象，其中封装了对一个或多个函数的类型安全的引用。委托的功能在某些方面类似于本地 C++ 的函数指针，但委托是面向对象的，并且是类型安全的。

(3) 在子窗体的 button1_Click 函数中，语句 int degree=countDegree(textBox1->Text); 是通过委托句柄 countDegree 调用委托对象中的函数。读者不难发现，在子窗体程序代码中，程序并没有为委托句柄赋予一个委托对象。回顾 Form1.h 文件，可以发现为委托句柄 countDegree 赋值的工作是在生成子窗体对象之后。

下面以求入度为例，说明子窗体调用主窗体中函数的过程。

在 Form1.h 的 button8_Click 函数中，语句 DegreeDialogBox ^ degreeDlg = gcnew DegreeDialogBox();是在托管堆中生成子窗体对象，并把返回的句柄赋给 degreeDlg。

语句 degreeDlg->countDegree=gcnew CountDegree(this,&Form1::getInDegree);实现委托句柄 countDegree 与 Form1::getInDegree 的关联。这里，getInDegree 函数的形参和返回类型必须与 CountDegree 一致。

5.2 图 的 遍 历

图的遍历是从图中的某一顶点出发，对图中所有顶点访问且仅访问一次。深度优先遍历和广度优先遍历是常用的两种遍历方式，遍历算法的实现分为递归和非递归两种。

5.2.1 深度优先遍历算法实现

本节在 5.1.1 节的 AdjMatrixGraph 无向图类模板中，添加 DFS 函数实现深度优先遍历算法。

图的深度优先遍历算法实现时，需要定义一个记录顶点是否已经访问过的数组 visited，它与顶点数组相对应，每个元素标记了对应顶点是否访问过。

非递归的深度优先遍历算法的实现，需要引入一个栈，顶点访问后，该顶点在顶点数组中的位置进栈，目的是访问与之相邻接且没有访问过的顶点。2.2.1 节的 SeqStack 顺序栈类模板在本节程序中被引用。

将 2.2.1 节和 5.1.1 节中的 Stack.h、SeqStack.h 和 AdjMatrixGraph.h 文件复制到本节所创建的控制台项目 ExampleCh5_4 中。

在 AdjMatrixGraph.h 文件中，添加#include "SeqStack.h"语句，引用 SeqStack 顺序栈。在 AdjMatrixGraph 类中，添加公有函数 void DFS(T v)，实现代码如下：

```cpp
template<typename T>
void AdjMatrixGraph<T>::DFS(T v){//深度优先遍历算法非递归实现
    SeqStack<int> stack(numVertices);
    int j,i=index(v);
    bool * visited = new bool[numVertices];
    for(j=0;j<numVertices;j++)
        visited[j]=false;
    visited[i]=true;
    cout<<v<<",";
    stack.Push(i);
    while(!stack.Empty()){
        i=stack.GetTop();
        for(j=0;j<numVertices;j++){
            if(edge[i][j]==1 && !visited[j]){
                cout<<vertexNode[j]<<",";
                visited[j]=true;
                stack.Push(j);
                break;
            }
        }
        if(j==numVertices)
            stack.Pop();
    }
    delete [] visited;
}
```

测试主函数如下：

```cpp
//文件名: mainFunCh5_4.cpp
#include <iostream>
#include <fstream>
#include "AdjMatrixGraph.h"
using namespace std;
int main(){
```

```
    ifstream inFile(".\\input.txt");
    AdjMatrixGraph<char> graphObj;
    inFile>>graphObj;
    cout<<graphObj;
    cout<<"从顶点C出发进行深度优先遍历的结果为: ";
    graphObj.DFS('C');
    cout<<endl;
    inFile.close();
    return 0;
}
```

运行结果：

请输入图的顶点个数和边数：无向图的顶点数：5　　边数：6
顶点数组：A,B,C,D,E,
邻接矩阵：
0　1　0　1　0
1　0　1　0　1
0　1　0　1　1
1　0　1　0　0
0　1　1　0　0
从顶点C出发进行深度优先遍历的结果为: C,B,A,D,E,

程序说明：

程序中图的顶点和边的输入通过 input.txt 完成，该文件的内容为：

5 6
A B C D E
A B A D B C B E C D C E

5.2.2　广度优先遍历算法实现

如图 5-7 所示，广度优先遍历算法的实现是基于 5.1.2 节 2.标题下方的图的邻接表存储结构演示程序。此外，还用到 2.6.1 节的循环队列。

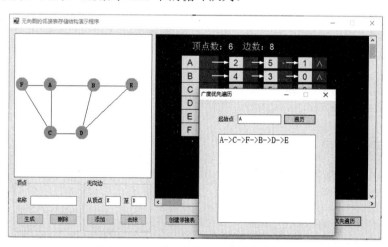

图 5-7　广度优先遍历算法实现程序界面

设计步骤和主要代码如下。

(1) 首先，创建 ExampleCh5_5GUI 窗体应用程序，并添加对 GraphControlLibrary 自定义控件的引用。

其次，从 5.1.2 节 2.标题下方的项目中，复制 Form1.h 和 AdjListGraph.h 文件到 ExampleCh5_5GUI 项目文件夹。打开 Form1.h 文件，修改 ExampleCh5_2 为 ExampleCh5_5。从 2.6.1 节项目中复制 CirQueue.h 文件到本项目文件夹。添加现有项 AdjListGraph.h 和 CirQueue.h。

最后，在 CirQueue.h 文件中，删除#include Queue.h 和 CirQueue 的基类 Queue，避免 Queue 与系统定义的队列名称冲突，并添加 class EmptyQueue{};和 class FullQueue{};用于异常处理。

(2) 创建自定义对话框窗体。添加新建窗体，命名为 BFSDialog.h，对话框窗体中的控件属性与响应事件参见表 5-5。

表 5-5 广度优先遍历对话框子窗体中控件与参数设置

控件	名称	属性设置	响应事件
Form	BFSDialog	Size=321,328; MaximizeBox=False; StartPosition=CenterScreen; FormBorderStyle=FixedDialog; Text=广度优先遍历	
TextBox	textBox1	Location=89,32;MaxLength=2;	
	textBox2	Location=44,76;Multiline=True;	
Button	button1	Text=遍历	Click
Label	label1	Text=起始点	

(3) 在 BFSDialog.h 文件中添加代码。在 using namespace 语句之后，添加委托如下：

```
public delegate String ^ BFS(String ^ vex);
```

在 BFSDialog 类中，定义委托对象 bfs 和 button1 事件响应函数如下：

```
public: BFS ^ bfs;
private: System::Void button1_Click(System::Object^  sender, System::EventArgs^  e) {
             textBox2->Text=bfs(textBox1->Text);
         }
```

(4) 在 Form1.h 文件添加子窗体引用语句：#include "BFSDialog.h"。在 Form1 设计窗口，添加按钮 button8，设置 Text="广度优先遍历"，并定义 Click 事件响应函数如下：

```
private: System::Void button8_Click(System::Object^  sender, System::EventArgs^  e) {
             BFSDialog ^ dialogFrm = gcnew BFSDialog();
             dialogFrm->bfs=gcnew BFS(this,&Form1::getBFSString);
             dialogFrm->ShowDialog();
         }
private: String ^ getBFSString(String ^ vex){
             return marshal_as<String ^>
                 (myGraph.BFS(marshal_as<std::string>(vex)));
         }
```

(5) 广度优先遍历算法的实现。在 AdjListGraph.h 文件中，添加#include "CirQueue.h" 语句。遍历算法实现函数 BFS 的代码如下：

```cpp
template <typename T>
string ALGraph<T>::BFS(string v){          //图的广度优先遍历
    int idx=index(v);                      //先访问起始点
    if(idx==-1)
        return "错误:"+v+"不是图中顶点! ";
    string bfsStr;                         //保存遍历结果
    CirQueue<int> queue(30);               //定义队列
    ArcNode * p;
    bool * visited = new bool[vertexNum];
    for(int i=0;i<vertexNum;i++) //visited数组初始化
        visited[i]=false;
    visited[idx]=true;
    bfsStr=v;
    queue.EnQueue(idx);                    //起始顶点入队
    while(!queue.isEmpty()){               //循环直到队列空
        idx=queue.DeQueue();               //队头元素出队
        p=adjlist[idx].firstedge;
        while(p!=NULL){                                    //遍历所有邻接点
            if(visited[p->adjvex]==false){                 //如果邻接没有访问
                bfsStr+="->"+adjlist[p->adjvex].vertex;    //访问该顶点
                visited[p->adjvex]=true;                   //标记已访问
                queue.EnQueue(p->adjvex);                  //被访问顶点入队
            }
            p=p->next;
        }
    }
    delete [] visited;
    return bfsStr;                                         //返回遍历字符串
}
```

程序说明：

(1) 与 5.2.1 节的深度优先遍历算法实现函数 DFS 类似，图的广度优先遍历算法实现函数 BFS 中，也用 visited 数组标记图中顶点是否访问。区别在于：DFS 函数是用栈，而 BFS 函数是用队列作为"记住"访问路径的工具。

(2) 作为练习，建议读者实现基于邻接表的深度优先算法和基于邻接矩阵的广度优先算法。

5.3　最小生成树

连通图 G 的生成树是一棵包含图 G 中所有顶点的极小连通子图。对于边带权值的无向图，其各边权值之和最小的生成树称为最小生成树。本节分别介绍用 Prim 算法和 Kruskal 算法求最小生成树的窗体程序，其存储结构均采用邻接矩阵。

5.3.1 Prim 算法实现

Prim 算法属于贪心法，其思想方法与哈夫曼树的生成算法类似。假设 G=(V,E)是无向带权图，V 为顶点集合，E 为边集合。T=(U,TE)为最小生成树，U 是树中结点集合，TE 是边集。

初始状态是令 U={u0}，TE={ }，u0 是构造最小生成树的始点。 Prim 算法的思想是，从所有 u∈U，v∈V-U 的边中，选取具有最小权值的边(u,v)，将顶点 v 加入集合 U 中，边(u,v)加入 TE 中，如此不断重复，直至 U=V。此时，T 中包含最小生成树所有的边。

如图 5-8 所示，窗体左侧为无向带权图输入区，右侧为最小生成树输出区。选中"慢动作"复选框，可通过"上一步"或"下一步"按钮显示 Prim 算法生成树的过程。

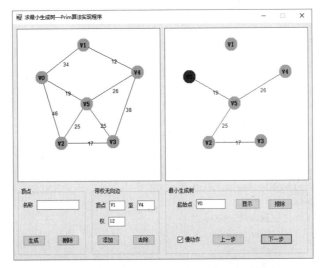

图 5-8 Prim 求最小生成树算法实现程序界面

本节利用 5.1.1 节的 AdjMatrixGraph 类实现 Prim 算法。设计步骤和主要代码如下。

(1) 创建 ExampleCh5_6GUI 窗体应用程序，添加对 GraphControlLibrary 自定义控件的引用。

复制 5.2.2 节项目中的 Form1.h 和 5.1.1 节的 AdjMatrixGraph.h 文件到 ExampleCh5_6GUI 的项目文件夹，修改 Form1.h 中的 ExampleCh5_5GUI 为 ExampleCh5_6GUI。

打开 ExampleCh5_6GUI 项目，在头文件夹下添加现有项 AdjMatrixGraph.h。

(2) 修改 AdjMatrixGraph.h 文件，添加 Prim 算法实现函数。由于 5.1.1 节中的 AdjMatrixGraph 类不支持权值，需要修改部分代码如下：

```
//文件名：AdjMatrixGraph.h
#ifndef ADJMATRIXGRAPH_H
#define ADJMATRIXGRAPH_H
const int INFTY=2147483647;        //INFTY 表示无穷大量
#include <iostream>
#include <string>
using namespace std;
```

```cpp
template<typename T>
class AdjMatrixGraph{
public:
    AdjMatrixGraph(int max=10);
    ~AdjMatrixGraph();
    void clear();                       //邻接矩阵初始化
    int numberOfVertices(){return numVertices;}
    int numberOfEdges(){return numEdges;}
    bool insertVertex(T v);             //插入顶点
    bool eraseVertex(T v);              //删除顶点
    bool existVertex(T v);              //判别顶点是否存在
    bool insertEdge(T v1,T v2,int weight);//插入边
    bool eraseEdge(T v1,T v2);          //删除边
    bool existEdge(T v1,T v2);          //判别边是否存在
    string prim(T v);                   //Prim 算法求最小生成树
protected:
    int index(T v);                     //返回顶点在一维数组中的下标
private:
    int maxVertices;                    //图中最多顶点个数
    int numVertices;                    //图的顶点数
    int numEdges;                       //图的边数
    T * vertexNode;                     //存放图中顶点的一维数组
    int * * edge;                       //存放图中边的二维数组
};
template<typename T>
AdjMatrixGraph<T>::AdjMatrixGraph(int max){
    maxVertices=max;
    vertexNode=new T[maxVertices];
    edge=new int *[maxVertices];
    clear();
}
template<typename T>
AdjMatrixGraph<T>::~AdjMatrixGraph(){
    //略,与 5.1.1 节相同
}
template<typename T>
void AdjMatrixGraph<T>::clear(){  //邻接矩阵初始化
    numVertices=0;
    numEdges=0;
    for(int i=0;i<maxVertices;i++)
        edge[i]=new int[maxVertices];
    for(int i=0;i<maxVertices;i++)
        for(int j=0;j<maxVertices;j++)
            if(i==j)
                edge[i][j]=0;   //对角线上为 0
            else
                edge[i][j]=INFTY;
}
template<typename T>
bool AdjMatrixGraph<T>::insertVertex(T v){
```

```cpp
        //略，与 5.1.1 节相同
}
template<typename T>
bool AdjMatrixGraph<T>::eraseVertex(T v){
    int idx=index(v);
    if(idx!=-1){
        for(int i=0;i<numVertices;i++)
            if(edge[idx][i]<INFTY){
                edge[idx][i]=INFTY;           //顶点 idx 和顶点之间无边，设值为无穷大
                edge[i][idx]=INFTY;
                numEdges--;
            }
        //略，与 5.1.1 节相同
        return true;
    }else
        return false;
}
template<typename T>
bool AdjMatrixGraph<T>::existVertex(T v){
    return index(v)!=-1;
}
template<typename T>
bool AdjMatrixGraph<T>::insertEdge(T v1,T v2,int weight){
    if(!existEdge(v1,v2)){
        int i=index(v1);
        int j=index(v2);
        edge[i][j]=edge[j][i]=weight;      //边的权重
        numEdges++;
        return true;
    }
    return false;
}
template<typename T>
bool AdjMatrixGraph<T>::eraseEdge(T v1,T v2){
    if(existEdge(v1,v2)){
        int i=index(v1);
        int j=index(v2);
        edge[i][j]=edge[j][i]=INFTY;
        numEdges--;
        return true;
    }
    return false;
}
template<typename T>
bool AdjMatrixGraph<T>::existEdge(T v1,T v2){
    if(existVertex(v1) && existVertex(v2))
        return edge[index(v1)][index(v2)]!=INFTY;
    return false;
}
template<typename T>
int AdjMatrixGraph<T>::index(T v){
```

```cpp
    //略，与5.1.1节相同
}
template<typename T>
string AdjMatrixGraph<T>::prim(T v){    //Prim算法实现，返回(vi,vj);格式字符串
    struct ShortEdge{                    //声明候选最短边集数组类型
        T adjvex;                        //邻接点
        int lowcost;                     //权值
    };
    ShortEdge * shortEdge=new ShortEdge[numVertices];
    string result="";
    int k=index(v);                      //起始点在vertexNode中的位置
    for(int i=0;i<numVertices;i++){
        shortEdge[i].lowcost=edge[k][i];
        shortEdge[i].adjvex=v;
    }
    int n=1,min;
    while(n<numVertices){
        min=INFTY;
        for(int i=0;i<numVertices;i++)    //寻找最短边的邻接点
            if(shortEdge[i].lowcost!=0 && shortEdge[i].lowcost<min){
                min=shortEdge[i].lowcost;
                k=i;
            }
        result+="("+shortEdge[k].adjvex+","+vertexNode[k]+");";
        shortEdge[k].lowcost=0;           //顶点k加入最小生成树集U中
        for(int j=0;j<numVertices;j++)
            if(shortEdge[j].lowcost!=0 && edge[k][j]<shortEdge[j].lowcost){
                shortEdge[j].lowcost=edge[k][j];
                shortEdge[j].adjvex=vertexNode[k];
            }
        n++;
    }
    delete [] shortEdge;
    return result;
}
#endif
```

程序说明：

prim函数的形参v为起始点，返回的字符串result是以(u,v)格式为边，并用分号分隔各边的最小生成树。

(3) Form1窗体设计。参照图5-8和表5-6设计窗体界面和属性，添加事件响应函数。

表5-6 Prim求最小生成树算法实现程序窗体控件与参数设置

控 件	名 称	属性设置	响应事件
Form	Form1	Size=727,570; MaximizeBox=False; StartPosition=CenterScreen;Text=求最小生成树——Prim算法实现程序; KeyPreview=True;	Load KeyDown

续表

控 件	名 称	属性设置	响应事件
Panel	panel1	Size=340,340;Location=10,10;BackColor=White;	
	panel2	Size=340,340;Location=360,10;BackColor=White;	
ToolTip	toolTip1		
GroupBox	groupBox1	Location=10,365;Text=顶点	
	groupBox2	Location=185,365;Text=带权无向边	
	groupBox3	Location=360,365;Text=最小生成树	
TextBox	textBox1	Location=45,28;MaxLength=2;	
	textBox2	Location=42,28;MaxLength=2;	
	textBox3	Location=108,28;MaxLength=2;	
	textBox4	Location=40,64;MaxLength=2;	KeyPress
	textBox5	Location=73,26;MaxLength=2;	Leave
Button	button1	Text=生成	
	button2	Text=删除	Click
	button3	Text=添加	
	button4	Text=去除	
	button5	Text=显示	
	button6	Text=擦除	
	button7	Text=上一步	
	button8	Text=下一步	
CheckBox	checkBox1	Text=慢动作	CheckedChanged
Label	label1	Text=名称	
	label2	Text=顶点	
	label3	Text=至	
	Label4	Text=权	
	Label5	Text=起始点	

(4) Form1 中的代码。在 Form1.h 文件开头添加引用如下：

```
#include"AdjMatrixGraph.h"
#include <string>
#include <msclr\marshal_cppstd.h>
using namespace std;
using namespace msclr::interop;          //用于 String ^和 string 间的转换
```

在 Form1.h 文件的 namespace ExampleCh5_6GUI 中，添加自定义控件引用和定义对象代码如下：

```
using namespace GraphControlLibrary;     //引用自定义控件
```

```
AdjMatrixGraph<string> myGraph;                    //定义对象myGraph,最多10个顶点
```

在 Form1 类中，添加数据成员如下：

```
protected:
    array<GraphVertex ^> ^ inVertexes;             //保存输入图的所有顶点
    array<GraphEdge ^> ^ inEdges;                  //保存输入图的所有边
    int numInVertex,numInEdge;                     //输入图中顶点和边的数目
    array<GraphVertex ^> ^ treeVertexes;           //保存生成树的所有结点
    array<GraphEdge ^> ^ treeEdges;                //保存生成树的所有边
    int numTreeVertex,numTreeEdge;                 //生成树的顶点和边的数目
    int idxEdge;                                   //慢动作时访问treeEdges的下标
```

在 Form1 的构造函数中，添加代码如下：

```
inVertexes = gcnew array<GraphVertex ^>(30);
inEdges = gcnew array<GraphEdge ^>(60);
numInVertex=0;
numInEdge=0;
treeVertexes = gcnew array<GraphVertex ^>(30);
treeEdges = gcnew array<GraphEdge ^>(60);
numTreeVertex=0;
numTreeEdge=0;
buttonIsEnable();
```

事件响应函数和自定义函数如下：

```
private: System::Void Form1_Load(System::Object^ sender, System::EventArgs^ e) {
        this->toolTip1->SetToolTip(this->panel1,
            "按Alt键自动调整顶点和带权无向边控件的层次！");
        this->toolTip1->SetToolTip(this->panel2,
            "按Alt键自动调整结点和连线控件的层次！");
    }
private: System::Void Form1_KeyDown(System::Object^ sender,
            System::Windows::Forms::KeyEventArgs^ e) {
        if (e->Alt == true){                       //若按了Alt键
            e->Handled = true;
            SetVertexToFront();                    //调整子控件的层次顺序
        }
    }
private: Void SetVertexToFront(){                  //顶点和结点子控件到顶层
        for(int i=0;i<numInVertex;i++)             //设置图中顶点控件
            for(int j=0;;j++){
                if(inVertexes[i]==panel1->Controls[j]){
                    panel1->Controls[j]->BringToFront();
                    break;
                }
            }
        for(int i=0;i<numTreeVertex;i++)           //处理树中结点控件
            for(int j=0;;j++){
                if(treeVertexes[i]==panel2->Controls[j]){
                    panel2->Controls[j]->BringToFront();
```

```cpp
                                break;
                        }
                }
        }
private: System::Void textBox4_KeyPress(System::Object^  sender,
              System::Windows::Forms::KeyPressEventArgs^  e) {//验证输入是否为数字
                if(!Char::IsNumber(e->KeyChar) && e->KeyChar!=(char)8)
                    e->Handled=true;
        }
private: System::Void button1_Click(System::Object^  sender,
                                    System::EventArgs^  e) {//生成顶点
                if(textBox1->Text==""){
                    MessageBox::Show("顶点名称不能为空！","错误提示",
                            MessageBoxButtons::OK,MessageBoxIcon::Warning);
                    return;
                }
                if(numInVertex==10){
                    MessageBox::Show("最多10个顶点！","错误提示",
                            MessageBoxButtons::OK,MessageBoxIcon::Warning);
                    return;
                }
                for(int i=0;i<numInVertex;i++){
                    if(inVertexes[i]->VertexText==textBox1->Text){
                        MessageBox::Show("顶点"+textBox1->Text+"已存在！","错误提示",
                            MessageBoxButtons::OK,MessageBoxIcon::Warning);
                        return;
                    }
                }
                GraphVertex^ vertex = gcnew GraphVertex;    //生成顶点控件
                vertex->VertexText=textBox1->Text;
                if(numInVertex>0)
                    vertex->Location=Point(15+inVertexes[numInVertex-1]->Location.X,
                                15+inVertexes[numInVertex-1]->Location.Y);
                panel1->Controls->Add(vertex);         //顶点控件在面板上显示
                inVertexes[numInVertex++]=vertex;      //保存顶点指针于数组invertexes
                textBox1->Clear();
                textBox1->Focus();
        }
private: System::Void button2_Click(System::Object^  sender, System::EventArgs^  e) {
                int i;
                for(i=0;i<numInVertex;i++){
                    if(inVertexes[i]->VertexText==textBox1->Text){
                        panel1->Controls->Remove(inVertexes[i]);
                        break;
                    }
                }
                if(i!=numInVertex){
                    for(int j=i;j<numInVertex;j++)
                        inVertexes[j]=inVertexes[j+1];
                    numInVertex--;
                    eraseEdge();
```

```
            }
            else
                MessageBox::Show("顶点"+textBox1->Text+"不存在！","错误提示",
                    MessageBoxButtons::OK,MessageBoxIcon::Warning);
        }
private: void eraseEdge(){    //删除所有与被删顶点相连的边
            int i=0;
            while(i<numInEdge){
                if(inEdges[i]->From==textBox1->Text){
                    panel1->Controls->Remove(inEdges[i]);
                    for(int j=i;j<numInEdge;j++)
                        inEdges[j]=inEdges[j+1];
                    numInEdge--;continue;
                }
                if(inEdges[i]->To==textBox1->Text){
                    panel1->Controls->Remove(inEdges[i]);
                    for(int j=i;j<numInEdge;j++)
                        inEdges[j]=inEdges[j+1];
                    numInEdge--;continue;
                }
                i++;
            }
        }
private: System::Void button3_Click(System::Object^  sender, System::EventArgs^  e) {
            GraphVertex^ from=nullptr,^ to=nullptr;
            if(textBox2->Text==textBox3->Text){
                MessageBox::Show("二顶点不能重复！","错误提示",
                    MessageBoxButtons::OK,MessageBoxIcon::Warning);
                return;
            }
            if(textBox4->Text==""){
                MessageBox::Show("权值不能为空！","错误提示",
                  MessageBoxButtons::OK,MessageBoxIcon::Warning);
                return;
            }
            for(int i=0;i<numInVertex;i++){
                if(inVertexes[i]->VertexText==textBox2->Text)
                    from=inVertexes[i];
                if(inVertexes[i]->VertexText==textBox3->Text)
                    to=inVertexes[i];
            }
            if(!from || !to){
                MessageBox::Show("顶点不存在！","错误提示",
                    MessageBoxButtons::OK,MessageBoxIcon::Warning);
                return;
            }
            int x0,y0,x1,y1,up=0;
            x0=from->Location.X;      //from 为边的始点
            y0=from->Location.Y;
            x1=to->Location.X;        //to 为边的终点
```

```
                y1=to->Location.Y;
                if(y0>y1){                          //y0>y1 边的始点在终点的下方,交换位置
                    up=y0;y0=y1;y1=up;
                    up=x0;x0=x1;x1=up;
                    up=1;                           //标记为边的始点在终点下方
                }
                int x,y,width,height,dirct=0;
                if(x0>x1)                           //x0>x1 表示边的始点在终点的左侧
                    dirct=1;                        //标记为边的始点在终点左侧
                width=dirct?x0-x1:x1-x0;
                height=y1-y0;
                x=(dirct?x1:x0)+15;
                y=y0+15;
                width=width<10?14:width;
                height=height<10?14:height;
                GraphEdge ^ edge = gcnew GraphEdge(from->VertexText,to->
                            VertexText,x,y,width,height,dirct);
                for(int i=0;i<numInEdge;i++)
                    if(inEdges[i]==edge){
                        MessageBox::Show("从顶点"+edge->From+"到"+edge->To+
                            "的边已存在!","错误提示",
                            MessageBoxButtons::OK,MessageBoxIcon::Warning);
                        return;
                    }
                edge->HasWeight=true;
                edge->Weight=Convert::ToInt32(textBox4->Text);
                panel1->Controls->Add(edge);        //显示边
                inEdges[numInEdge++]=edge;          //入边数组 edges
            }
private: System::Void button4_Click(System::Object^  sender, System::EventArgs^  e) {
                GraphEdge ^ edge;
                if(textBox2->Text!="" && textBox3->Text!="")//顶点信息不能为空
                    edge=gcnew GraphEdge(textBox2->Text,textBox3->Text,0,0,10,10,0);
                else{
                    MessageBox::Show("顶点名称不能为空!","错误提示",
                            MessageBoxButtons::OK,MessageBoxIcon::Warning);
                    return;
                }
                int i;
                for(i=0;i<numInEdge;i++){           //删除 panel1 界面上的边
                    if(inEdges[i]==edge){
                        panel1->Controls->Remove(inEdges[i]);
                        break;
                    }
                }
                if(i!=numInEdge){                   //删除数组 inEdges 中的边
                    for(int j=i;j<numInEdge;j++)
                        inEdges[j]=inEdges[j+1];
                    numInEdge--;
                }
                else                                //i==numInEdge 表示没有边 edge
```

```cpp
                    MessageBox::Show("从"+textBox2->Text+"到"+textBox3->Text+"的边不存在！",
                        "错误提示",MessageBoxButtons::OK,MessageBoxIcon::Warning);
            }
private: Void build(){//根据panel1中的图创建对象myGraph
                for(int i=0;i<numInVertex;i++)
                    myGraph.insertVertex(marshal_as<std::string>
(inVertexes[i]->VertexText));
                for(int j=0;j<numInEdge;j++)
                    myGraph.insertEdge(marshal_as<std::string>(inEdges[j]->From),
                        marshal_as<std::string>(inEdges[j]->To),
                        inEdges[j]->Weight);
                if(numTreeVertex==0){
                  for(int i=0;i<numInVertex;i++){//显示图中顶点
                    treeVertexes[i]=gcnew GraphVertex;
                    treeVertexes[i]->VertexText=inVertexes[i]->VertexText;
                    if(treeVertexes[i]->VertexText==textBox5->Text)
                        treeVertexes[i]->BackgroundColor=Color::Red;
                    treeVertexes[i]->Location=inVertexes[i]->Location;
                    panel2->Controls->Add(treeVertexes[i]);
                    numTreeVertex++;
                  }
                  String ^ str=marshal_as<String ^>(myGraph.prim(marshal_as<std::string>
                        (textBox5->Text)));//最小生成树字符串生成
                  array<String ^> ^ splitString=gcnew array<String ^>(0);
                  splitString=str->Split(';');//分解字符串str中的边
                  String ^ from,^ to;
                  GraphEdge ^ edge;
                  for(int i=0;i<splitString->Length-1;i++){//边控件保存于treeEdges数组
                    int x=splitString[i]->IndexOf(',');
                    from=splitString[i]->Substring(1,x-1);
                    int y=splitString[i]->IndexOf(')');
                    to=splitString[i]->Substring(x+1,y-x-1);
                    edge=gcnew GraphEdge(from,to,0,0,10,10,0);
                    for(int j=0;j<numInEdge;j++)
                        if(inEdges[j]==edge){//显示
                            treeEdges[numTreeEdge]=gcnew GraphEdge(inEdges[j]);
                            treeEdges[numTreeEdge]->PenColor=Color::Red;
                            panel2->Controls->Add(treeEdges[numTreeEdge]);
                            numTreeEdge++;
                            break;
                        }
                  }
                }
                else
                    MessageBox::Show("请单击擦除按钮，先删除上面的顶点！",
                        "错误提示",MessageBoxButtons::OK,MessageBoxIcon::Warning);
        }
private: System::Void button5_Click(System::Object^ sender, System::EventArgs^ e)
{//panel2上显示最小生成树
                if(textBox5->Text==""){
```

```
                MessageBox::Show("请输入起始点！",
                    "错误提示",MessageBoxButtons::OK,MessageBoxIcon::Warning);
                return;
            }
            myGraph.clear();
            build();
        }
private: System::Void button6_Click(System::Object^  sender, System::EventArgs^  e)
        {//panel2上擦除最小生成树
            panel2->Controls->Clear();//清除panel2上显示控件
            numTreeVertex=0;
            numTreeEdge=0;
            checkBox1->Checked=false;
        }
private: System::Void textBox5_Leave(System::Object^  sender, System::EventArgs^  e) {
            int i;
            for(i=0;i<numInVertex;i++)
                if(inVertexes[i]->VertexText==textBox5->Text)
                    break;
            if(i==numInVertex)
                MessageBox::Show("不存在顶点"+textBox5->Text+"！",
                    "错误提示",MessageBoxButtons::OK,MessageBoxIcon::Warning);
        }
private: void buttonIsEnable(){//控制"上一步"与"下一步"按钮是否能使用
            if(checkBox1->Checked){
                button7->Enabled=!(idxEdge==-1);
                button8->Enabled=!(idxEdge==numTreeEdge-1);
            }
            else{
                button7->Enabled=false;
                button8->Enabled=false;
                idxEdge=-1;
            }
        }
private: System::Void checkBox1_CheckedChanged(System::Object^  sender,
                                                    System::EventArgs^  e) {
            for(int i=0;i<numTreeEdge;i++)
                panel2->Controls->Remove(treeEdges[i]);
            buttonIsEnable();
        }
private: System::Void button7_Click(System::Object^  sender, System::EventArgs^  e) {
            panel2->Controls->Remove(treeEdges[idxEdge--]);
            buttonIsEnable();
        }
private: System::Void button8_Click(System::Object^  sender, System::EventArgs^  e) {
            panel2->Controls->Add(treeEdges[++idxEdge]);
            buttonIsEnable();
        }
```

程序说明：

程序中最小生成树构建过程的演示功能，是通过在 panel2 上添加或删除边控件实现的。事实上，treeEdges 数组中依次存放了构成最小生成树的边(由 build 函数完成)，"上一步"和"下一步"按钮的事件响应函数仅对 panel2 上的控件做了增减。

5.3.2 Kruskal 算法实现

设 G=(V,E)是无向带权连通图，V 为顶点集合，E 为边集合。T=(U,TE)是 G 的最小生成树，U 是树中结点集合，TE 是边集。Kruskal 算法的策略是：初始状态为 U=V、TE={ }，即视 T 中顶点各自构成一个连通分量。按照边的权值由小到大依次考查 E 中各边，若最小边的两个顶点属于不同的连通分量，则将该边加入 TE 中，并把两个连通分量连接为一个连通分量，否则，放弃该边。重复上述过程，直到 T 中连通分量的个数为 1。

如图 5-9 所示，Kruskal 求最小生成树的算法程序与 5.3.1 节的程序十分相似，部分代码可重复使用。窗体程序设计的主要步骤如下：

(1) 创建 ExampleCh5_7GUI 窗体应用程序。从 5.3.1 节的 ExampleCh5_6GUI 项目中复制 Form1.h 和 AdjMatrixGraph.h 文件到 ExampleCh5_7GUI 项目。其余操作参照 5.3.1 节完成。

(2) 参照图 5-9 删除原窗体中 textBox5 和 label5 控件，调整"显示"和"擦除"按钮的位置与大小。

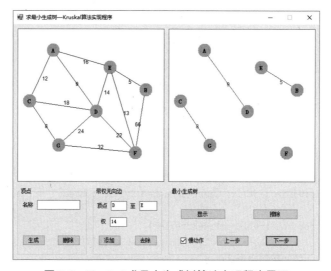

图 5-9 Kruskal 求最小生成树算法实现程序界面

(3) 在 AdjMatrixGraph.h 中定义 kruskal 成员函数实现 Kruskal 算法。代码如下：

```
template<typename T>
string AdjMatrixGraph<T>::kruskal(){
    struct EdgeType{//带权无向边类型声明
        int from,to;
        int weight;
    };
    EdgeType * edgeAry=new EdgeType[numEdges];
    string result="";
```

```
            int k=0;  EdgeType t;
            for(int i=0;i<numVertices;i++)//根据邻接矩阵初始化边集数组edgeAry
                for(int j=0;j<i;j++){
                    if(edge[i][j]<INFTY){
                        edgeAry[k].from=i;
                        edgeAry[k].to=j;
                        edgeAry[k].weight=edge[i][j];
                        k++;
                    }
                }
            for(int i=0;i<numEdges-1;i++){//边集数组edgeAry排序
        for(int j=0;j<numEdges-1-i;j++){
            if(edgeAry[j].weight>edgeAry[j+1].weight){
                t.from=edgeAry[j].from;t.to=edgeAry[j].to;t.weight=edgeAry[j].weight;
                edgeAry[j].from=edgeAry[j+1].from; edgeAry[j].to=edgeAry[j+1].to;
                    edgeAry[j].weight=edgeAry[j+1].weight;
                    edgeAry[j+1].from=t.from;  edgeAry[j+1].to=t.to;
                    edgeAry[j+1].weight=t.weight;
                }
            }
        }
            int * parent =new int[numVertices];
            for(int i=0;i<numVertices;i++)     //初始化辅助数组parent
                parent[i]=-1;
            int num=0,vex1,vex2;
            for(int i=0;i<numEdges;i++){       //依次考查每一条边
                vex1=edgeAry[i].from;
                vex2=edgeAry[i].to;
                if(parent[vex1]>-1)
                    vex1=parent[vex1];
                if(parent[vex2]>-1)
                    vex2=parent[vex2];
                if(vex1!=vex2){//输出
                    result+="("+vertexNode[edgeAry[i].from]+","
                        +vertexNode[edgeAry[i].to]+");";
                    parent[vex2]=vex1;
                    num++;
                    if(num==numVertices-1)
                        break;
                }
            }
            delete [] edgeAry;
            delete [] parent;
            return result;
    }
```

（4）在 Form1.h 文件中，定义 build()函数，其功能是根据 panel1 中的顶点和边控件构建 myGraph，调用 kruskal()函数得到最小生成树字符串，并根据其值在 panel2 中显示最小生成树。

```
        private: Void build(){
                for(int i=0;i<numInVertex;i++)              //myGraph 插入顶点
                    myGraph.insertVertex(marshal_as<std::string>(inVertexes[i]->VertexText));
```

```
            for(int j=0;j<numInEdge;j++)           //myGraph 插入带权的边
                myGraph.insertEdge(marshal_as<std::string>(inEdges[j]->From),
                              marshal_as<std::string>(inEdges[j]->To),
                              inEdges[j]->Weight);
            if(numTreeVertex==0){
                for(int i=0;i<numInVertex;i++){    // treeVertexes 生成最小生成树顶点
                    treeVertexes[i]=gcnew GraphVertex;
                    treeVertexes[i]->VertexText=inVertexes[i]->VertexText;
                    treeVertexes[i]->Location=inVertexes[i]->Location;
                    panel2->Controls->Add(treeVertexes[i]);
                    numTreeVertex++;
                }
                String ^ str=marshal_as<String ^>(myGraph.kruskal());//调 kruskal 函数
                array<String ^> ^ splitString=gcnew array<String ^>(0);
                splitString=str->Split(';');//分解字符串 str 中的边
                String ^ from,^ to;
                GraphEdge ^ edge;
                for(int i=0;i<splitString->Length-1;i++){  //treeEdges 数组赋值
                    int x=splitString[i]->IndexOf(',');
                    from=splitString[i]->Substring(1,x-1);
                    int y=splitString[i]->IndexOf(')');
                    to=splitString[i]->Substring(x+1,y-x-1);
                    edge=gcnew GraphEdge(from,to,0,0,10,10,0);
                    for(int j=0;j<numInEdge;j++)
                        if(inEdges[j]==edge){
                            treeEdges[numTreeEdge]=gcnew GraphEdge(inEdges[j]);
                            treeEdges[numTreeEdge]->PenColor=Color::Red;//红色
                            panel2->Controls->Add(treeEdges[numTreeEdge]);
                            numTreeEdge++;
                            break;
                        }
                }
            }
            else
                MessageBox::Show("请单击擦除按钮,先删除上面的顶点!",
                    "错误提示",MessageBoxButtons::OK,MessageBoxIcon::Warning);
        }
```

程序说明:

(1) AdjMatricGraph 类模板中的 kruskal 函数返回的字符串的格式是：(a,b);(c,d);…;(e,f);，其中(x,y)表示图中的一条边，分号是边之间的分隔符。

(2) Form1 中的 build 函数调用 kruskal 函数并分解出其中的边信息，再根据这些边信息生成 GraphEdge 边控件保存于 treeEdges 数组之中，用于"慢动作"功能的实现。

5.4 最短路径

最短路径是指从某顶点出发，沿图的边到达另一顶点所经过的路径中，各边上权值之和最小的一条路径。Dijkstra 提出了一种按路径长度递增的顺序产生最短路径的算法，

Folyd 提出的算法能求出图中所有顶点对之间的最短路径，它们所采用的存储结构均为邻接矩阵。

5.4.1 Dijkstra 算法实现

Dijkstra 算法的基本思想：设 G=(V,E)是一个带权有向图，把图中顶点集合 V 分成两个子集，一个是已求出最短路径的顶点集合 S，另一个是未确定最短路径的顶点集合 U=V-S。

初始时，S={v}，U={其余顶点}。若 v 与 U 中顶点 u 有边，则<u,v>是相应的权值，若 u 不是 v 的出边邻接点，则<u,v>的权值为∞。

步骤 1：从 U 中选取一个距离 v 最短的顶点 k，把 k 加入 S 中(选定的距离就是 v 到 k 的最短路径长度)。

步骤 2：以 k 为新中间点，修改 v 到 U 中各顶点的距离。若从 v 经过 k 到 u 的距离比原距离(未经过 k)短，则修改顶点 u 的距离值和最短路径。

重复执行步骤 1 与步骤 2，直到 S=V。

Dijkstra 算法能得到从源点 v 到其余顶点的最短路径。若要获得图中所有顶点到其余顶点的最短路径，则需要多次执行算法。

如图 5-10 所示，窗口左侧为有向网输入区，右侧为最短路径输出区。在 5.1.1 节的 AdjMatrixGraph 类中新增 dijkstra 成员函数实现 Dijkstra 算法。设计步骤和主要代码如下。

(1) 创建 ExampleCh5_8GUI 窗体应用程序，添加对 GraphControlLibrary 自定义控件的引用。

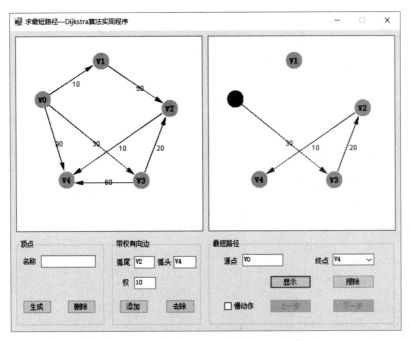

图 5-10 Dijkstra 求最短路径算法实现程序界面

在项目解决方案资源管理器的头文件夹下，新建 AdjMatrixGraph.h 文件。代码如下：

```cpp
//文件名：AdjMatrixGraph.h
#ifndef ADJMATRIXGRAPH_H
#define ADJMATRIXGRAPH_H
const int INFTY=1000;                   //无穷大量
#include <iostream>
#include <string>
using namespace std;
template<typename T>
class AdjMatrixGraph{
public:
    AdjMatrixGraph(int max=20);
    ~AdjMatrixGraph();
    void clear();
    int numberOfVertices(){return numVertices;}
    int numberOfArcs(){return numArcs;}
    bool insertVertex(T v);            //插入顶点
    bool eraseVertex(T v);             //删除顶点
    bool existVertex(T v);             //判别顶点是否存在
    bool insertArc(T v1,T v2,int weight);  //插入带权的弧
    bool eraseArc(T v1,T v2);          //删除弧
    bool existArc(T v1,T v2);          //判别弧是否存在
    string dijkstra(T v1,T v2);        //Dijkstra算法求最短路径
protected:
    int index(T v);                    //返回顶点在一维数组中的下标
private:
    int maxVertices;                   //图中最多顶点个数
    int numVertices;                   //图的顶点数
    int numArcs;                       //图的边数
    T * vertexNode;                    //存放图中顶点的一维数组
    int * * arc;                       //存放图中弧的二维数组
};
template<typename T>
AdjMatrixGraph<T>::AdjMatrixGraph(int max){
    maxVertices=max;
    vertexNode=new T[maxVertices];
    arc=new int *[maxVertices];
    clear();
}
template<typename T>
AdjMatrixGraph<T>::~AdjMatrixGraph(){
    for(int i=0;i<maxVertices;i++)
        delete [] arc[i];
    delete [] arc;
    delete [] vertexNode;
}
template<typename T>
void AdjMatrixGraph<T>::clear(){
    numVertices=0;
    numArcs=0;
    for(int i=0;i<maxVertices;i++)
```

```cpp
            arc[i]=new int[maxVertices];
        for(int i=0;i<maxVertices;i++)
            for(int j=0;j<maxVertices;j++)         //邻接矩阵清空
                if(i==j)
                    arc[i][j]=0;
                else
                    arc[i][j]=INFTY;
}
template<typename T>
bool AdjMatrixGraph<T>::insertVertex(T v){
    if(index(v)==-1){
        vertexNode[numVertices++]=v;
        return true;
    }else
        return false;
}
template<typename T>
bool AdjMatrixGraph<T>::eraseVertex(T v){
    int idx=index(v);
    if(idx!=-1){
        for(int i=0;i<numVertices;i++)              //修改边数组的值为0
            if(arc[idx][i]<INFTY){
                arc[idx][i]=INFTY;
                numArcs--;
            }
        for(int i=idx;i<numVertices;i++)            // arc 数组从 idx 开始后行覆盖前行
            for(int j=0;j<numVertices;j++)
                arc[i][j]=arc[i+1][j];
        for(int i=idx;i<numVertices;i++)            // arc 数组后列覆盖前列
            for(int j=0;j<numVertices;j++)
                arc[j][i]=arc[j][i+1];
        for(int i=idx;i<numVertices;i++)            //删除顶点
            vertexNode[i]=vertexNode[i+1];
        numVertices--;
        return true;
    }else
        return false;
}
template<typename T>
bool AdjMatrixGraph<T>::existVertex(T v){
    return index(v)!=-1;
}
template<typename T>
bool AdjMatrixGraph<T>::insertArc(T v1,T v2,int weight){
    if(!existArc(v1,v2)){
        int i=index(v1);
        int j=index(v2);
        arc[i][j]=weight;                           //插入弧，arc[i][j]赋权值
        numArcs++;
        return true;
    }
```

```cpp
            return false;
        }
        template<typename T>
        bool AdjMatrixGraph<T>::eraseArc(T v1,T v2){
            if(existArc(v1,v2)){
                int i=index(v1);
                int j=index(v2);
                arc[i][j]=INFTY;                              //删除弧，arc[i][j]值为无穷大
                numEdges--;
                return true;
            }
            return false;
        }
        template<typename T>
        bool AdjMatrixGraph<T>::existArc(T v1,T v2){
            if(existVertex(v1) && existVertex(v2))
                return arc[index(v1)][index(v2)]!=INFTY;
            return false;
        }
        template<typename T>
        int AdjMatrixGraph<T>::index(T v){
            int idx=-1;
            for(int i=0;i<numVertices;i++)
                if(vertexNode[i]==v)
                    idx=i;
            return idx;
        }
        template<typename T>
        string AdjMatrixGraph<T>::dijkstra(T v1,T v2){        //Dijkstra算法实现函数
            string result="";
            int * dist=new int[numVertices];
            string * path=new string[numVertices];
            bool * s=new bool[numVertices];
            int v=index(v1);
            for(int i=0;i<numVertices;i++){
                s[i]=false;                                   //s 数组初始化
                dist[i]=arc[v][i];                            //dist 数组初始化
                if(dist[i]!=INFTY && dist[i]!=0)              //path 数组初始化
                    path[i]=v1+","+vertexNode[i];
                else
                    path[i]="";
            }
            s[v]=true;                                        //顶点 v 加入集合 s
            int u,min;
            for(int i=0;i<numVertices-1;i++){
                min=INFTY;
                u=v;
                for(int j=0;j<numVertices;j++)                //找不属于集合 s 且与 v 的路径最短的顶点 u
                    if(!s[j] && dist[j]<min){
                        u=j;
```

```
                min=dist[j];
            }
        s[u]=true;                          //将顶点 u 加入集合 s
        for(int t=0;t<numVertices;t++)      //修改数组 dist 和 path
            if(!s[t] && dist[t]>dist[u]+arc[u][t]){
                dist[t]=dist[u]+arc[u][t];
                path[t]=path[u]+","+vertexNode[t];
            }
    }
    result=path[index(v2)];                 //返回 v1 至 v2 的最短路径
    delete [] dist;
    delete [] path;
    delete [] s;
    return result;
}
#endif
```

程序说明：

① 程序中用 const int INFTY=1000; 表示无穷大常量，没有用 int 类型数据的最大值，这是因为用 int 类型的最大值会导致计算 dist 数组中的值时产生溢出。

② dijkstra 函数返回的字符串若为空串，则表示顶点间不存在路径，否则是用逗号分隔各顶点的最短路径字符串。

(2) Form1 窗体设计。参照图 5-10 和表 5-7 设计窗体界面和响应事件。

表 5-7 Dijkstra 求最短路径算法实现程序窗体控件与参数设置

控件	名称	属性设置	响应事件
Form	Form1	Size=725,562; MaximizeBox=False; StartPosition=CenterScreen;Text=求最短路径—Dijkstra 算法实现程序; KeyPreview=True;	Load KeyDown
Panel	panel1	Size=340,340;Location=10,10; BackColor=White;	
	panel2	Size=340,340;Location=360,10; BackColor=White;	
ToolTip	toolTip1		
GroupBox	groupBox1	Location=10,365;Text=顶点	
	groupBox2	Location=185,365;Text=带权有向边	
	groupBox3	Location=360,365;Text=最短路径	
TextBox	textBox1	Location=45,26;MaxLength=2;	
	textBox2	Location=40,28;MaxLength=2;	
	textBox3	Location=111,28;MaxLength=2;	
	textBox4	Location=40,64;MaxLength=2;	KeyPress
	textBox5	Location=73,25;MaxLength=2;	Leave

续表

控件	名称	属性设置	响应事件
ComboBox	comboBox1	Location=225,25;MaxLength=2;	
Button	button1	Text=生成	Click
	button2	Text=删除	
	button3	Text=添加	
	button4	Text=去除	
	button5	Text=显示	
	button6	Text=擦除	
	button7	Text=上一步	
	button8	Text=下一步	
CheckBox	checkBox1	Text=慢动作	CheckedChanged
Label	label1	Text=名称	
	label2	Text=弧尾	
	label3	Text=弧头	
	label4	Text=权	
	label5	Text=源点	
	label6	Text=终点	

(3) 有 Form1.h 文件中添加代码。Form1.h 文件前端的引用部分与 5.3 节中的相同。在 Form1 类中，新增数据成员用于保存窗口显示的顶点和弧。代码如下：

```
protected:
    array<GraphVertex ^> ^ inVertexes;      //保存输入图的所有顶点
    array<GraphArc ^> ^ inArcs;             //保存输入图的所有弧
    int numInVertex,numInArc;               //输入图中顶点和弧的数目
    array<GraphVertex ^> ^ pathVertexes;    //保存输出图的所有结点
    array<GraphArc ^> ^ pathArcs;           //保存最短路径的所有弧
    int numPathVertex,numPathArc;           //生成树的顶点和弧的数目
    int idxArc;                             //慢动作时访问pathArcs的下标
```

在构造函数中对数据成员初始化。代码如下：

```
Form1(void){
    InitializeComponent();
    inVertexes = gcnew array<GraphVertex ^>(20);
    inArcs = gcnew array<GraphArc ^>(60);
    numInVertex=0;
    numInArc=0;
    pathVertexes = gcnew array<GraphVertex ^>(20);
    pathArcs = gcnew array<GraphArc ^>(60);
    numPathVertex=0;
    numPathArc=0;
    buttonIsEnable();
}
```

事件响应函数和功能模块代码如下：

```cpp
private: System::Void Form1_Load(System::Object^  sender, System::EventArgs^  e) {
             this->toolTip1->SetToolTip(this->panel1,
                 "按Alt键自动调整顶点和带权有向边控件的层次！");
             this->toolTip1->SetToolTip(this->panel2,
                 "按Alt键自动调整顶点和带权有向边控件的层次！");
         }
private: System::Void Form1_KeyDown(System::Object^  sender,
             System::Windows::Forms::KeyEventArgs^  e) {
             if (e->Alt == true){                    //若按了Alt键
                 e->Handled = true;
                 SetVertexToFront();                 //调整子控件的层次顺序
             }
         }
private: Void SetVertexToFront(){                    //设置顶点子控件到顶层
             for(int i=0;i<numInVertex;i++)          //设置图中控件
                 for(int j=0;;j++){
                     if(inVertexes[i]==panel1->Controls[j]){
                         panel1->Controls[j]->BringToFront();
                         break;
                     }
                 }
             for(int i=0;i<numPathVertex;i++)        //处理最短路径中控件
                 for(int j=0;;j++){
                     if(pathVertexes[i]==panel2->Controls[j]){
                         panel2->Controls[j]->BringToFront();
                         break;
                     }
                 }
         }
private: System::Void textBox4_KeyPress(System::Object^  sender,
             System::Windows::Forms::KeyPressEventArgs^  e) {
             if(!Char::IsNumber(e->KeyChar) && e->KeyChar!=(char)8)
                 e->Handled=true;
         }
private: System::Void button1_Click(System::Object^  sender, System::EventArgs^  e) {
             if(textBox1->Text==""){
                 MessageBox::Show("顶点名称不能为空！","错误提示",
                     MessageBoxButtons::OK,MessageBoxIcon::Warning);
                 return;
             }
             if(numInVertex==20){
                 MessageBox::Show("最多20个顶点！","错误提示",
                     MessageBoxButtons::OK,MessageBoxIcon::Warning);
                 return;
             }
             for(int i=0;i<numInVertex;i++){
                 if(inVertexes[i]->VertexText==textBox1->Text){
                     MessageBox::Show("顶点"+textBox1->Text+"已存在！","错误提示",
                         MessageBoxButtons::OK,MessageBoxIcon::Warning);
```

```cpp
                    return;
                }
            }
            GraphVertex^ vertex = gcnew GraphVertex;    //生成顶点控件
            vertex->VertexText=textBox1->Text;
            if(numInVertex>0)
                vertex->Location=Point(15+inVertexes[numInVertex-1]->Location.X,
                                15+inVertexes[numInVertex-1]->Location.Y);
            panel1->Controls->Add(vertex);              //顶点控件在面板上显示
            inVertexes[numInVertex++]=vertex;           //保存顶点指针于数组invertexes
            textBox1->Clear();
            textBox1->Focus();
        }
private: System::Void button2_Click(System::Object^ sender, System::EventArgs^ e) {
            int i;
            for(i=0;i<numInVertex;i++){
                if(inVertexes[i]->VertexText==textBox1->Text){
                    panel1->Controls->Remove(inVertexes[i]);
                    break;
                }
            }
            if(i!=numInVertex){
                for(int j=i;j<numInVertex;j++)
                    inVertexes[j]=inVertexes[j+1];
                numInVertex--;
                eraseArc();
            }
            else
                MessageBox::Show("顶点"+textBox1->Text+"不存在！","错误提示",
                    MessageBoxButtons::OK,MessageBoxIcon::Warning);
        }
private: void eraseArc(){      //删除与被删顶点相连的弧
            int i=0;
            while(i<numInArc){
                if(inArcs[i]->From==textBox1->Text){
                    panel1->Controls->Remove(inArcs[i]);
                    for(int j=i;j<numInArc;j++)
                        inArcs[j]=inArcs[j+1];
                    numInArc--;continue;
                }
                if(inArcs[i]->To==textBox1->Text){
                    panel1->Controls->Remove(inArcs[i]);
                    for(int j=i;j<numInArc;j++)
                        inArcs[j]=inArcs[j+1];
                    numInArc--;continue;
                }
                i++;
            }
        }
private: System::Void button3_Click(System::Object^ sender, System::EventArgs^ e) {
```

```
GraphVertex^ from=nullptr,^ to=nullptr;
if(textBox2->Text==textBox3->Text){
    MessageBox::Show("二顶点不能重复！","错误提示",
            MessageBoxButtons::OK,MessageBoxIcon::Warning);
    return;
}
if(textBox4->Text==""){
    MessageBox::Show("权值不能为空！","错误提示",
            MessageBoxButtons::OK,MessageBoxIcon::Warning);
    return;
}
for(int i=0;i<numInVertex;i++){
    if(inVertexes[i]->VertexText==textBox2->Text)
        from=inVertexes[i];
    if(inVertexes[i]->VertexText==textBox3->Text)
        to=inVertexes[i];
}
if(!from || !to){
    MessageBox::Show("顶点不存在！","错误提示",
            MessageBoxButtons::OK,MessageBoxIcon::Warning);
    return;
}
int x0,y0,x1,y1,up=0;
x0=from->Location.X;                //from 为边的源点
y0=from->Location.Y;
x1=to->Location.X;                  //to 为边的终点
y1=to->Location.Y;
if(y0>y1){                          //y0>y1 边的始点在终点的下方，交换位置
    up=y0;y0=y1;y1=up;
    up=x0;x0=x1;x1=up;
    up=1;                           //标记为边的始点在终点下方
}
int x,y,width,height,dirct=0;
if(x0>x1)                           //x0>x1 表示边的始点在终点的左侧
    dirct=1;                        //标记为边的始点在终点左侧
width=dirct?x0-x1:x1-x0;
height=y1-y0;
x=(dirct?x1:x0)+15;
y=y0+15;
width=width<10?14:width;
height=height<10?14:height;
GraphArc ^ arc = gcnew GraphArc(from->VertexText,to->VertexText,x,y,width,
    height,dirct,up);
for(int i=0;i<numInArc;i++)
    if(inArcs[i]==arc){
        MessageBox::Show("从顶点"+arc->From+"到"+arc->To+
            "的弧已存在！","错误提示",
            MessageBoxButtons::OK,MessageBoxIcon::Warning);
        return;
    }
arc->HasWeight=true;
```

```
                    arc->Weight=Convert::ToInt32(textBox4->Text);
                    panel1->Controls->Add(arc);
                    inArcs[numInArc++]=arc;
        }
        private: System::Void button4_Click(System::Object^  sender, System::EventArgs^  e) {
                    GraphArc ^ arc;
                    if(textBox2->Text!="" && textBox3->Text!="")        //顶点信息不能为空
                        arc=gcnew GraphArc(textBox2->Text,textBox3->Text,0,0,10,10,0,1);
                    else{
                        MessageBox::Show("顶点名称不能为空！","错误提示",
                            MessageBoxButtons::OK,MessageBoxIcon::Warning);
                        return;
                    }
                    int i;
                    for(i=0;i<numInArc;i++){        //删除 panel1 界面上的弧
                        if(inArcs[i]==arc){
                            panel1->Controls->Remove(inArcs[i]);
                            break;
                        }
                    }
                    if(i!=numInArc){        //删除 inArcs 数组中的弧
                        for(int j=i;j<numInArc;j++)
                            inArcs[j]=inArcs[j+1];
                        numInArc--;
                    }
                    else                    //i==numInArc 表示没有弧
                        MessageBox::Show("从"+textBox2->Text+"到"+textBox3->Text+
                            "的边不存在！","错误提示",
                            MessageBoxButtons::OK,MessageBoxIcon::Warning);
        }
        private: Void build(){              //生成并显示最短路径
                    for(int i=0;i<numInVertex;i++)
                        myGraph.insertVertex(marshal_as<std::string>(inVertexes[i]->VertexText));
                    for(int j=0;j<numInArc;j++)
                        myGraph.insertArc(marshal_as<std::string>(inArcs[j]->From),
                                marshal_as<std::string>(inArcs[j]->To),
                                inArcs[j]->Weight);
                    if(numPathVertex==0){
                        for(int i=0;i<numInVertex;i++){
                            pathVertexes[i]=gcnew GraphVertex;
                            pathVertexes[i]->VertexText=inVertexes[i]->VertexText;
                            if(pathVertexes[i]->VertexText==textBox5->Text)
                                pathVertexes[i]->BackgroundColor=Color::Red;
                            pathVertexes[i]->Location=inVertexes[i]->Location;
                            panel2->Controls->Add(pathVertexes[i]);
                            numPathVertex++;
                        }
                    }
                    String ^ str=marshal_as<String ^>(myGraph.dijkstra(
                        marshal_as<std::string>(textBox5->Text),marshal_as
                        <std::string>(comboBox1->Text)));//调用 dijkstra 函数
```

```
                    if(str!=""){
                        array<String ^> ^ splitString=gcnew array<String ^>(0);
                        splitString=str->Split(',');                // str 分解出边
                        String ^ from,^ to;
                        GraphArc ^ arc;
                        for(int i=0;i<splitString->Length-1;i++){
                            from=splitString[i];
                            to=splitString[i+1];
                            arc=gcnew GraphArc(from,to,0,0,10,10,0,0);
                            for(int j=0;j<numInArc;j++)
                                if(inArcs[j]==arc){
                                    pathArcs[numPathArc]=gcnew GraphArc(inArcs[j]);
                                    pathArcs[numPathArc]->PenColor=Color::Red;
                                    panel2->Controls->Add(pathArcs[numPathArc]);
                                    numPathArc++;
                                    break;
                                }
                        }
                    }else
                        MessageBox::Show("从"+textBox5->Text+"到"+
                            comboBox1->Text+"不存在路径！","错误提示",
                            MessageBoxButtons::OK,MessageBoxIcon::Warning);
                }
                else
                    MessageBox::Show("请单击擦除按钮，先删除上面的顶点！",
                        "错误提示",MessageBoxButtons::OK,MessageBoxIcon::Warning);
            }
private: System::Void button5_Click(System::Object^  sender, System::EventArgs^  e) {
             if(textBox5->Text==""){
                 MessageBox::Show("请输入起始点！",
                     "错误提示",MessageBoxButtons::OK,MessageBoxIcon::Warning);
                 return;
             }
             myGraph.clear();
             build();        //生成顶点间最短路径
         }
private: System::Void button6_Click(System::Object^  sender, System::EventArgs^  e) {
             panel2->Controls->Clear();
             numPathVertex=0;
             numPathArc=0;
             checkBox1->Checked=false;
         }
private: System::Void textBox5_Leave(System::Object^  sender, System::EventArgs^  e) {
             int i;
             for(i=0;i<numInVertex;i++)
                 if(inVertexes[i]->VertexText==textBox5->Text)
                     break;
             if(i==numInVertex)
                 MessageBox::Show("不存在顶点"+textBox5->Text+"！",
                     "错误提示",MessageBoxButtons::OK,MessageBoxIcon::Warning);
             else{
```

```
                comboBox1->Items->Clear();
                for(int i=0;i<numInVertex;i++)
                    if(inVertexes[i]->VertexText!=textBox5->Text)
                        comboBox1->Items->Add(inVertexes[i]->VertexText);
                comboBox1->Text=comboBox1->Items[0]->ToString();
            }
        }
private: void buttonIsEnable(){
            if(checkBox1->Checked){
                button7->Enabled=!(idxArc==-1);
                button8->Enabled=!(idxArc==numPathArc-1);
            }
            else{
                button7->Enabled=false;
                button8->Enabled=false;
                idxArc=-1;
            }
         }
private: System::Void checkBox1_CheckedChanged(System::Object^  sender,
                                                System::EventArgs^  e) {
            for(int i=0;i<numPathArc;i++)
                panel2->Controls->Remove(pathArcs[i]);
            buttonIsEnable();
         }
private: System::Void button7_Click(System::Object^  sender, System::EventArgs^  e) {
            panel2->Controls->Remove(pathArcs[idxArc--]);
            buttonIsEnable();
         }
private: System::Void button8_Click(System::Object^  sender, System::EventArgs^  e) {
            panel2->Controls->Add(pathArcs[++idxArc]);
            buttonIsEnable();
         }
```

程序说明：

(1) 程序中权值的输入只能是 100 以内的整数，将控件 testBox4 的 MaxLength 设置为 2，并增加了 KeyPress 事件响应函数，下列语句起到了只能输入数值的功能。

```
if(!Char::IsNumber(e->KeyChar) && e->KeyChar!=(char)8)
            e->Handled=true;
```

(2) 在图的窗体应用程序中，自定义的顶点、边和弧控件有时会出现顶点被边或弧覆盖的问题，Form1 定义了 KeyDown 事件响应函数。当按键为 Alt 时，将调用 SetVertexToFront 自定义函数，把顶点控件调整到顶层。

5.4.2 Folyd 算法实现

Floyd 算法适用于求加权有向图中每一对顶点间最短路径的问题。算法的基本思想是：初始时，图中任意两个顶点 v_i 和 v_j，若存在弧 $<v_i,v_j>$，则以该弧为两顶点间的最短路径，距离是弧的权，否则，不存在最短路径，权值设为无穷大。其后，依次扫描图中各个顶点 w，考查图中每一对顶点 u 和 v 之间的路径，若插入 w 后，存在使得从 u 到 w 再到 v 的路径比当前已知的路径更短，则更新路径和距离值。

Floyd 算法最终得到的结果是两个矩阵，一个记录了图中两个顶点间的最短路径，另一个保存了最短距离。

如图 5-11 所示，Floyd 求最短路径算法窗体程序的界面设计和框架与 5.4.1 节程序完全相同。

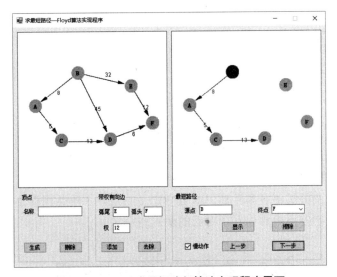

图 5-11　Floyd 求最短路径算法实现程序界面

在 **AdjMatrixGraph.h** 文件的 **AdjMatrixGraph** 类中，新增 **floyd** 成员函数，代码如下：

```
template<typename T>
string AdjMatrixGraph<T>::floyd(T v1,T v2){
    string result="";
    int * * dist=new int*[numVertices];              //dist 二维数组
    for(int i=0;i<numVertices;i++)
        dist[i]=new int[numVertices];
    string * * path=new string*[numVertices];        //path 字符串数组
    for(int i=0;i<numVertices;i++)
        path[i]=new string[numVertices];
    for(int i=0;i<numVertices;i++)
        for(int j=0;j<numVertices;j++){
            dist[i][j]=arc[i][j];
            if(dist[i][j]!=INFTY)
                path[i][j]=vertexNode[i]+","+vertexNode[j];
            else
                path[i][j]="";
        }
    for(int k=0;k<numVertices;k++)
        for(int i=0;i<numVertices;i++)
            for(int j=0;j<numVertices;j++)
                if(dist[i][k]+dist[k][j]<dist[i][j]){
```

```
                    dist[i][j]=dist[i][k]+dist[k][j];
                    path[i][j]=path[i][k]+","+path[k][j];
                }
    result=path[index(v1)][index(v2)];
    for(int i=0;i<numVertices;i++)
        delete [] dist[i];
    delete [] dist;
    for(int i=0;i<numVertices;i++)
        delete [] path[i];
    delete [] path;
    return result;
}
```

在 Form1.h 文件中，修改 build 函数中的求最短路径的函数为 floyd，代码如下：

```
String ^ str=marshal_as<String ^>(myGraph.floyd(
                        marshal_as<std::string>(textBox5->Text),
                        marshal_as<std::string>(comboBox1->Text)));
```

程序说明：

floyd 函数的形参是两个顶点，输出是两个顶点间的最短路径。事实上，该函数求出了图中所有顶点间的最短路径和距离。函数中定义的 dist 二维数组保存了所有顶点间的最短距离，path 二维字符串数组保存了对应的最短路径。

5.5 有向无环图及其应用

无环的有向图称为有向无环图，它是分析工程方案科学性的有效工具。拓扑排序用于判断工程能否顺利进行，关键路径用于获知完成整个工程所需的最短时间。本节介绍拓扑排序与关键路径算法的实现，其中有向图的存储结构均采用邻接表。

5.5.1 拓扑排序算法实现

顶点表示活动的有向图称为 AOV 网。AOV 网中不能出现回路，否则表示工程中存在以自己的完成为先决条件的活动。拓扑排序是测试 AOV 网中是否存在回路的方法。

对 AOV 网进行拓扑排序的基本思想是：从 AOV 网中选一个入度为 0 的顶点输出，然后删掉该顶点及其所有以该顶点为弧尾的弧，重复上述步骤，直至全部顶点都被输出(不存在回路)，或已不存在入度为 0 的顶点(存在回路)。

拓扑排序算法窗体程序的设计步骤和主要代码如下。

(1) 创建 Windows 窗体应用程序 ExampleCh5_10GUI，添加对 5.1.2 节 1.标题下方顶点和弧自定义控件的引用。

(2) Form1 窗体界面设计。首先拖放 TabControl 容器控件于窗体，单击 TabPages 属性项右侧的 "…" 按钮，在弹出的窗口中完成页面的设置。其余控件的摆放与参数设置参照图 5-12 和表 5-8。

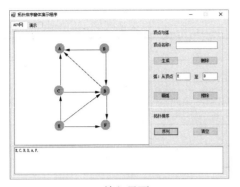
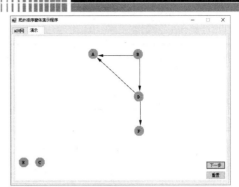

(a) 输入界面　　　　　　　　　　　　　(b) 演示界面

图 5-12　拓扑排序算法实现程序界面

表 5-8　拓扑排序算法实现程序窗体控件与参数设置

控 件	名 称	属性设置	响应事件	备 注
Form	Form1	Size=894,619; MaximizeBox=False; StartPosition=CenterScreen;FormBorderStyle=FixedSingle;Text=拓扑排序窗体演示程序; KeyPreview=True;	Load KeyDown	
ToolTip	toolTip1			
TabControl	tabControl1	Size=725,562;TabPages 中 tabPage1.Text=Aov 网，tabPage2.Text=演示		单击 TabPages 项右侧小按钮进行设置
TabPage	tabPage1	BackColor=Control;Text=AOV 网;		
	tabPage2	BackColor=Control;Text=演示;		
Panel	panel1	Size=411,334;Location=6,6; BackColor=White;		
	panel2	Size=640,419;Location=6,6; BackColor=White;		
GroupBox	groupBox1	Location=423,6;Text=顶点与弧		
	groupBox2	Location=423,250;Text=拓扑排序		
TextBox	textBox1	Location=77,33;MaxLength=2;		
	textBox2	Location=77,124;MaxLength=2;		
	textBox3	Location=158,124;MaxLength=2;		
	textBox4	Location=6,346;Multikine=True;		
Button	button1	Text=生成	Click	
	button2	Text=删除		
	button3	Text=画弧		
	button4	Text=擦除		
	button5	Text=序列		

续表

控件	名称	属性设置	响应事件	备注
Button	button6	Text=清空		
	button7	Text=重置		
	button8	Text=下一步		
Label	label1	Text=顶点名称：		
	label2	Text=弧：从顶点		
	label3	Text=至		

(3) 拓扑排序算法实现。复制 5.1.2.节 2.标题下方项目中的 AdjListGraph.h 文件，添加 topSort()成员函数，并在 VertexNode 结构体中添加 inDegree 域，详细代码如下：

```cpp
#ifndef ADJLISTGRAPH_H
#define ADJLISTGRAPH_H
#include <iostream>
#include <string>
using namespace std;
const int MaxSize=20;
struct ArcNode{                    //边表结点
    int adjvex;
    ArcNode * next;
};
template <typename T>
struct VertexNode{                 //顶点
    T vertex;
    int inDegree;                  //入度
    ArcNode * firstedge;
};
template <typename T>
struct Edge{                       //用于弧的输入
    T from,to;
    int weight;                    //权值
};
template <typename T>
class ALGraph{
public:
    ALGraph(){vertexNum=0;arcNum=0;}
    ~ALGraph(){Release();}
    void Create(T a[],int n,Edge<T> b[],int e);
    void Release();
    int index(T v){//返回顶点 v 在 adjlist 数组中的位置
        int idx=-1;
        for(int i=0;i<vertexNum;i++)
            if(adjlist[i].vertex==v){
                idx=i;
                break;
```

```
            }
            return idx;
        }
        int getVerNum(){ return vertexNum;}
        int getArcNum(){ return arcNum;}
        T getElem(int i){ return (i>=0&&i<vertexNum)?adjlist[i].vertex:NULL;}
        ArcNode * getFirstPtr(int i){return adjlist[i].firstedge;}
        int getIdx(ArcNode * p){return p->adjvex;}
        ArcNode * getNext(ArcNode * p){return p->next;}
        string topSort();
private:
        VertexNode<T> adjlist[MaxSize];
        int vertexNum,arcNum;
};
template <typename T>
void ALGraph<T>::Create(T a[],int n,Edge<T> b[],int e){
    Release();                    //先释放原有信息
    vertexNum=n,arcNum=e;
    ArcNode * s;
    for(int i=0;i<vertexNum;i++){
        adjlist[i].vertex=a[i];
        adjlist[i].inDegree=0;
        adjlist[i].firstedge=NULL;
    }
    for(int k=0;k<arcNum;k++){
        int i,j;
        i=index(b[k].from);
        j=index(b[k].to);
        s=new ArcNode;            //添加弧
        s->adjvex=j;
        s->next=adjlist[i].firstedge;
        adjlist[i].firstedge=s;
    }
}
template <typename T>
void ALGraph<T>::Release(){
    ArcNode * p;
    for(int i=0;i<vertexNum;i++){
        p=adjlist[i].firstedge;
        while(p){
            adjlist[i].firstedge=p->next;
            delete p;
            p=adjlist[i].firstedge;
        }
    }
    vertexNum=0;
    arcNum=0;
}
template <typename T>
```

```cpp
string ALGraph<T>::topSort(){         //拓扑序列实现函数
    string topStr="";
    T * stack = new T[20];             //定义顺序栈
    int top=-1;                        //栈顶点指针
    int count=0;                                       //累加器初始化
    int j,k;
    ArcNode * p;
    for(int i=0;i<vertexNum;i++)       //inDegree 初始化为 0
        adjlist[i].inDegree=0;
    for(int i=0;i<vertexNum;i++){      //计算每个结点的入度
        p=adjlist[i].firstedge;
        while(p!=NULL){
            adjlist[p->adjvex].inDegree++;    //入度加 1
            p=p->next;
        }
    }
    for(int i=0;i<vertexNum;i++)
        if(adjlist[i].inDegree==0)
            stack[++top]=adjlist[i].vertex;   //入栈
    while(top!=-1){
        j=index(stack[top--]);
        topStr+=adjlist[j].vertex+",";        //出栈顶点记入 topStr 中
        count++;
        p=adjlist[j].firstedge;               //到邻接表中找相关弧
        while(p!=NULL){
            k=p->adjvex;
            adjlist[k].inDegree--;            //修改弧头顶点的入度
            if(adjlist[k].inDegree==0)
                stack[++top]=adjlist[k].vertex;  //如果入度为 0，压栈
            p=p->next;                        //指针后移
        }
    }
    if(count<vertexNum)                       //拓扑序列中顶点个数小于网中顶点个数
        topStr+="存在回路! ";
    delete [] stack;
    return topStr;
}
#endif
```

(4) Form1.h 中的实现代码。在 Form1 类中增加数据成员，内容如下：

```cpp
protected:
    array<GraphVertex ^> ^ inVertexes;    //保存输入窗口的所有顶点
    array<GraphArc ^> ^ inArcs;           //保存输入窗口的所有边
    int numInVertex,numInArc;             //输入图中顶点和弧的数目
    array<GraphVertex ^> ^ outVertexes;   //演示窗口的所有结点
    array<GraphArc ^> ^ outArcs;          //演示窗口的所有弧
    int numOutVertex,numOutArc;           //演示窗口中顶点和弧的数目
    array<String ^> ^ aovString;
```

```cpp
        int idx;                              //演示时，AOV中已输出的顶点位置
        Form1(void){                          //在构造函数中初始化
            InitializeComponent();
            inVertexes = gcnew array<GraphVertex ^>(20);
            inArcs = gcnew array<GraphArc ^>(60);
            numInVertex=0;
            numInArc=0;
            outVertexes = gcnew array<GraphVertex ^>(20);
            outArcs = gcnew array<GraphArc ^>(60);
            numOutVertex=0;
            numOutArc=0;
        }
```

主要功能函数中与前面章节类似的代码没有列出，详见源程序。

```cpp
private: Void SetVertexToFront(){             //调整自定义顶点控件到前层
        ......
        for(int i=0;i<numOutVertex;i++)       //处理panel2中子控件
            for(int j=0;;j++){
                if(outVertexes[i]==panel2->Controls[j]){
                    panel2->Controls[j]->BringToFront();
                    break;
                }
            }
    }
private: Void build(){                        //myGraph建立有向图
            string vertex[20];                //顶点数组
            Edge<string> arc[60];             //弧数组
            int verNum=numInVertex,arcNum=numInArc;
            for(int j=0;j<arcNum;j++){        //获取顶点信息
                arc[j].from=marshal_as<std::string>(inArcs[j]->From);
                arc[j].to=marshal_as<std::string>(inArcs[j]->To);
                arc[j].weight=inArcs[j]->Weight;
            }
            vertex[0]=marshal_as<std::string>(inVertexes[0]->VertexText);
            int k=0,l;
            for(int i=1;i<verNum;){           //获取弧信息
                for(int j=0;j<arcNum;j++){
                    if(vertex[k]==arc[j].from){
                        for(l=1;l<=i;l++)
                            if(vertex[l]==arc[j].to)
                                break;
                        if(l>i)
                            vertex[i++]=arc[j].to;
                    }
                }
                k++;
            }
```

```
                    myGraph.Create(vertex,verNum,arc,arcNum);//调 Create 函数建邻接表
                }
private: Void outAOV(){                           //输出 AOV 网
                int delt=100;                    //AOV 图平移至中间
                GraphVertex^ vertex;
                GraphArc ^ arc;
                String ^ resultStr="";
                numOutVertex=0;numOutArc=0;
                for(int i=0;i<numInVertex;i++,numOutVertex++){
                    vertex = gcnew GraphVertex; //生成顶点控件
                    vertex->VertexText=inVertexes[i]->VertexText;
                    vertex->Location=Point(inVertexes[i]->Location.X+delt,
                                    inVertexes[i]->Location.Y);
                    panel2->Controls->Add(vertex);
                    outVertexes[i]=vertex;
                }
                for(int i=0;i<numInArc;i++,numOutArc++){
                    arc = gcnew GraphArc(inArcs[i]);
                    arc->Location=Point(arc->Location.X+delt,arc->Location.Y);
                    panel2->Controls->Add(arc);
                    outArcs[i]=arc;
                }
                build();
                resultStr=marshal_as<String ^>(myGraph.topSort());
                aovString=gcnew array<String ^>(0);
                aovString=resultStr->Split(',');//分解字符串中的弧信息
                idx=0;
            }
private: System::Void tabControl1_SelectedIndexChanged(System::Object^  sender,
                                    System::EventArgs^  e) {
                if(panel2->Controls->Count==2 &&
                    tabControl1->SelectedTab->Name=="tabPage2")
                    outAOV();
            }
private: System::Void button8_Click(System::Object^  sender, System::EventArgs^  e) {
                int loc,i;
                if(idx==numOutVertex)
                    return;
                for(i=0;i<numOutVertex;i++)
                    if(outVertexes[i]->VertexText==aovString[idx]){ //找到 idx 号顶点
                        loc=i;   break;
                    }
                if(i<numOutVertex){     //i==numOutvertex 表示存在回路
                    for(int j=0;j<numOutArc;j++)
                        if(outArcs[j]->From==outVertexes[loc]->VertexText)
                            panel2->Controls->Remove(outArcs[j]);
```

```
                outVertexes[loc]->Location=Point(10+idx*50,350);//移动顶点控件
                idx++;
            }
            else
                MessageBox::Show("存在回路！","错误提示",
                        MessageBoxButtons::OK,MessageBoxIcon::Warning);
        }
private: System::Void button7_Click(System::Object^  sender, System::EventArgs^  e) {
            for(int j=0;j<numOutArc;j++)
                panel2->Controls->Remove(outArcs[j]);
            for(int j=0;j<numOutVertex;j++)
                panel2->Controls->Remove(outVertexes[j]);
            outAOV();
        }
```

程序说明：

(1) 为便于寻找入度为 0 的顶点，在 VertexNode 顶点结构体定义中增加了 inDegree 域。topSort 是实现拓扑排序的函数，其返回一个用逗号分隔的顶点序列字符串或尾部含有"存在回路！"字样的字符串。该函数中用栈 stack 暂存入度为 0 的顶点，并据此实现"删掉"入度为 0 的顶点以及该顶点为弧尾的弧，其实，这里的删除操作仅仅是让 inDegree 的值减 1，非常巧妙。

(2) 单击演示页面中的"下一步"按钮，可观察到拓扑序列的生成过程。Form1 类中的 outAOV 函数根据 topSort 函数返回的拓扑序列字符串，分解出其中顶点名并依次保存于 aovString 字符串数组，idx 是访问该数组各单元的指针，idx 的初值为 0。当演示窗口左下角输出一个拓扑序列中的顶点，idx 的值就加 1。button8_Click 事件响应函数中，通过顶点名 aovString[idx]到 outVertexes 数组查找顶点，如果 aovString[idx]的内容是字符串"存在回路！"，则导致 for(i=0;...)循环结束时 i 的值等于 numOutVertex，即没有找到对应的顶点，表明存在回路。

5.5.2 关键路径算法实现

边表示活动的有向图称为 AOE 网，边上的权值表示活动的持续时间。AOE 网中，没有入边的顶点称为始点，没有出边的顶点称为终点。从始点到终点具有最大路径长度(该路径上的各个活动所持续的时间之和)的路径为关键路径。

如图 5-13 中的 AOE 网所示，假设网中有 n 个顶点，编号从 0 到 n-1。求关键路径的基本思想是：首先，从始点 v_0 开始(ve[0]=0)，计算每个事件 v_i 的最早发生时间 ve[i]，ve[i]的取值是所有以 v_i 为弧头的有向边上权值与弧尾顶点最早发生时间之和的最大者。其次，再从终点 v_{n-1} 开始(vl[n-1]=ve[n-1])，逆序求每个事件 v_k 的最迟发生时间 vl[k]，vl[k]的取值是所有以 v_k 为弧尾的弧头端顶点的最迟发生时间与弧上权值之差的最小者。最后，依据各顶点的 ve 和 vl 值，求每条弧的最早开始时间 ee 和最晚开始时间 el。若某条弧的 ee 等于 el，则为关键活动。弧的最早开始时间等于该弧的弧尾顶点的最早发生时间，最晚开始时间是弧头顶点的最迟发生时间与弧上权值之差。

关键路径窗体演示程序的设计过程如下。

(1) 创建 Windows 窗体应用程序 ExampleCh5_11GUI，添加对自定义控件 GraphControlLibrary 的引用。

(2) Form1 窗体界面设计。参照图 5-13，方法与 5.5.1 节类似(略)。

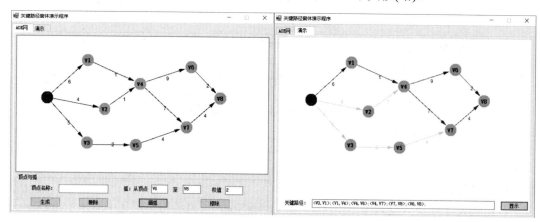

图 5-13　关键路径算法实现程序界面

(3) 关键路径算法实现。在 5.5.1 节的 **AdjListGraph.h** 文件中，为 **ArcNode** 结构体添加 weight 域，并定义 criticalPath 成员函数。

```
struct ArcNode{                            //弧结点
    int adjvex;
    int weight;                            //弧上权值，记录活动的持续时间
    ArcNode * next;
};
template <typename T>
string ALGraph<T>::criticalPath(){         //关键路径算法实现函数
    int e,l,i,k;
    ArcNode * p;
    string result="";
    int * ve=new int[vertexNum];           //事件最早发生时间 ve
    int * vl=new int[vertexNum];           //事件最晚发生时间 vl
    for(i=0;i<vertexNum;i++)
        ve[i]=0;
    for(i=0;i<vertexNum;i++){              //计算顶点的最早发生时间
        p=adjlist[i].firstedge;
        while(p!=NULL){
            k=p->adjvex;
            if((ve[i]+p->weight)>ve[k])
                ve[k]=ve[i]+p->weight;
            p=p->next;
        }
    }
    for(i=0;i<vertexNum;i++)
        vl[i]=ve[vertexNum-1];
    for(i=vertexNum-2;i>0;i--){            //计算顶点的最迟发生时间
        p=adjlist[i].firstedge;
        while(p!=NULL){
```

```
                k=p->adjvex;
                if((vl[k]-p->weight)<vl[i])
                    vl[i]=vl[k]-p->weight;
                p=p->next;
            }
        }
        for(i=0;i<vertexNum;i++){        //计算活动的最早开始时间 e 和最晚开始时间 l
            p=adjlist[i].firstedge;
            while(p!=NULL){
                k=p->adjvex;
                e=ve[i];
                l=vl[k]-p->weight;
                if(e==l)                 //二者相等的活动为关键活动
                    result+="<"+getElem(i)+","+getElem(k)+">;";
                p=p->next;
            }
        }
        delete [] ve;
        delete [] vl;
        return result;                   //返回用分号分隔的关键路径字符串
    }
```

(4) Form1.h 窗体部分主要代码。此处仅列出主要部分，与前面章节功能类似的代码没有列出，参见源程序。

```
protected:
    array<GraphVertex ^>  ^ inVertexes;    //保存输入窗口的所有顶点
    array<GraphArc ^> ^ inArcs;            //保存输入窗口的所有边
    int numInVertex,numInArc;              //输入图中顶点和边的数目
    array<GraphVertex ^>  ^ outVertexes;   //演示窗口的所有结点
    array<GraphArc ^> ^ outArcs;           //演示窗口的所有弧
    int numOutVertex,numOutArc;            //演示窗口中顶点和弧的数目
    array<String ^> ^ aovString;
    int idx;                               //演示时，AOV 中已输出的顶点位置
Form1(void)
{
        inVertexes = gcnew array<GraphVertex ^>(20);
        inArcs = gcnew array<GraphArc ^>(60);
        numInVertex=0;
        numInArc=0;
        outVertexes = gcnew array<GraphVertex ^>(20);
        outArcs = gcnew array<GraphArc ^>(60);
        numOutVertex=0;
        numOutArc=0;
}
private: Void build(){                     //构建 myGraph
            string vertex[20];             //顶点数组
            Edge<string> arc[60];          //弧数组
            int verNum=numInVertex,arcNum=numInArc;
            for(int j=0;j<arcNum;j++){
                arc[j].from=marshal_as<std::string>(inArcs[j]->From);
                arc[j].to=marshal_as<std::string>(inArcs[j]->To);
                arc[j].weight=inArcs[j]->Weight;
```

```
            }
            vertex[0]=marshal_as<std::string>(inVertexes[0]->VertexText);
            int k=0,l;
            for(int i=1;i<verNum;){
                for(int j=0;j<arcNum;j++){
                    if(vertex[k]==arc[j].from){
                        for(l=1;l<=i;l++)
                            if(vertex[l]==arc[j].to)
                                break;
                        if(l>i)
                            vertex[i++]=arc[j].to;
                    }
                }
                k++;
            }
            myGraph.Create(vertex,verNum,arc,arcNum);    //调用Create函数建邻接表
        }
private: Void outAOE(){                                   //输出关键路径
            GraphVertex^ vertex;
            GraphArc ^ arc;
            String ^ arcStr="";
            while(numOutVertex!=0){
                numOutVertex--;
                panel2->Controls->Remove(outVertexes[numOutVertex]);
            }
            while(numOutArc!=0){
                numOutArc--;
                panel2->Controls->Remove(outArcs[numOutArc]);
            }
            for(int i=0;i<numInVertex;i++,numOutVertex++){
                vertex = gcnew GraphVertex(inVertexes[i]); //生成顶点控件
                panel2->Controls->Add(vertex);
                outVertexes[i]=vertex;
            }
            for(int i=0;i<numInArc;i++,numOutArc++){
                arc = gcnew GraphArc(inArcs[i]);
                arcStr="<"+arc->From+","+arc->To+">";
                if(textBox5->Text->Contains(arcStr))
                    arc->PenColor=Color::Red;
                else
                    arc->PenColor=Color::Gainsboro;
                panel2->Controls->Add(arc);
                outArcs[i]=arc;
            }
        }
private: System::Void button5_Click(System::Object^ sender, System::EventArgs^ e) {
            //显示按钮事件响应函数
build();
            textBox5->Text=marshal_as<String ^>(myGraph.criticalPath());
            outAOE();
        }
```

程序说明：

ALGraph 类模板中的 criticalPath 成员函数完成了关键路径的查找，其返回一组用分号分隔并用尖括号包括的弧，这里假设 AOE 网不会出现回路。算法的核心是计算每个事件(顶点)的最早发生时间 ve 和最迟发生时间 vl，ve 数组的值是从 0 号下标开始依次计算，vl 数组的值是从下标 vertexNum-2 开始反向求得。活动的最早开始时间 e 和最晚开始时间 l 的计算是依据顶点在邻接表中的顺序，循环扫描顶点所邻接到的弧头顶点，计算该弧的 e 和 l。如果相等，在 result 的后面添加字符串：<v_i,v_j>;。

5.6 七巧板涂色问题

所谓七巧板涂色问题，是最多用 4 种不同颜色对七巧板进行涂色，要求相邻区域的颜色互不相同，如图 5-14 所示。

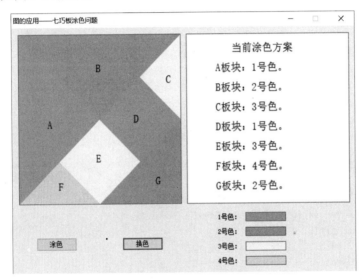

图 5-14 七巧板涂色程序界面

将七巧板的每一板块视为图的一个顶点，相邻的板块用边相连，则图 5-14 中的七巧板抽象为无向图，如图 5-15 所示。

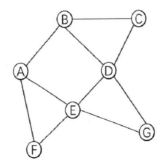

图 5-15 七巧板对应的无向图

用邻接矩阵存储无向图,通过深度优先遍历算法对每个顶点进行试探性涂色,探测顶点与相邻顶点的颜色是否冲突。程序中,用 1、2、3、4 表示 4 种颜色,返回的涂色方案保存在字符串 str 中,每种涂色方案之间用分号分隔,共计 672 种。

求解七巧板问题的类定义如下:

```cpp
//文件名 Tangram.h
#ifndef TANGRAM_H
#define TANGRAM_H
#include<string>
using namespace std;
class Tangram{                  //定义七巧板类
public:
    Tangram();                  //缺省构造函数
    string solution();          //生成涂色方案
private:
    void dfsColor(int v);       //深度优先遍历算法求涂色方案
    bool check(int v);          //检测与相邻板块是否同色
private:
    int arc[7][7];              //邻接矩阵存储图
    int color[7];               //保存每个顶点的涂色
    int num;                    //记录涂色方案个数
    string str;                 //保存用逗号和分号分隔的涂色方案
};
Tangram::Tangram(){             //对邻接矩阵初始化
    for(int i=0;i<7;i++)
        for(int j=0;j<7;j++)
            arc[i][j]=0;
    arc[0][1]=arc[1][0]=1;      //A<->B 表示 A 与 B 之间有边,下同
    arc[0][4]=arc[4][0]=1;      //A<->E
    arc[0][5]=arc[5][0]=1;      //A<->F
    arc[1][2]=arc[2][1]=1;      //B<->C
    arc[1][3]=arc[3][1]=1;      //B<->D
    arc[2][3]=arc[3][2]=1;      //C<->D
    arc[3][4]=arc[4][3]=1;      //D<->E
    arc[3][6]=arc[6][3]=1;      //D<->G
    arc[4][5]=arc[5][4]=1;      //E<->F
    arc[4][6]=arc[6][4]=1;      //E<->G
}
bool Tangram::check(int v){
    for(int i=0;i<v;i++)
        if(arc[i][v]==1 && color[i]==color[v])
            return true;
    return false;
}
string Tangram::solution(){
    num=0;
    str="";
    for(int i=0;i<7;i++)
        color[i]=0;
    dfsColor(0);                //遍历图
```

```
        return str;                          //返回涂色方案
    }
    void Tangram::dfsColor(int v){          //递归函数，深度优先遍历
        string ch;
        if(v==7){                            //输出
            for(int i=0;i<7;i++){
                    ch=color[i]+0x30;
                    str+=ch+",";             //用逗号分隔颜色
            }
            str+=";";                        //用分号分隔涂色方案
            num++;
        }
        else{
            for(int i=1;i<=4;i++){
                color[v]=i;
                if(!check(v))                //如果不同色
                    dfsColor(v+1);
            }
        }
    }
#endif
```

Tangram 类封装了解决七巧板涂色问题的图和算法，下面用窗体程序演示七巧板的各种涂色方法。窗体程序设计过程如下。

(1) 创建 Windows 窗体应用程序 ExampleCh5_12GUI。在项目的解决方案管理器的头文件中，添加 Tangram.h 文件。

(2) Form1 窗体界面设计。参照图 5-14 和表 5-9 设计窗体并设置控件属性。

表 5-9 七巧板涂色问题程序窗体控件与参数设置

控件	名称	属性设置	响应事件
Form	Form1	Size= 642, 465; MaximizeBox=False; StartPosition=CenterScreen;FormBorderStyle= FixedDialog;Text=图的应用——七巧板涂色问题;	
Panel	panel1	Size=302,302;Location= 12, 12; BackColor=White;BorderStyle=FixedSingle;	Paint
	panel2	Size=302,302;Location=324,12; BackColor=White; BorderStyle=FixedSingle;	
	panel3	Size=75,16;Location=432,330; BackColor=Red; BorderStyle=FixedSingle;	
	panel4	Size=75,16;Location=432,356; BackColor=Yellow; BorderStyle=FixedSingle;	
	panel5	Size=75,16;Location=432,382; BackColor=Green; BorderStyle=FixedSingle;	
	panel6	Size=75,16;Location=432,408; BackColor=Blue; BorderStyle=FixedSingle;	

续表

控件	名称	属性设置	响应事件
Button	button1	Text=涂色	Click
	button2	Text=换色	
Label	label1	Text=1 号色：	
	label2	Text=2 号色：	
	label3	Text=3 号色：	
	label4	Text=4 号色：	

(3) 在Form1.h 文件前端添加引用和对象。

```
#include "Tangram.h"
#include <string>
#include <msclr\marshal_cppstd.h>
using namespace std;
using namespace msclr::interop;          //用于 String ^和 string 间的转换
```

在 Form1 类声明之前，插入对象定义语句：Tangram myTangram;。

(4) 在 Form1 类中，添加私有数据成员，并在构造函数中初始化。

```
private:
        bool hasColor;                    //是否已涂色
        array<String ^> ^ splitString;    //保存 672 种涂色方案
        array<int>^ idxColor;             //当前使用的涂色方案
Form1(void){                              //构造函数
            InitializeComponent();
            hasColor=false;
            idxColor=gcnew array<int>(7);
            splitString=gcnew array<String ^>(0);
        }
```

(5) 设计自定义函数和事件响应函数。

```
private:void DrawTangram(System::Windows::Forms::PaintEventArgs^ e,bool isColor){
            Pen^ blackPen = gcnew Pen(Color::Black,1.0f);
            array<Point>^ curveAPoints = {Point(0,0),Point(150,150),Point(0,300)};
            array<Point>^ curveBPoints = {Point(0,0),Point(150,150),Point(300,0)};
            array<Point>^ curveCPoints = {Point(300,0),Point(300,150),Point(225,75)};
            array<Point>^ curveDPoints = {Point(225,75),Point(150,150),
                        Point(225,225),Point(300,150)};
            array<Point>^ curveEPoints = {Point(150,150),Point(75,225),
                        Point(150,300),Point(225,225)};
            array<Point>^ curveFPoints = {Point(75,225),Point(0,300),Point(150,300)};
            array<Point>^ curveGPoints = {Point(300,150),Point(150,300),Point(300,300)};
            array<array<Point>^>^ curves={curveAPoints,curveBPoints,curveCPoints,
                        curveDPoints,curveEPoints,curveFPoints,curveGPoints};
            array<SolidBrush^>^ brushes ={
                        gcnew SolidBrush(panel3->BackColor),
                        gcnew SolidBrush(panel4->BackColor),
                        gcnew SolidBrush(panel5->BackColor),
```

```cpp
                    gcnew SolidBrush(panel6->BackColor)};
        //板块着色或绘制边框
        for(int i=0;i<7;i++)
            if(isColor)
                e->Graphics->FillPolygon(brushes[idxColor[i]], curves[i]);
            else
                e->Graphics->DrawPolygon( blackPen, curves[i] );
        //板块上标注字母
        array<Point>^ alphabetPoints = {Point(50,150),Point(140,50),Point(270,70),
                    Point(210,140),Point(140,210),Point(70,260),Point(250,250)};
        SolidBrush^ bsh = gcnew SolidBrush(Color::Black);
        Drawing::Font^ font = gcnew Drawing::Font("宋体", 14);
        Char b;
        for(int i=0;i<7;i++){
            b=(Byte)0x41+i;
            e->Graphics->DrawString(""+b,font,bsh,alphabetPoints[i]);
        }
    }
private: System::Void panel1_Paint(System::Object^  sender,
                    System::Windows::Forms::PaintEventArgs^  e) {
        DrawTangram(e,hasColor);
    }
private: System::Void panel2_Paint(System::Object^  sender,
                    System::Windows::Forms::PaintEventArgs^  e) {
        SolidBrush^ bsh = gcnew SolidBrush(Color::Black);
        Drawing::Font^ font = gcnew Drawing::Font("宋体", 14);
        Char b;
        if(hasColor){
            e->Graphics->DrawString("当前涂色方案",font,bsh,80,15);
            for(int i=0;i<7;i++){
                b=(Byte)0x41+i;
                e->Graphics->DrawString(b+"板块: "+(idxColor[i]+1)+"号色。",
                        font,bsh,50,50+35*i);
            }
        }
    }
private: System::Void button1_Click(System::Object^  sender, System::EventArgs^  e) {
        if(splitString->Length==0){
            String ^ str=marshal_as<String ^>(myTangram.solution());
            splitString=str->Split(';')      ;//分解字符串 str 中的涂色方法
        }
        setColorIdx();
        hasColor=true;
        panel1->Refresh();
        panel2->Refresh();
    }
private: void setColorIdx(){                    //随机选择涂色方案
        Random ^ rand=gcnew Random();
        int n=rand->Next(splitString->Length-1);
        array<String^> ^ colorStr=gcnew array<String^>(0);
        colorStr=splitString[n]->Split(',');   //根据随机数 n 获取涂色方案
```

```
                for(int i=0;i<7;i++)
                    idxColor[i]=int::Parse(colorStr[i])-1;
        }
private: System::Void button2_Click(System::Object^  sender, System::EventArgs^  e) {
             array<Color>^ backColor={Color::Aqua,Color::Aquamarine,Color::Blue,
                     Color::BlueViolet,Color::Brown,Color::CadetBlue,
                     Color::Chartreuse,Color::Chocolate,Color::Crimson,
                     Color::DarkCyan,Color::DarkGreen,Color::DarkKhaki,
                     Color::DarkMagenta,Color::DarkRed,Color::DeepPink,
                 Color::MediumBlue,Color::Gold,Color::Green,
                 Color::SpringGreen,Color::GreenYellow,Color::WhiteSmoke,
                 Color::Thistle,Color::SteelBlue,Color::Silver,
                 Color::SandyBrown,Color::Olive,Color::MistyRose,
                 Color::MediumSeaGreen,Color::LightYellow,Color::Purple};
             array<int> ^ index=gcnew array<int>(4);
             int x,j;
             Random ^ rand=gcnew Random();     //产生随机数
             for(int i=0;i<4;){
                 x=rand->Next(30);
                 for(j=0;j<i;j++)              //防止随机数重复
                     if(x==index[j])
                         break;
                 if(j==i)
                     index[i++]=x;
             }
             panel3->BackColor=backColor[index[0]];
             panel4->BackColor=backColor[index[1]];
             panel5->BackColor=backColor[index[2]];
             panel6->BackColor=backColor[index[3]];
             panel1->Refresh();
         }
```

程序说明：

(1) 七巧板问题的涂色方案是由 dfsColor 递归函数通过深度优先遍历得到的，其结果保存在 Tangram 类的私有数据成员 str 中。

(2) Form1 中自定义函数 DrawTangram 负责七巧板的绘制和涂色。七巧板中有 5 个三角形，2 个正方形，函数中用 Point 定义三角形或正方形的顶点坐标，再通过系统提供的 DrawPolygon(或 FillPolygon)函数画出(或涂色)这些几何图形。

习 题

1. 选择题

(1) 一个有 n 个顶点的无向图最多有(   )条边。

　　A. n　　　　　　B. $n(n-1)$　　　　　C. $n(n-1)/2$　　　　D. $2n$

(2) 一个无向图中，所有顶点的度数之和等于所有边数的(   )倍。

　　A. 1/2　　　　　 B. 1　　　　　　　　C. 2　　　　　　　　D. 4

(3) 对于一个具有 n 个顶点的无向图，若采用邻接矩阵存储，则该矩阵的大小是(　　)。
   A. n   B. $(n-1)^2$ C. $n-1$ D. n^2
(4) 下列关于广度优先算法的说法正确的是(　　)。
   Ⅰ 当各边的权值相等时，广度优先算法可以解决单源最短路径问题
   Ⅱ 当各边的权值不等时，广度优先算法可用来解决单源最短路径问题
   Ⅲ 广度优先遍历算法类似于树中的后序遍历算法
   Ⅳ 实现图的广度优先算法时，使用的数据结构是队列
        A. Ⅰ、Ⅳ   B. Ⅱ、Ⅲ、Ⅳ   C. Ⅱ、Ⅳ   D. Ⅰ、Ⅲ、Ⅳ
(5) 用深度优先遍历方法遍历一个有向无环图，并在深度优先遍历算法中按退栈次序打印出相应的顶点，则输出的顶点序列是(　　)。
        A. 逆拓扑有序   B. 拓扑有序   C. 无序   D. 顶点编号次序
(6) 用邻接表表示图进行广度优先遍历时，通常是采用(　　)来实现算法的。
        A. 栈   B. 队列   C. 树   D. 图
(7) 采用邻接表存储的图的广度优先遍历算法类似于二叉树的(　　)。
        A. 先序遍历   B. 中序遍历   C. 后序遍历   D. 按层次遍历
(8) 已知有向图 G=(V,E)，其中 V={$V_1,V_2,V_3,V_4,V_5,V_6,V_7$}，E={<$V_1,V_2$>,<$V_1,V_3$>,<$V_1,V_4$>,<$V_2,V_5$>,<$V_3,V_5$>,<$V_3,V_6$>,<$V_4,V_6$>,<$V_5,V_7$>,<$V_6,V_7$>}，G 的拓扑序列是(　　)。
        A. $V_1,V_3,V_4,V_6,V_2,V_5,V_7$ B. $V_1,V_3,V_2,V_6,V_4,V_5,V_7$
        C. $V_1,V_3,V_4,V_5,V_3,V_6,V_7$ D. $V_1,V_2,V_5,V_3,V_4,V_6,V_7$
(9) 关键路径决定了(　　)。
        A. 项目的工期   B. 项目的质量
        C. 项目可用的资源   D. 项目的总时差

2. 填空题

(1) 下列用邻接矩阵存储图的构造函数中，补齐空白处用于创建邻接矩阵的代码。

```
template <typename T>
class AdjMatrixGraph{           //定义邻接矩阵存储图的类
    ……
private:
    int maxVertices;            //图中最多顶点个数
    int numVertices;            //图的顶点数
    int numEdges;               //图的边数
    T * vertexNode;             //存放图中顶点的一维数组
    int * * edge;               //存放图中边的二维数组，即邻接矩阵
};
template <typename T>
AdjMatrixGraph<T>::AdjMatrixGraph(int max){//构造函数
    maxVertices=max;
    numVertices=0;
    numEdges=0;
    vertexNode=_____;
    edge=_____;
    for(int i=0;i<maxVertices;i++)
```

```
            edge[i]=_____
    for(int i=0;i<maxVertices;i++)
        for(int j=0;j<maxVertices;j++)
            edge[i][j]=0;
}
```

(2) 下列用邻接表存储图的创建函数中，补齐空白处用于创建邻接表的代码。

```
template <typename T>
void ALGraph<T>::Create(T a[],int n,Edge<T> b[],int e){//根据顶点和边数组建邻接表
    ArcNode * s;
Release();                              //先释放原有信息
    vertexNum=n,arcNum=e;               //顶点数为n,边数为e
    for(int i=0;i<vertexNum;i++){       //建立顶点表
        adjlist[i].vertex=a[i];
        adjlist[i].firstedge=_____
    }
    for(int k=0;k<arcNum;k++){          //建立边表
        int i=index(b[k].from);         //获取边的顶点在adjlist数组中的下标
        int j=index(b[k].to);
        s=_____                  //添加边从from到to
        s->adjvex=j;
        s->next=_____
        adjlist[i].firstedge=_____
        s=new ArcNode;                  //添加边从to到from
        s->adjvex=i;
        s->next=_____
        adjlist[j].firstedge=_____
    }
}
```

(3) 下列十字链表存储图的求入度函数中，补齐空白处的代码。

```
template <typename T>
int OLGraph<T>::inDegree(T elem){
    int n=0,i;
    ArcNode * p;
    for(i=0;i<vexNum;i++)
        if(ortholist[i].vertex==elem)
            break;
    if(i==vexNum)                //无顶点elem
        return -1;
    p=ortholist[i].firstIn;
    while(p){
        _____
        _____
    }
    return n;
}
```

(4) 在用邻接矩阵存储图的 AdjMatrixGraph 类中，补齐 DFS 算法中空白处的代码。

```cpp
template <typename T>
void AdjMatrixGraph<T>::DFS(T v){//深度优先遍历算法非递归实现
    SeqStack<int> stack(numVertices);
    int j,i=index(v);
    bool * visited =_____
    for(j=0;j<numVertices;j++)
        visited[j]=false;
    visited[i]=true;
    cout<<v<<",";
    stack.Push(i);
    while(!stack.Empty()){
        i=stack.GetTop();
        for(j=0;j<numVertices;j++){
            if(_____){
                cout<<vertexNode[j]<<",";
                visited[j]=true;
                _____
                break;
            }
        }
        if(j==numVertices)
            stack.Pop();
    }
    delete [] _____
}
```

(5) 补齐 Prim 算法实现空白处的代码。

```cpp
template<typename T>
string AdjMatrixGraph<T>::prim(T v){    //Prim算法实现，返回(vi,vj);格式字符串
    struct ShortEdge{                    //声明候选最短边集数组类型
        T adjvex;                        //邻接点
        int lowcost;                     //权值
    };
    ShortEdge * shortEdge=new ShortEdge[numVertices];
    string result="";
    int k=index(v);                      //起始点在vertexNode中的位置
    for(int i=0;i<numVertices;i++){
        shortEdge[i].lowcost=edge[k][i];
        shortEdge[i].adjvex=v;
    }
    int n=1,min;
    while(n<numVertices){
        min=INFTY;
        for(int i=0;i<numVertices;i++)    //寻找最短边的邻接点
            if(_____&& shortEdge[i].lowcost<min){
                min=shortEdge[i].lowcost;
                k=i;
            }
        result+="("+shortEdge[k].adjvex+","+vertexNode[k]+");";
        shortEdge[k].lowcost= _____
```

```
        for(int j=0;j<numVertices;j++)
            if(shortEdge[j].lowcost!=0 && edge[k][j]<shortEdge[j].lowcost){
                shortEdge[j].lowcost=_____
                shortEdge[j].adjvex=_____
            }
        n++;
    }
    delete [] shortEdge;
    return result;
}
```

(6) 以下代码是 Kruskal 算法的核心部分，补齐空白处的代码。

```
for(int i=0;i<numEdges;i++){//依次考查每一条边
    vex1=edgeAry[i].from;
    vex2=edgeAry[i].to;
    if(parent[vex1]>-1)
        vex1=_____
    if(parent[vex2]>-1)
        vex2=_____
    if(vex1!=vex2){//输出
        result+="("+vertexNode[edgeAry[i].from]+","+vertexNode[edgeAry[i].to]+");";
        parent[vex2]=_____
        _____
        if(num==numVertices-1)
            break;
    }
}
```

(7) 补齐下列 Dijkstra 算法实现代码的空白处。

```
template <typename T>
string AdjMatrixGraph<T>::dijkstra(T v1,T v2){// Dijkstra算法实现函数
    string result="";
    int * dist=new int[numVertices];
    string * path=new string[numVertices];
    bool * s=new bool[numVertices];
    int v=index(v1);
    for(int i=0;i<numVertices;i++){
        s[i]=false;                      //s 数组初始化
        dist[i]=arc[v][i];                //dist 数组初始化
        if(dist[i]!=INFTY && dist[i]!=0)  //path 数组初始化
            path[i]=v1+","+vertexNode[i];
        else
            path[i]="";
    }
    s[v]=true;                           //顶点 v 加入集合 s
    int u,min;
    for(int i=0;i<numVertices-1;i++){
        min=INFTY;
        u=v;
        for(int j=0;j<numVertices;j++)
```

```
            if(_____){
                u=j;
                min=dist[j];
            }
        s[u]=true;                                      //将顶点u并入集合s
        for(int t=0;t<numVertices;t++)                  //修改数组dist和path
            if(!s[t] && dist[t]>dist[u]+arc[u][t]){
                dist[t]=_____
                path[t]=path[u]+","+vertexNode[t];
            }
    }
    result=path[index(v2)];                             //返回v1至v2的最短路径
    delete [] dist;    delete [] path; delete [] s;
    return result;
}
```

(8) 补齐下列 Floyd 算法实现代码的空白处部分。

```
template <typename T>
string AdjMatrixGraph<T>::floyd(T v1,T v2){
    string result="";
    int * * dist=new int*[numVertices];         //dist 二维数组
    for(int i=0;i<numVertices;i++)
        dist[i]=new int[numVertices];
    string * * path=new string*[numVertices];   //path 字符串数组
    for(int i=0;i<numVertices;i++)
        path[i]=new string[numVertices];
    for(int i=0;i<numVertices;i++)
        for(int j=0;j<numVertices;j++){
            dist[i][j]=arc[i][j];
            if(dist[i][j]!=INFTY )
                path[i][j]=vertexNode[i]+","+vertexNode[j];
            else
                path[i][j]="";
        }
    for(int k=0;k<numVertices;k++)
        for(int i=0;i<numVertices;i++)
            for(int j=0;j<numVertices;j++)
                if(_____){
                    dist[i][j]=_____
                    path[i][j]=_____
                }
    result=path[index(v1)][index(v2)];
    for(int i=0;i<numVertices;i++)
        delete [] dist[i];
    delete [] dist;
    for(int i=0;i<numVertices;i++)
        delete [] path[i];
    delete [] path;
    return result;
}
```

3. 编程题

(1) 编程将一个无向图的邻接矩阵转换为邻接表。

(2) 编程计算图中出度为零的顶点个数。

(3) 以邻接表作为存储结构,编程实现按深度优先遍历图的非递归算法。

(4) 已知一个有向图的邻接表,编写算法建立其逆邻接表。

(5) 利用拓扑排序算法的思想编写算法,判别有向图中是否存在有向环,当有向环存在时,输出构成环的顶点。

第 6 章
查 找

查找是在数据集中找出与给定关键码相同数据元素的过程,是信息系统中最基本的操作。查找算法的设计与数据元素的存储方式密不可分,常用的数据结构有线性表、树表和散列表。

本章学习要点

本章主要学习线性表、树表、散列表上的各类查找算法,比较难理解和掌握的是平衡二叉排序树的调整算法。6.1 节先后讨论了线性表上顺序查找和折半查找算法的实现,其中折半查找程序是能演示查找过程的窗体程序。6.2 节介绍了在树表(二叉排序树)上进行查找的算法实现,还讲解了调整二叉排序树为平衡二叉树的算法与实现。6.3 节介绍了散列表与散列函数等基本概念,编程实现了闭散列表和开散列表上的查找算法。6.4 节用窗体程序演示了应用 MD5 散列函数加密保护用户密码的方法。

6.1 线性表的查找

6.1.1 顺序查找算法实现

顺序表是一种采用顺序存储结构的线性表。在顺序表上查找元素的算法比较直观，通常是将待查元素放在表的最前(或后)端，再从表的后(或前)端依次比对每个元素，直到比对成功或失败。待查元素放置表一端的目的是算法实现时可以避免判断查找位置是否越界。

本节通过邮政编码查询程序介绍顺序查找算法的实现。程序代码如下：

```cpp
//文件名：SeqList.h
#ifndef SEQLIST_H
#define SEQLIST_H
#include<iostream>
using namespace std;
template<typename T>
class SeqList{
    template<typename T>
    friend ostream & operator<<(ostream & os,const SeqList<T> & sl);
public:
    SeqList(int=20);
    SeqList(T ary[],int n,int max);
    SeqList(const SeqList & s){
        max=s.max;
        ptr=new T[max];
        curLen=s.curLen;
        for(int i=0;i<curLen;i++)
            ptr[i]=s.ptr[i];
    }
    ~SeqList();
    void InitList(){curLen=0;}              //表初始化
    void DestroyList(){delete [] ptr;}      //销毁表
    int Length(){return curLen;}            //求表长度
    T Get(int i);                           //取表中元素
    int Locate(T & x);                      //元素查找
    void Insert(int i,T x);                 //插入新元素
    T Delete(int i);                        //删除元素
    bool Empty(){return curLen==0;}         //判断表是否为空
    bool Full(){return curLen==max;}        //判断表是否为满
    int SeqSearch(T &);                     //顺序查找
private:
    int max;                                //顺序表所存储元素最大值
    T * ptr;                                //指向自由存储区中创建的顺序表
    int curLen;                             //顺序表中元素个数
};
template<typename T>
SeqList<T>::SeqList(int m){
```

```cpp
        max=m;
        ptr=new T[max];
        InitList();
}
template <typename T>
SeqList<T>::SeqList(T ary[],int n,int max){
        this->max=max;
        curLen=0;
        ptr=new T[max];
        while(curLen<n){
                ptr[curLen]=ary[curLen];
                curLen++;
        }
}
template<typename T>
SeqList<T>::~SeqList(){
        DestroyList();
}
template <typename T>
T SeqList<T>::Get(int i){
        if (i>=0 && i<=curLen)
                return ptr[i];
        else
                throw "元素位置错误!";
}
template <typename T>
void SeqList<T>::Insert(int i,T x){
        if(Full())
                throw "上溢!";
        if(i<1 || i>curLen+1)
                throw "插入位置错误!";
        for(int j=curLen;j>=i;j--)
                ptr[j]=ptr[j-1];
        ptr[i-1]=x;
        curLen++;
}
template <typename T>
T SeqList<T>::Delete(int i){
        T x;
        if(Empty())
                throw "空表!";
        if(i<1 || i>curLen)
                throw "删除位置错误!";
        x=ptr[i-1];
        for(int j=i-1;j<curLen-1;j++)
                ptr[j]=ptr[j+1];
        curLen--;
        return x;
}
template <typename T>
ostream & operator<<(ostream & os,const SeqList<T> & sl){
```

```cpp
        for(int i=0;i<sl.curLen;i++)
            os<<sl.ptr[i]<<", ";
        return os;
}
template <typename T>
int SeqList<T>::SeqSearch(T & x){    //顺序查找算法实现
    int i=curLen;
    ptr[0]=x;
    while(ptr[i]!=x)
        i--;
    return i;
}
#endif
```

邮政编码类实现如下：

```cpp
//文件名：ZIPCode.h
#ifndef ZIPCODE_H
#define ZIPCODE_H
#include <string>
#include <iostream>
using namespace std;
class ZIPCode{                      //邮政编码类
    friend ostream & operator<<(ostream &,ZIPCode &);
    friend istream & operator>>(istream &,ZIPCode &);
public:
    ZIPCode(string reg="",string zip="",string dialling=""):
        region(reg),zipcode(zip),diallingcode(dialling){}
    ZIPCode(const ZIPCode & zc);
    bool operator!=(ZIPCode & zc);
    bool operator==(ZIPCode & zc);
    ZIPCode & operator=(ZIPCode & zc);
private:
    string region;               //地区
    string zipcode;              //邮政编码
    string diallingcode;         //区号
};
ZIPCode::ZIPCode(const ZIPCode & zc){
    region=zc.region;
    zipcode=zc.zipcode;
    diallingcode=zc.diallingcode;
}
bool ZIPCode::operator!=(ZIPCode & zc){
    return region!=zc.region;
}
bool ZIPCode::operator==(ZIPCode & zc){
    return region==zc.region;
}
ZIPCode & ZIPCode::operator=(ZIPCode & zc){
    region=zc.region;
    zipcode=zc.zipcode;
```

```
        diallingcode=zc.diallingcode;
        return *this;
}
ostream & operator<<(ostream & os,ZIPCode & zip){
        os<<zip.region<<"\t 邮政编码: "<<zip.zipcode
<<"\t 区号: "<<zip.diallingcode<<endl;
        return os;
}
istream & operator>>(istream & is,ZIPCode & zip){
        is>>zip.region>>zip.zipcode>>zip.diallingcode;
        return is;
}
#endif
```

测试主函数如下：

```
//文件名: mainFunCh6_1.cpp
#include <istream>
#include <fstream>
#include "SeqList.h"
#include "ZIPCode.h"
using namespace std;
int main(){
    SeqList<ZIPCode> zipList(200);
    int i=1;
    ZIPCode x;
    string region;
    ifstream inFile("..\\江苏地区编码.txt"); //文件中每行一个地区信息, 中间用 Tab 分隔
//如: 南京市    210000    025
    while(!inFile.eof()){
        inFile>>x;
        zipList.Insert(i++,x);
    }
    inFile.close();
    cout<<"请输入市县名称(如: 南京市): ";cin>>region;
    x=ZIPCode(region,"","");
    i=zipList.SeqSearch(x);
    if(i>0)
        cout<<zipList.Get(i);
    else
        cout<<"没有查到! "<<endl;
    return 0;
}
```

运行结果：

请输入市县名称(如：南京市)：淮安市↙
邮政编码：223000区号：0517

程序说明：

ZIPCode 类中必须定义!=运算符重载函数。如果缺少该函数，则编译时在 SeqSearch 函数的 while 语句行报告如下错误：二进制"!=": 没有找到接受"ZIPCode"类型的左操作数的运算符(或没有可接受的转换)。

6.1.2 折半查找算法实现

对于一个已按关键码有序的顺序表，折半查找则具有更好的性能。本节介绍折半查找算法的实现，窗体程序能动态地演示查找之过程，演示程序界面如图 6-1 所示。

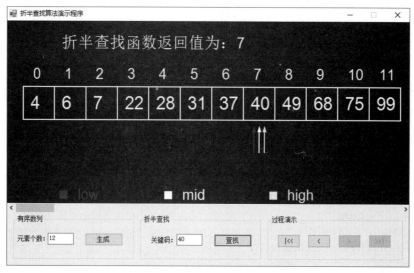

图 6-1 折半查找窗体演示程序界面

折半查找算法窗体演示程序的设计步骤如下。

（1）窗体与控件设计。创建 ExampleCh6_2GUI 窗体应用程序项目，参照图 6-1 和表 6-1 中的控件列表设计窗体，并设置控件属性和事件响应函数。

表 6-1 折半查找窗体程序控件与参数设置

控 件	名 称	属性设置	响应事件
Form	Form1	Size= 773, 475; MaximizeBox=False; StartPosition=CenterScreen;FormBorderStyle= FixedSingle;Text=折半查找算法演示程序;	
GroupBox	groupBox1	Size=230,80; Location= 12, 355; Text=有序数列;	
	groupBox2	Size=230,80; Location= 254, 355; Text=折半查找;	
	groupBox3	Size=258,80; Location= 497, 355; Text=过程演示;	
Button	button1	Text=生成	Click
	button2	Text=查找	
	button3	Text= |<<	
	button4	Text= <	

续表

控件	名称	属性设置	响应事件
Button	button5	Text= >	
	button6	Text= >>|	
Label	label1	Text=元素个数:	
	label2	Text=关键码:	
TextBox	textBox1	Size=49,21; Location= 66, 33;	KeyPrees KeyUp
	textBox2	Size=49,21; Location= 70, 33;	KeyPrees
PictureBox	pictureBox1	Size= 3100, 350; Location= 0, 0; BackColor=Black;	Paint
HScrollBar	hScrollBar1	Size=769,17;Location= 0, 333;	Scroll

(2) 在 Form1 类中，定义私有数据成员。代码如下：

```
private: array<int> ^ t;           //保存有序序列
private: array<int,2> ^ local;     //保存折半查找过程中low,high和mid的位置
private: int low,high,mid;         //查找区间的左、右和中间位置
private: int len,idx;              //len记录local中元素个数，idx指示演示位置
private: int result;               //折半查找函数的返回值
```

(3) Form1 类中控件事件响应函数和自定义函数设计。代码如下：

```
private: System::Void textBox1_KeyPress(System::Object^  sender,
             System::Windows::Forms::KeyPressEventArgs^  e) {//仅能输入数值
             if(e->KeyChar!='\b'&&!Char::IsDigit(e->KeyChar))
                 e->Handled = true;
         }
private: System::Void textBox1_KeyUp(System::Object^  sender,
             System::Windows::Forms::KeyEventArgs^  e) {//防止输入大于50
             int value;
             if(textBox1->Text!=""){
                 value=Convert::ToInt32(textBox1->Text);
                 if(value==0)
                     textBox1->Text="";
                 if(value>50){
                     MessageBox::Show("序列长度不能超过50！","错误提示",
                         MessageBoxButtons::OK,MessageBoxIcon::Warning);
                         textBox1->Text=textBox1->Text->Substring(0,
                 textBox1->Text->Length==2?1:2);//删除最后数字
                         textBox1->Select(textBox1->Text->Length,0);//光标定位到尾部
                 }
             }
         }
private: System::Void textBox2_KeyPress(System::Object^  sender,
             System::Windows::Forms::KeyPressEventArgs^  e) {
             if(e->KeyChar!='\b'&&!Char::IsDigit(e->KeyChar))
                 e->Handled = true;
```

```
        }
private: System::Void button1_Click(System::Object^  sender, System::EventArgs^  e) {
        int n=Convert::ToInt32(textBox1->Text),i=0,j,x;
        Random ^ r = gcnew Random();
        t = gcnew array<int>(n);
        local = gcnew array<int,2>(n/2,3);
        while(i<n){                        //生成无重复数值的随机序列
            x=r->Next(100);
            for(j=0;j<i;j++)
                if(t[j]==x)
                    break;
            if(j==i)
                t[i++]=x;
        }
        array<int>::Sort(t);            //排序
        low=0;
        high=t->Length-1;
        mid=(low+high)/2;
        result=-2;                      //表示尚未进行折半查找
        pictureBox1->Refresh();
        }
private: int BinSearch(int k){           //实现折半查找算法
        len=0;
        low=0;high=t->Length-1;
        while (low<=high){
            mid=(low+high)/2;
            local[len,0]=low;
            local[len,1]=mid;
            local[len,2]=high;
            len++;
            if(k<t[mid])
                high=mid-1;
            else
                if(k>t[mid])
                    low=mid+1;
                else
                    return mid;
        }
        return -1;
        }
private: System::Void button2_Click(System::Object^  sender, System::EventArgs^  e) {
        int x=Convert::ToInt32(textBox2->Text);
        result=BinSearch(x);
        idx=len-1;
        buttonDisOrEnable();
        pictureBox1->Refresh();
        }
private: void buttonDisOrEnable(){//控件前进与后退按钮的显示状态
        if(idx==0){
            button3->Enabled=false;
```

```
                button4->Enabled=false;
            }else{
                button3->Enabled=true;
                button4->Enabled=true;
            }
            if(idx==len-1){
                button5->Enabled=false;
                button6->Enabled=false;
            }else{
                button5->Enabled=true;
                button6->Enabled=true;
            }
        }
private: void buttonStateChange(){//过程演示中改变按钮状态和显示内容
            low=local[idx,0];
            mid=local[idx,1];
            high=local[idx,2];
            buttonDisOrEnable();
            pictureBox1->Refresh();
        }
private: System::Void button3_Click(System::Object^  sender, System::EventArgs^  e) {
            idx=0;
            buttonStateChange();
        }
private: System::Void button4_Click(System::Object^  sender, System::EventArgs^  e) {
            idx--;
            buttonStateChange();
        }
private: System::Void button5_Click(System::Object^  sender, System::EventArgs^  e) {
            idx++;
            buttonStateChange();
        }
private: System::Void button6_Click(System::Object^  sender, System::EventArgs^  e) {
            idx=len-1;
            buttonStateChange();
        }
private: System::Void pictureBox1_Paint(System::Object^  sender,
                            System::Windows::Forms::PaintEventArgs^  e) {
            System::String ^ str;
            if(t){
                for(int i=0;i<t->Length;i++){
                    e->Graphics->DrawRectangle(gcnew Pen(Color::White,2),
                        30+i*60,2*60,60,60);
                    str=(i).ToString();
                    e->Graphics->DrawString(str,gcnew Drawing::Font("Arial", 20),
                        gcnew SolidBrush(Color::White),45.0+i*60,2*60-40);
                    str=(t[i]).ToString();
                    e->Graphics->DrawString(str,gcnew Drawing::Font("Arial", 25),
                        gcnew SolidBrush(Color::White),38.0+i*60,10+2*60);
                }
                Pen ^ p=gcnew Pen(Color::Red,2);
```

```
                SolidBrush^ brush = gcnew SolidBrush(Color::Red);
                //定义线尾的样式为箭头
                p->CustomEndCap = gcnew Drawing2D::AdjustableArrowCap(4, 6);
                e->Graphics->DrawLine(p,50.0+60*low,4*60,50.0+60*low, 2*60+70);
                e->Graphics->FillRectangle(brush, 100,310,15,15);
                e->Graphics->DrawString("low", gcnew Drawing::Font("Arial",
                                        20),brush,130, 300);
                p=gcnew Pen(Color::White,2);
                brush = gcnew SolidBrush(Color::White);
                p->CustomEndCap = gcnew Drawing2D::AdjustableArrowCap(4, 6);
                e->Graphics->DrawLine(p,60.0+60*mid,4*60,60.0+60*mid, 2*60+70);
                e->Graphics->FillRectangle(brush, 300,310,15,15);
                e->Graphics->DrawString("mid", gcnew Drawing::Font("Arial",
                                        20),brush,330, 300);
                p=gcnew Pen(Color::Yellow,2);
                brush = gcnew SolidBrush(Color::Yellow);
                p->CustomEndCap = gcnew Drawing2D::AdjustableArrowCap(4, 6);
                e->Graphics->DrawLine(p,70.0+60*high,4*60,70.0+60*high, 2*60+70);
                e->Graphics->FillRectangle(brush, 500,310,15,15);
                e->Graphics->DrawString("high", gcnew Drawing::Font("Arial",
                                        20),brush,530, 300);
                if(result>-2)
                    e->Graphics->DrawString("折半查找函数返回值为: "
+result.ToString(),
                            gcnew Drawing::Font("Arial", 20),
                            gcnew SolidBrush(Color::White),100, 25);
            }
        }
private: System::Void hScrollBar1_Scroll(System::Object^ sender,
                        System::Windows::Forms::ScrollEventArgs^ e) {
            int x=(pictureBox1->Size.Width/hScrollBar1->
                    Maximum)*hScrollBar1->Value;
            pictureBox1->Location=Point(-x,pictureBox1->Location.Y);
        }
```

程序说明：

(1) 该程序没有用 SeqList 顺序表存储有序数列，而是用 C++/CLI 语言直接在 Form1 中定义了有序数组 t，并在其上做折半查找，函数 BinSearch 实现了相应的功能。

(2) Form1 中定义的二维数组 local 保存了一次查找过程中 low、mid 和 high 的位置，len 记录了该数组的行数。查找过程演示功能，就是根据 local 中的值画出它们的位置。

6.2 树表的查找

6.2.1 二叉排序树查找算法实现

二叉排序树是一种动态树表，通常采用二叉链表进行存储。二叉排序树上结点的插入和删除操作比较方便，无须大量移动结点，克服了二分查找的不足。从查找性能分析，其与二分查找相差不大。

如图 6-2 所示，本节设计的窗体演示程序具有创建二叉排序树、查找、插入和删除结点等功能。

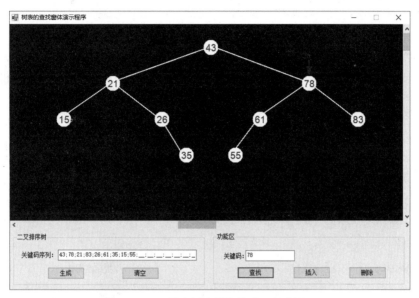

图 6-2 二叉排序树查找窗体演示程序界面

二叉排序树上查找程序设计步骤如下。

(1) 创建窗体应用程序项目 ExampleCh6_2GUI。编写 BiSortTree 二叉排序树类模板，其中含有查找、插入和删除等功能函数。

```cpp
//文件名: BiSortTree.h
#ifndef BISORTTREE_H
#define BISORTTREE_H
#include <iostream>
using namespace std;
template <typename T>
struct BiNode{                                    //二叉链表结点
    T data;
    BiNode<T> * lchild,* rchild;                  //左孩子和右孩子指针
};
template <typename T>
class BiSortTree{                                 //二叉排序树类模板
public:
    BiSortTree(){ rootPtr=NULL; }
    BiSortTree(T ary[],int num);
    ~BiSortTree(){ Release(rootPtr); }
    void Create(T ary[],int num);                 //根据数据创建二叉排序树
    void Remove(){                                //删除二叉排序树
        Release(rootPtr);
        rootPtr=NULL;
    }
```

```cpp
        void Release(BiNode<T> * & root);
        void InsertBST(BiNode<T> * & root,BiNode<T> * s);    //插入一个结点 s
        void InsertBST(T k){                                  //插入键值为 k 的结点
            BiNode<T> * s=new BiNode<T>;
            s->data=k;
            s->lchild = s->rchild = NULL;
            InsertBST(rootPtr,s);
        }
        void DeleteBST(BiNode<T> * & p,BiNode<T> * & f);    //删除结点 f 的孩子 p
        bool DeleteBST(T k);                                  //删除键值为 k 的结点
        BiNode<T> * SearchBST(BiNode<T> * root,T k);        //递归查找值为 k 的结点
        BiNode<T> * SearchBST(T k){                           //在树中查找结点
            return SearchBST(rootPtr,k);
        }
        int Depth(){                                          //求树的深度
            return Depth(rootPtr);
        }
        int Depth(BiNode<T> *root);                           //递归函数，求树高
        BiNode<T> * getRootPtr(){ return rootPtr;}

    private:
        BiNode<T> * rootPtr;                                  //根结点指针
};
template <typename T>
BiSortTree<T>::BiSortTree(T ary[],int num){                   //构造函数
    Create(ary,num);
}
template <typename T>
void BiSortTree<T>::Create(T ary[],int num){
    BiNode<T> * s;
    for (int i=0;i<num;i++){
     s = new BiNode<T>;
     s->data = ary[i];
     s->lchild = s->rchild = NULL;
     InsertBST(rootPtr, s);
    }
}
template <typename T>
void BiSortTree<T>::InsertBST(BiNode<T> * & root,BiNode<T> * s){//插入一个结点 s
    if(root==NULL)
        root=s;
    else
        if(s->data<root->data)
            InsertBST(root->lchild,s);
        else
            InsertBST(root->rchild,s);

}
template <typename T>
void BiSortTree<T>::DeleteBST(BiNode<T> * & p,BiNode<T> * & f){//删除结点 f 的孩子 p
```

```
    BiNode<T> * par, * s;
    if(p->lchild==NULL && p->rchild==NULL){    //p 为叶子结点
        if(p==f->lchild)                        //p 为 f 的左孩子
            f->lchild=NULL;
        if(p==f->rchild)                        //p 为 f 的右孩子
            f->rchild=NULL;
        if(p==f){                               //p 为根结点
            f=NULL;
            rootPtr=f;
        }
        delete p;
    }
    else
        if(p->rchild==NULL){                    //p 只有左子树
            if(f->lchild==p)
                f->lchild=p->lchild;
            if(f->rchild==p)
                f->rchild=p->lchild;
            if(f==p){
                f=f->lchild;
                rootPtr=f;
            }
            delete p;
        }
        else
            if(p->lchild==NULL){                //p 只有右子树
                if(f->lchild==p)
                    f->lchild=p->rchild;
                if(f->rchild==p)
                    f->rchild=p->rchild;
                if(f==p){
                    f=f->rchild;
                    rootPtr=f;
                }
                delete p;
            }
            else{                               //p 的左右子树均不空
                par=p;
                s=p->rchild;
                while(s->lchild!=NULL){
                    par=s;
                    s=s->lchild;
                }
                p->data=s->data;
                if(par==p)
                    par->rchild=s->rchild;
                else
                    par->lchild=s->rchild;
                delete s;
            }
}
```

```cpp
template <typename T>
bool BiSortTree<T>::DeleteBST(T k){
    BiNode<T> * p,* f;
    p=rootPtr;f=p;
    while(p){
        if(p->data==k)
            break;
        f=p;
        p=(k<p->data)?p->lchild:p->rchild;
    }
    if(!p)
        return false;
    DeleteBST(p,f);
    return true;
}
template <typename T>
BiNode<T> * BiSortTree<T>::SearchBST(BiNode<T> * root,T k){//查找值为k的结点
    if(root==NULL)
        return NULL;
    else
        if(root->data==k)
            return root;
        else
            if(root->data<k)
                return SearchBST(root->rchild,k);
            else
                return SearchBST(root->lchild,k);
}
template <typename T>
void BiSortTree<T>::Release(BiNode<T> * & root){           //撤销二叉链表
    if(root!=NULL){
        Release(root->lchild);
        Release(root->rchild);
        delete root;
    }
}
template <typename T>
int BiSortTree<T>::Depth(BiNode<T> * root){               //求子树高度,后序遍历策略
    int ldep,rdep;
    if(!root)
        return 0;
    else{
        ldep=Depth(root->lchild);
        rdep=Depth(root->rchild);
        return (ldep>rdep?ldep:rdep)+1;
    }
}
#endif
```

(2) 窗体程序界面设计。参照图 6-2 和表 6-2 添加、设置窗体程序控件和事件。

表 6-2 二叉排序树查找窗体演示程序控件与参数设置

控 件	名 称	属性设置	响应事件
Form	Form1	Size= 822, 546; MaximizeBox=False; StartPosition=CenterScreen;FormBorderStyle= FixedSingle;Text=树表的查找窗体演示程序;	Load
GroupBox	groupBox1	Size=390,100; Location= 7, 409; Text=二叉排序树;	
	groupBox2	Size=390,100; Location= 415, 409; Text=功能区;	
Button	button1	Text=生成	Click
	button2	Text=清空	
	button3	Text=查找	
	button4	Text=插入	
	button5	Text=删除	
Label	label1	Text=关键码序列:	
	label2	Text=关键码:	
MaskedTextBox	maskedTextBox1	Size=283,21;Location= 91, 33;Mask= 99;99; 99;99;99;99;99;99;99;99;99;99;99;99;99; 99;99;99;	
	maskedTextBox2	Size=100,21; Location= 66, 33; Mask= 99;	
PictureBox	pictureBox1	Size= 5000, 600; Location= -2100, 0; BackColor=Black;	Paint
HScrollBar	hScrollBar1	Size=819,17;Location= 0, 383;	Scroll
VScrollBar	vScrollBar1	Size=17,383;Location= 802, 0;	Scroll
ToolTip	toolTip1	isBallon=True;ReshowDelay=100;	

(3) 在 Form1 类中，定义私有数据成员。在 Form1.h 文件第二行添加语句#include "BiSortTree.h"，并在 Form1 类之前插入语句 BiSortTree<int> biSortTree;。

在 Form1 类的私有数据部位添加语句 BiNode<int> * searchPtr;，并在 Form1 类的默认构造函数中设置 searchPtr 为空。

(4) 各控件事件响应函数和自定义功能函数设计。代码如下：

```
private: System::Void Form1_Load(System::Object^ sender, System::EventArgs^ e) {
         toolTip1->SetToolTip(maskedTextBox1,"输入互不相同的整数。");
         }
private: System::Void button1_Click(System::Object^ sender, System::EventArgs^ e) {
         String ^ txt=maskedTextBox1->Text;
         array<String ^> ^ splitString=gcnew array<String ^>(0);
         splitString=txt->Split(';');              //分解 txt 中的数值字符串
         int n=0,ary[20],x,j;
         for(int i=0;i<splitString->Length-1;i++)
```

```cpp
                    if(splitString[i]!=" "){              //是否为数值
                        x=Convert::ToInt32(splitString[i]);
                        for(j=0;j<n;j++)                  //检查x是否重复
                            if(ary[j]==x)
                                break;
                        if(j==n)                          //与之前数值不同
                            ary[n++]=x;
                    }
                if(!biSortTree.getRootPtr())
                    biSortTree.Create(ary,n);
                refreshPicture();
            }
private: void refreshPicture(){                           //刷新图形内容
                pictureBox1->Refresh();
                hScrollBar1->Value=42;
            }
private: System::Void pictureBox1_Paint(System::Object^  sender, System::Windows::Forms::PaintEventArgs^  e) {
                int depth=biSortTree.Depth();             //获取树的高度
                BiNode<int> * root = biSortTree.getRootPtr();
                e->Graphics->Clear(Color::Black);         //清屏
                PaintTree(e,root,2500,30,depth);          //绘二叉排序树
            }
private:void PaintTree(System::Windows::Forms::PaintEventArgs^  e, BiNode<int> * r,
int x,int y,int depth){//中序遍历递归函数，根据树中内容画直观图形
                String ^ str;
                int val;
                if (r != NULL){
                    int xMove = (int)(depth>4?(pow(2.0,depth)/6):(pow(2.0,depth)/4));
                    depth--;
                    val = (*r).data;
                    str = Convert::ToString(val);
                    Pen ^ p=gcnew Pen(Color::White,2);
                    SolidBrush^ brush = gcnew SolidBrush(Color::White);
                    e->Graphics->FillEllipse(brush, x - 5, y, 30, 30);
                    brush = gcnew SolidBrush(Color::Red);
                    if(r==searchPtr){
                        p=gcnew Pen(Color::Red,3);
                        p->CustomEndCap = gcnew Drawing2D::AdjustableArrowCap
                            (4, 6);//定义线尾的样式为箭头
                        e->Graphics->DrawLine(p,x+10,y-30,x+10, y);
                        p=gcnew Pen(Color::White,2);
                    }
                    if((*r).lchild)
                        e->Graphics->DrawLine(p,x+5,y+15,x-xMove * 50, y+85);
                    if((*r).rchild)
                        e->Graphics->DrawLine(p,x+5,y+10,x+xMove * 50, y+80);
                    e->Graphics->DrawString(str, gcnew Drawing::Font("Arial", 14),
                        brush,(float)(val>9?x-3:x+3),(float)(y+5));
                    PaintTree(e, (*r).lchild, x - xMove * 50, y+70, depth);
```

```cpp
                        PaintTree(e, (*r).rchild, x + xMove * 50, y+70, depth);
                }
            }
private: System::Void hScrollBar1_Scroll(System::Object^  sender, System::Windows::
                            Forms::ScrollEventArgs^  e) {
             int x=(pictureBox1->Size.Width/hScrollBar1->
                            Maximum)*hScrollBar1->Value;
                pictureBox1->Location=Point(-x,pictureBox1->Location.Y);
            }
private: System::Void vScrollBar1_Scroll(System::Object^  sender, System::Windows::
                            Forms::ScrollEventArgs^  e) {
                int y=(pictureBox1->Size.Height/vScrollBar1->
                            Maximum)*vScrollBar1->Value;
                pictureBox1->Location=Point(pictureBox1->Location.X,-y);
            }
private: System::Void button2_Click(System::Object^  sender, System::EventArgs^  e) {
                biSortTree.Remove();
                refreshPicture();
            }
private: System::Void button3_Click(System::Object^  sender, System::EventArgs^  e) {
                int x;
                if(maskedTextBox2->Text!=""){
                    x=Convert::ToInt32(maskedTextBox2->Text);
                    searchPtr=biSortTree.SearchBST(x);
                    if(!searchPtr)
                        MessageBox::Show("关键码为"+maskedTextBox2->Text+
                            "的结点没找到。","出错提示",MessageBoxButtons::OK,
                            MessageBoxIcon::Information);
                    refreshPicture();
                }
            }
private: System::Void button4_Click(System::Object^  sender, System::EventArgs^  e) {
                int x;
                if(maskedTextBox2->Text!=""){
                    x=Convert::ToInt32(maskedTextBox2->Text);
                    searchPtr=biSortTree.SearchBST(x);
                    if(!searchPtr)
                        biSortTree.InsertBST(x);
                    else
                        MessageBox::Show("关键码为"+maskedTextBox2->Text+
                            "的结点已存在。","出错提示",MessageBoxButtons::OK,
                            MessageBoxIcon::Information);
                    searchPtr=NULL;
                    refreshPicture();
                }
            }
private: System::Void button5_Click(System::Object^  sender, System::EventArgs^  e) {
                int x;
                if(maskedTextBox2->Text!=""){
                    x=Convert::ToInt32(maskedTextBox2->Text);
                    if(!biSortTree.DeleteBST(x))
```

```
                    MessageBox::Show("不存在关键码"+maskedTextBox2->Text+
                        "的结点。","出错提示",MessageBoxButtons::OK,
                        MessageBoxIcon::Information);
                searchPtr=NULL;
                refreshPicture();
            }
        }
```

程序说明：

（1）为保持二叉排序树的特性，删除树中一个结点的算法比较复杂。需要按下列不同情况分别处理：①被删结点是叶子结点；②被删结点仅有左子树；③被删结点仅有右子树；④被删结点既有左子树又有右子树。

（2）maskedTextBox 控件可按照设置的格式输入数据。例程中关键码序列的输入被设置为最多只能输入 20 个正整数。该控件可用于输入密码。

6.2.2　平衡二叉排序树调整算法实现

二叉排序树的查找效率与树的形态密切相关。形态比较"均衡"的平衡二叉排序树上的查找，其效率是最优的。本节讨论平衡二叉排序树的调整方法。

平衡二叉树的特征是每个结点平衡因子的绝对值(其左、右子树高度之差)不超过 1。对于平衡因子为 2 或-2 的情况，需要通过左、右旋转调整结点的位置，降低平衡因子的值。

对平衡因子绝对值为 2 的结点，依据其左右孩子平衡因子的值可分为 4 种类型，即 LL 型、LR 型、RR 型、RL 型。图 6-3 列出了不同类型结点及其孩子结点平衡因子之间的关系，其中 0|1 表示其平衡因子为 0 或 1，-1|0 表示其平衡因子为-1 或 0。

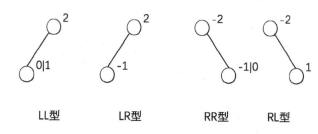

图 6-3　结点平衡因子绝对值为 2 的 4 种类型

平衡二叉树存储结构为二叉链表，除左、右孩子指针域和数据域，结点需要增加平衡因子域。

如图 6-4 所示，平衡二叉树窗体程序能直观显示平衡二叉树及其结点的平衡因子值，利用"插入"或"删除"按钮可以添加或删除树中结点，单击"旋转"按钮可调整不平衡的二叉树。

程序由于演示的需要，将调整平衡二叉树功能从结点的插入和删除模块中独立出来。在实际应用中，插入或删除结点后出现不平衡情况应立即进行旋转调整。读者可尝试在插入与删除模块中添加平衡二叉树的旋转调整功能。

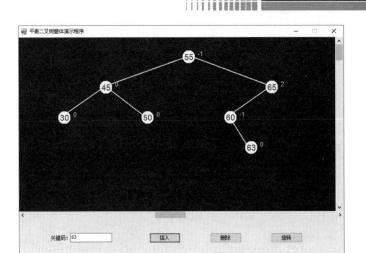

图 6-4 平衡二叉树窗体演示程序界面

平衡二叉树窗体演示程序的设计步骤如下。

(1) 创建窗体应用程序项目 ExampleCh6_4GUI。设计平衡二叉树 AVLTree 类。代码如下：

```cpp
//文件名: AVLTree.h
#ifndef AVLTREE_H
#define AVLTREE_H
#include <iostream>
using namespace std;
template <typename T>
struct BiNode{                                          //二叉链表结点
    T data;
    int bf;                                             //平衡因子
    BiNode<T> * lchild,* rchild;                        //左孩子和右孩子指针
};
template <typename T>
class AVLTree{                                          //定义AVLTree类
public:
    AVLTree(){ rootPtr=NULL; }
    ~AVLTree(){ Release(rootPtr); }
    void Release(BiNode<T> * & root);
    void InsertAVL(BiNode<T> * & root,BiNode<T> * s);   //递归函数，插入结点s
    void InsertAVL(T k){
        BiNode<T> * s=new BiNode<T>;
        s->data=k;
        s->bf=0;
        s->lchild = s->rchild = NULL;
        InsertAVL(rootPtr,s);
    }
    void DeleteAVL(BiNode<T> * & p,BiNode<T> * & f);    //删除结点f的左孩子p
    bool DeleteAVL(T k);
    int Depth(){                                        //求树的深度
        return Depth(rootPtr);
```

```cpp
        }
        int Depth(BiNode<T> *root);                          //递归函数，求树高
        BiNode<T> * getRootPtr(){ return rootPtr; }
        bool IsElement(T k){ return IsElement(rootPtr,k);}   //判别k是否树中元素
        bool IsElement(BiNode<T> * & p,T k);
        void CountBF(){ CountBF(rootPtr); }
        void CountBF(BiNode<T> * root);                      //求结点平衡因子BF
        void Balance(){ Balance(rootPtr); }                  //平衡旋转
    protected:
        void R_Rotate(BiNode<T> * & p);                      //右(顺时针)旋转
        void L_Rotate(BiNode<T> * & p);                      //左(逆时针)旋转
        void Balance(BiNode<T> * & p);                       //p平衡旋转
    private:
        BiNode<T> * rootPtr;
};
template <typename T>
void AVLTree<T>::Release(BiNode<T> * & root){
    if(root!=NULL){
        Release(root->lchild);
        Release(root->rchild);
        delete root;
    }
}
template <typename T>
void AVLTree<T>::InsertAVL(BiNode<T> * & root,BiNode<T> * s){
    if(root==NULL)
        root=s;
    else
        if(s->data<root->data)
            InsertAVL(root->lchild,s);
        else
            InsertAVL(root->rchild,s);
    CountBF(rootPtr);
}
template <typename T>
void AVLTree<T>::DeleteAVL(BiNode<T> * & p,BiNode<T> * & f){
    BiNode<T> * par, * s;
    if(p->lchild==NULL && p->rchild==NULL){          //p为叶子结点
        if(p==f->lchild)                              //p为f的左孩子
            f->lchild=NULL;
        if(p==f->rchild)                              //p为f的右孩子
            f->rchild=NULL;
        if(p==f){                                     //p为根结点
            f=NULL;
            rootPtr=f;
        }
        delete p;
    }
    else
        if(p->rchild==NULL){                          //p只有左子树
            if(f->lchild==p)
```

```cpp
                    f->lchild=p->lchild;
            if(f->rchild==p)
                    f->rchild=p->lchild;
            if(f==p){
                    f=f->lchild;
                    rootPtr=f;
            }
            delete p;
        }
        else
            if(p->lchild==NULL){                    //p 只有右子树
                if(f->lchild==p)
                    f->lchild=p->rchild;
                if(f->rchild==p)
                    f->rchild=p->rchild;
                if(f==p){
                    f=f->rchild;
                    rootPtr=f;
                }
                delete p;
            }
            else{                                    //p 的左右子树均不空
                par=p;
                s=p->rchild;
                while(s->lchild!=NULL){
                    par=s;
                    s=s->lchild;
                }
                p->data=s->data;
                if(par==p)
                    par->rchild=s->rchild;
                else
                    par->lchild=s->rchild;
                delete s;
            }
}
template <typename T>
bool AVLTree<T>::DeleteAVL(T k){
    BiNode<T> * p,* f;
    p=rootPtr;f=p;
    while(p){
        if(p->data==k)
            break;
        f=p;
        p=(k<p->data)?p->lchild:p->rchild;
    }
    if(!p)
        return false;
    DeleteAVL(p,f);
    CountBF(rootPtr);
    return true;
```

```cpp
}
template <typename T>
int AVLTree<T>::Depth(BiNode<T> *root){
    int ldep,rdep;
    if(!root)
        return 0;
    else{
        ldep=Depth(root->lchild);
        rdep=Depth(root->rchild);
        return (ldep>rdep?ldep:rdep)+1;
    }
}
template <typename T>
bool AVLTree<T>::IsElement(BiNode<T> * & p,T k){
    if(p==NULL)
        return false;
    else
        if(p->data==k)
            return true;
        else
            if(p->data>k)
                return IsElement(p->lchild,k);
            else
                return IsElement(p->rchild,k);
}
template <typename T>
void AVLTree<T>::CountBF(BiNode<T> * root){
    int ld,rd;                                  //左、右子树高度
    if(root==NULL)
        return;
    else{
        ld=Depth(root->lchild);
        rd=Depth(root->rchild);
        root->bf=ld-rd;
        CountBF(root->lchild);
        CountBF(root->rchild);
    }
}
template <typename T>
void AVLTree<T>::R_Rotate(BiNode<T> * & p){     //p 左子树的根结点旋转上升为根结点
    BiNode<T> * lc=p->lchild;                   //lc 指向 p 的左孩子
    p->lchild=lc->rchild;                       //p 的左指针指向 lc 的右孩子
    lc->rchild=p;                               //lc 的右指针指向 p
    p=lc;                                       //p 继续指向根结点
}
template <typename T>
void AVLTree<T>::L_Rotate(BiNode<T> * & p){     //p 右子树的根结点旋转上升为根结点
    BiNode<T> * rc=p->rchild;                   //rc 指向 p 的右孩子
    p->rchild=rc->lchild;                       //p 的右指针指向 rc 的左孩子
    rc->lchild=p;                               //rc 的左指针指向 p
    p=rc;                                       //p 继续指向根结点
}
```

```cpp
}
template <typename T>
void AVLTree<T>::Balance(BiNode<T> * & p){
    bool change=false;
    if(p==NULL)
        return;
    Balance(p->lchild);
    Balance(p->rchild);
    if(p->bf==2)
        switch(p->lchild->bf){
        case 1:   case 0:              //LL 型
            R_Rotate(p);
            change=true;
            break;
        case -1:                       //LR 型
            L_Rotate(p->lchild);
            R_Rotate(p);
            change=true;
        }
    if(p->bf==-2)
        switch(p->rchild->bf){
        case -1:case 0:                //RR 型
            L_Rotate(p);
            change=true;
            break;
        case 1:                        //RL 型
            R_Rotate(p->rchild);
            L_Rotate(p);
            change=true;
        }
    if(change)
        CountBF();                     //重新计算平衡因子
}
#endif
```

(2) 窗体程序界面设计。参照图 6-4 和表 6-3 拖曳并设置控件和响应事件。

表 6-3　平衡二叉树窗体演示程序控件与参数设置

控　件	名　称	属性设置	响应事件
Form	Form1	Size= 793, 536; MaximizeBox=False; StartPosition=CenterScreen;FormBorderStyle= Fixed3D;Text=平衡二叉树窗体演示程序;	
Button	button1	Text=插入; Location= 314, 453;	Click
	button2	Text=删除; Location= 461, 453;	
	button3	Text=旋转; Location= 608, 453;	
Label	label1	Text=关键码:	
TextBox	textBox1	Size=100,21;Location= 124, 453;	KeyPress
PictureBox	pictureBox1	Size= 5000, 600; Location= -2100, 0; BackColor=Black;	Paint

续表

控 件	名 称	属性设置	响应事件
HScrollBar	hScrollBar1	Size=782,17;Location= 0, 403;	Scroll
VScrollBar	vScrollBar1	Size=19,403;Location= 763, 0;	Scroll

（3）创建平衡二叉树 avlTree 对象。在 Form1.h 文件中，在第 2 行添加语句#include "AVLTree.h"，在第 13 行添加语句 AVLTree<int> avlTree;。

（4）设计事件响应函数和自定义函数。代码如下：

```
private: System::Void pictureBox1_Paint(System::Object^ sender, PaintEventArgs^ e) {
        int depth=avlTree.Depth();                //获取树的高度
        BiNode<int> * root = avlTree.getRootPtr();
        e->Graphics->Clear(Color::Black);
        PaintTree(e,root,2500,30,depth);          //绘平衡二叉树
}
private:void PaintTree(System::Windows::Forms::PaintEventArgs^ e, BiNode<int> * r,
                 int x,int y,int depth){
        String ^ str;
        int val,bf;
        if (r!=NULL){
            int xMove = (int)(depth>4?(pow(2.0,depth)/6):(pow(2.0,depth)/4));
            depth--;
            val = (*r).data;
            bf  = (*r).bf;
            str = Convert::ToString(val);
            Pen ^ p=gcnew Pen(Color::White,2);
            SolidBrush^ brush = gcnew SolidBrush(Color::White);
            e->Graphics->FillEllipse(brush, x - 5, y, 30, 30);
            brush = gcnew SolidBrush(Color::Red);
            if((*r).lchild)
                e->Graphics->DrawLine(p,x+5,y+15,x-xMove * 50, y+85);
            if((*r).rchild)
                e->Graphics->DrawLine(p,x+5,y+10,x+xMove * 50, y+80);
            e->Graphics->DrawString(str, gcnew Drawing::Font("Arial", 14),
                brush,(float)(val>9?x-3:x+3),(float)(y+5));
            brush = gcnew SolidBrush(Color::Yellow);
            e->Graphics->DrawString(Convert::ToString(bf),gcnew Drawing::
                Font("Arial", 11), brush,(float)(x+30),(float)y);
            PaintTree(e, (*r).lchild, x - xMove * 50, y+70, depth);
            PaintTree(e, (*r).rchild, x + xMove * 50, y+70, depth);
        }
}
private: void refreshPicture(){//刷新平衡二叉树图形
        pictureBox1->Refresh();
        hScrollBar1->Value=42;
}
private: System::Void button1_Click(System::Object^ sender, System::EventArgs^ e) {
```

```
                int x;
                if(textBox1->Text!=""){
                    x=Convert::ToInt32(textBox1->Text);
                    if(!avlTree.IsElement(x))
                        avlTree.InsertAVL(x);
                    else
                        MessageBox::Show("关键码为"+textBox1->Text+
                            "的结点已存在。","出错提示",
                            MessageBoxButtons::OK,MessageBoxIcon::Information);
                    refreshPicture();
                }
            }
private: System::Void button2_Click(System::Object^  sender, System::EventArgs^  e) {
                int x;
                if(textBox1->Text!=""){
                    x=Convert::ToInt32(textBox1->Text);
                    if(!avlTree.DeleteAVL(x))
                        MessageBox::Show("不存在关键码为"+textBox1->Text+
                            "的结点。","出错提示",
                            MessageBoxButtons::OK,MessageBoxIcon::Information);
                    refreshPicture();
                }
            }
private: System::Void button3_Click(System::Object^  sender, System::EventArgs^  e) {
                avlTree.Balance();
                refreshPicture();
            }
private: System::Void textBox1_KeyPress(System::Object^  sender, System::Windows::
                            Forms::KeyPressEventArgs^  e) {    //仅容许输入数值
                if(!(Char::IsNumber(e->KeyChar)) && e->KeyChar !=(char)8)
                    e->Handled=true;
            }
private: System::Void hScrollBar1_Scroll(……) { 略,与6.2.1节相同。 }
private: System::Void vScrollBar1_Scroll(……){ 略,与6.2.1节相同。 }
```

程序说明：

(1) 在二叉链表结点的定义中，增加了一个 bf 域记录结点的平衡因子。CountBF 递归函数采用前序遍历的规则求得每个结点的平衡因子，平衡因子的计算方法是用结点左子树的深度减去右子树的深度。

(2) R_Rotate 函数是让 p 指向的子树向右旋转，此时，子树根结点成为其左孩子的右孩子，原来左孩子的右孩子是根结点的左孩子，而原左孩子成为子树的根结点。类似地，L_Rotate 函数实现了 p 指向的子树向左旋转。

(3) Balance 函数是按照后序遍历规则对二叉排序树进行平衡调整的，因此调整始于树的叶子端。平衡因子绝对值为 2 的结点，根据其左右孩子平衡因子的不同，可分为 4 种类型，它们的调整策略互不相同。

6.3 散列表的查找

6.3.1 闭散列表查找算法实现

散列表，又称哈希表，是根据关键码值直接进行访问的数据结构。它通过把关键码值映射到表中的一个位置来访问记录，以加快查找的速度。关键码值与位置建立映射关系的函数叫作散列(Hash)函数。

对于不同的关键码值，散列函数可能得到同一个散列地址，这种现象称为冲突。闭散列表是指使用开放定址法处理冲突的散列表。所谓开放定址法，是指冲突产生时，使用某种方法在散列表中形成一个探查序列，沿着探查序列逐个查找，直到找到给定的关键码或空位置为止。

线性探测法、二次探测法和随机探测法是常用的几种开放定址法。本节介绍的窗体演示程序中使用的散列函数为 H(key)=key mod 11，关键码值为 0 至 99 的整数。

如图 6-5 所示，闭散列窗体演示程序需输入关键码集合，元素个数不超过 11。开放定址法有线性探测法、二次探测法、随机探测法供选择。发生冲突的关键码值用红色显示。

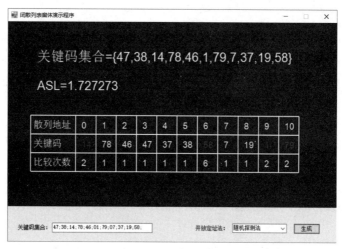

图 6-5 闭散列表窗体演示程序界面

闭散列表窗体程序的设计方法如下。

(1) 创建窗体应用程序项目 ExampleCh6_5GUI。在头文件夹下添加 HashTable.h 文件，定义散列表类 HashTable。

```
#ifndef HASHTABLE_H
#define HASHTABLE_H
#include <iostream>
#include <ctime>
using namespace std;
class HashTable{                    //定义散列表类
public:
```

```cpp
        HashTable(){Init();}
        void Init();                            //初始化函数
        void setKeyAry(int a[],int n);
        int getKeyAry(int i){ return keyAry[i];}
        int getNum(){ return num;}
        int getHashAry(int i){ return hashAry[i];}
        int getCompareAry(int i){ return compareAry[i];}
        void linearProbing();                   //线性探测法
        void quadraticProbing();                //二次探测法
        void randomProbing();                   //随机探测法
        float ASL();                            //计算平均查找长度 ASL
    private:
        int keyAry[11];                         //保存输入的关键码集合
        int num;                                //记录关键码个数
        int hashAry[11];                        //闭散列表
        int compareAry[11];                     //记录比较次数
};
void HashTable::Init(){
    for(int i=0;i<11;i++){
        keyAry[i]=0;
        hashAry[i]=0;
        compareAry[i]=0;
    }
    num=0;
}
void HashTable::setKeyAry(int a[],int n){
    num=n;
    for(int i=0;i<n;i++)
        keyAry[i]=a[i];
}
void HashTable::linearProbing(){                //线性探测法
    int di=1,j;
    for(int i=0;i<num;){
        j=keyAry[i]%11;
        if(hashAry[j]==0){
            hashAry[j]=keyAry[i++];
            compareAry[j]=1;
        }
        else{
            j=(keyAry[i]+di++)%11;
            if(hashAry[j]==0){
                hashAry[j]=keyAry[i++];
                compareAry[j]=di;
                di=1;
            }
        }
    }
}
void HashTable::quadraticProbing(){             //二次探测法
    int di=1,j,k=1,s=0,n=1;
    for(int i=0;i<num;){
```

```
            j=keyAry[i]%11;
            if(hashAry[j]==0){
                hashAry[j]=keyAry[i++];
                compareAry[j]=1;
            }
            else{
                j=(keyAry[i]+di)%11;
                n++;
                s++;s%=2;
                if(s==1){
                    di=di*(-1);
                    k++;
                }else
                    di=k^2;
                if(hashAry[j]==0){
                    hashAry[j]=keyAry[i++];
                    compareAry[j]=n;
                    di=1,k=1,s=0,n=1;
                }
            }
        }
    }
    void HashTable::randomProbing(){            //随机探测法
        int di[11],j,n=1;
        srand(unsigned(time(NULL)));
        for(int i=0;i<11;i++)
            di[i]=1+rand()%100;
        for(int i=0;i<num;){
            j=keyAry[i]%11;
            if(hashAry[j]==0){
                hashAry[j]=keyAry[i++];
                compareAry[j]=1;
            }
            else{
                j=(keyAry[i]+di[n-1])%11;
                n++;
                if(hashAry[j]==0){
                    hashAry[j]=keyAry[i++];
                    compareAry[j]=n;
                    n=1;
                }
            }
        }
    }
    float HashTable::ASL(){                     //求平均查找长度
        float s=0.0;
        for(int i=0;i<11;i++)
            s+=compareAry[i];
        return s/num;
    }
    #endif
```

(2) 窗体程序界面设计。参照图 6-5 和表 6-4 拖曳控件，并设置控件属性和响应事件。

表 6-4 闭散列表窗体演示程序控件与参数设置

控 件	名 称	属性设置	响应事件
Form	Form1	Size= 982, 625; MaximizeBox=False; StartPosition=CenterScreen;FormBorderStyle= Fixed3D;Text=闭散列表窗体演示程序;	
Button	button1	Text=生成; Location= 845, 535;	Click
Label	label1	Text=关键码集合:	
	label2	Text=开放定址法:	
MaskedTextBox	maskedTextBox1	Size=296,25;Location= 131, 536; Mask= 99;99;99;99;99;99;99;99;99;99;	
PictureBox	pictureBox1	Size= 975, 492; Location= 0, 0; BackColor=Black;	Paint
ComboBox	comboBox1	Size=160,23;Location= 664, 536;Items=线性探测法 二次探测法 随机探测法	

注：单击 comboBox1 控件属性窗口中 Items 项右侧的 "…" 小按钮，分行输入字符串。

(3) 创建闭散列对象 myHTable。在 Form1.h 文件前端添加语句#include "HashTable.h"，在第 13 行添加对象定义语句 HashTable myHTable;。

(4) button1 和 pictureBox1 控件的事件响应函数定义。代码如下：

```
private: System::Void pictureBox1_Paint(System::Object^  sender,
                    System::Windows::Forms::PaintEventArgs^  e) {
         int x,y,n;
         array<String ^>^ txt= gcnew array<String^>{
                    "关键码集合","散列地址","关键码","比较次数"};
         String ^ keySet = gcnew String("关键码集合={");
         Pen ^ p=gcnew Pen(Color::White,2);
         SolidBrush^ brush = gcnew SolidBrush(Color::White);
         n=myHTable.getNum();
         for(int i=0;i<n;i++)                //输出关键码集合
            keySet+=Convert::ToString(myHTable.getKeyAry(i))+(i<n-1?",":"");
         keySet+="}";
         x=60,y=60;
         e->Graphics->DrawString(keySet,gcnew Drawing::Font("Arial", 20),
            brush,(float)x,(float)y);
         e->Graphics->DrawString("ASL="+Convert::ToString(myHTable.ASL()),
            gcnew Drawing::Font("Arial", 20),brush,(float)x,(float)y+60);
         x=50,y=200;
         for(int i=0;i<4;i++)                //画横线
            e->Graphics->DrawLine(p,x,y+i*40,x+595,y+i*40);
         e->Graphics->DrawLine(p,x,y,x,y+120);
         x=53;
```

```
                for(int i=1;i<4;i++)                    //输出第一列字符串
                    e->Graphics->DrawString(txt[i],gcnew Drawing::Font("Arial", 14),
                        brush,(float)(x),(float)(y+10+(i-1)*40));
                x=150;
                for(int i=0;i<11;i++){                  //画竖线
                    e->Graphics->DrawLine(p,x+i*45,y,x+i*45,y+120);
                    e->Graphics->DrawString(Convert::ToString(i),
                        gcnew Drawing::Font("Arial", 14),
                        brush,(float)(x+10+i*45),(float)(y+10));
                    if(myHTable.getHashAry(i)){
                        e->Graphics->DrawString(Convert::ToString(
                        myHTable.getHashAry(i)),gcnew Drawing::Font("Arial", 14),
                        myHTable.getCompareAry(i)>1?         //比较次数大于1,红色数字
                            gcnew SolidBrush(Color::Red):brush,
                            (float)(x+10+i*45),(float)(y+50));
                        e->Graphics->DrawString(Convert::ToString(
                        myHTable.getCompareAry(i)),gcnew Drawing::Font("Arial", 14),
                            brush,(float)(x+10+i*45),(float)(y+90));
                    }
                }
                e->Graphics->DrawLine(p,x+11*45,y,x+11*45,y+120);
            }
    private: System::Void button1_Click(System::Object^  sender, System::EventArgs^  e) {
                String ^ txt=maskedTextBox1->Text;
                array<String ^> ^ splitString=gcnew array<String ^>(0);
                splitString=txt->Split(';');            //分解txt中的数值字符串
                int n=0,ary[11],x,j;
                for(int i=0;i<splitString->Length-1;i++){
                    if(splitString[i]!=" "){
                        x=Convert::ToInt32(splitString[i]);
                        if(x==0) continue;
                        for(j=0;j<n;j++)                //检查x是否重复
                            if(ary[j]==x)
                                break;
                        if(j==n)                        //与之前数值不同
                            ary[n++]=x;
                    }
                }
                myHTable.Init();
                myHTable.setKeyAry(ary,n);
                switch(comboBox1->SelectedIndex){
                case 0:                                 //线性探测法
                    myHTable.linearProbing();
                    break;
                case 1:                                 //二次探测法
                    myHTable.quadraticProbing();
                    break;
                case 2:                                 //随机探测法
```

```
            myHTable.randomProbing();
        }
        pictureBox1->Refresh();
    }
```

程序说明：

comboBox1 是下拉列表框控件，其提供若干内容供用户选择，而每个选项返回一个所选项在列表中的下标。例程中，若从 comboBox1 控件选择的内容是"二次探测法"，则其 SelectedIndex 的值是 1。

6.3.2 开散列表查找算法实现

开散列表是用链地址法处理冲突。所谓链地址法，是将所有关键码为同义词的记录链接成一条单链表，并将单链表的头指针存储于散列表的对应存储单元中。

如图 6-6 所示，开散列表窗体演示程序的实现步骤如下。

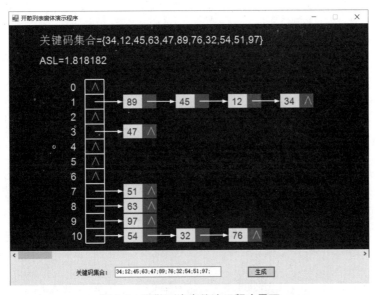

图 6-6 开散列表窗体演示程序界面

（1）创建窗体应用程序项目 ExampleCh6_6GUI。设计散列表类 HashTable。代码如下：

```
#ifndef HASHTABLE_H
#define HASHTABLE_H
#include <iostream>
using namespace std;
struct Node{
    int data;
    Node * next;
};
class HashTable{                              //定义散列表类
public:
    HashTable(){Init();}
    ~HashTable(){Destroy();}
```

```cpp
        void Init();                            //初始化
        void Destroy();                         //撤销
        void setKeyAry(int a[],int n);
        int getKeyAry(int i){ return keyAry[i];}
        int getNum(){ return num;}
        Node * getHashAry(int i){return hashAry[i];}
        int getNodeData(Node * p){return p->data;}
        bool insertNode(int idx,int k);
        void chaining();                        //拉链法
        float ASL();
    private:
        int keyAry[11];                         //保存输入的关键码集合
        int num;                                //记录关键码个数
        Node * hashAry[11];                     //开散列表
};
void HashTable::Init(){
    for(int i=0;i<11;i++){
        keyAry[i]=0;
        hashAry[i]=NULL;
    }
    num=0;
}
void HashTable::Destroy(){
    for(int i=0;i<11;i++){
        keyAry[i]=0;
        if(hashAry[i]!=NULL){
            Node * p=hashAry[i];
            while(p!=NULL){
                hashAry[i]=hashAry[i]->next;
                delete p;
                p=hashAry[i];
            }
        }
    }
    num=0;
}
void HashTable::setKeyAry(int a[],int n){
    num=n;
    for(int i=0;i<n;i++)
        keyAry[i]=a[i];
}
float HashTable::ASL(){
    float s=0.0;
    int n;
    Node * p;
    for(int i=0;i<11;i++){
        p=hashAry[i];
        n=1;
        while(p){          //p 不是空指针，一直循环
            s+=n++;
```

```
                p=p->next;
        }
    }
    return s/num;
}
bool HashTable::insertNode(int idx,int k){
    Node * s;
    if(idx<0 || idx>10)
        return false;
    s=new Node;
    s->data=k;
    if(hashAry[idx]!=NULL)
        s->next=hashAry[idx];
    else
        s->next=NULL;
    hashAry[idx]=s;
    return true;
}
void HashTable::chaining(){      //拉链法
    int j;
    for(int i=0;i<num;i++){
        j=keyAry[i]%11;
        insertNode(j,keyAry[i]);
    }
}
#endif
```

(2) 窗体程序界面设计。参照图 6-6 和表 6-5 拖曳控件，并设置控件属性和响应事件。

表 6-5 开散列表窗体演示程序控件与参数设置

控 件	名 称	属性设置	响应事件
Form	Form1	Size= 1018, 694; MaximizeBox=False; StartPosition=CenterScreen;FormBorderStyle=Fixed3D;Text=开散列表窗体演示程序;	
Button	button1	Text=生成; Location= 665, 610;	Click
Label	label1	Text=关键码集合:	
MaskedTextBox	maskedTextBox1	Size=296,25;Location= 295, 610; Mask= 99;99;99;99;99;99;99;99;99;99;99;	
PictureBox	pictureBox1	Size= 1784, 590; Location= 0, 0; BackColor=Black;	Paint
HScrollBar	hScrollBar1	Size=1007,17;Location= 0, 403;	Scroll

(3) 创建开散列对象 myHTable，同 6.3.1 节。

(4) 添加事件响应函数。代码如下：

```
private: System::Void pictureBox1_Paint(System::Object^ sender,
```

```
                        System::Windows::Forms::PaintEventArgs^ e) {
SolidBrush^ brushE = gcnew SolidBrush(Color::Yellow);
SolidBrush^ brushP = gcnew SolidBrush(Color::Green);
SolidBrush^ brushS = gcnew SolidBrush(Color::Red);
SolidBrush^ bNull = gcnew SolidBrush(Color::White);
Drawing::Font^ font = gcnew Drawing::Font("Arial", 14);
Pen ^ pen=gcnew Pen(Color::White,2);
pen->CustomEndCap = gcnew Drawing2D::AdjustableArrowCap(4, 6);
Pen ^ p=gcnew Pen(Color::White,2);
SolidBrush^ brush = gcnew SolidBrush(Color::White);
int x,y,n;
String ^ keySet = gcnew String("关键码集合={");
n=myHTable.getNum();
for(int i=0;i<n;i++)           //输出关键码集合
    keySet+=Convert::ToString(myHTable.getKeyAry(i))+(i<n-1?",":"");
keySet+="}";
x=60,y=20;
e->Graphics->DrawString(keySet,gcnew Drawing::Font("Arial", 16),
        brush,(float)x,(float)y);
e->Graphics->DrawString("ASL="+Convert::ToString(myHTable.ASL()),
    gcnew Drawing::Font("Arial", 16),brush,(float)x,(float)y+40);
x=160,y=110;
for(int i=0;i<11;i++){         //画数组
    e->Graphics->DrawLine(p,x,y+i*30,x+40,y+i*30);
    e->Graphics->DrawString(Convert::ToString(i),
    gcnew Drawing::Font("Arial", 16),brush,(float)x-35,(float)y+i*30+4);
}
e->Graphics->DrawLine(p,x,y+11*30,x+40,y+11*30);
for(int i=0;i<2;i++)
    e->Graphics->DrawLine(p,x+i*40,y,x+i*40,y+11*30);
int h=30,w=40,d=110;
Node * q;
for(int i=0;i<11;i++){         //画链表
    q=myHTable.getHashAry(i);
    if(q!=NULL){
        int j=0;
        while(q!=NULL){
            e->Graphics->DrawLine(pen,x+20+j*d,y+i*h+15,x+w+40+j*d,y+i*h+15);
            e->Graphics->FillRectangle(brushE, x+80+j*d,y+i*h+1,w,h-2);
            e->Graphics->DrawString(Convert::ToString(myHTable.getNodeData(q)),
                font,brushS,x+85+j*d,y+i*h+5);
            e->Graphics->FillRectangle(brushP,x+80+w+j*d,y+i*h+1,w-10,h-2);
            if(q->next==NULL)
                e->Graphics->DrawString("∧",font,bNull,x+85+j*d+40,y+i*h+5);
            q=q->next;
            j++;
        }
    }
    else
        e->Graphics->DrawString("∧", font,bNull,x+8,y+i*h+5);
```

```
                    }
            }
private: System::Void button1_Click(System::Object^  sender, System::EventArgs^  e) {
            String ^ txt=maskedTextBox1->Text;
            array<String ^> ^ splitString=gcnew array<String ^>(0);
            splitString=txt->Split(';');                  //分解 txt 中的数值字符串
            int n=0,ary[11],x,j;
            for(int i=0;i<splitString->Length-1;i++){
                if(splitString[i]!=" "){
                    x=Convert::ToInt32(splitString[i]);
                    if(x==0) continue;
                    for(j=0;j<n;j++)                     //检查 x 是否重复
                        if(ary[j]==x)
                            break;
                    if(j==n)                              //与之前数值不同
                        ary[n++]=x;
                }
            }
            myHTable.Destroy();
            myHTable.Init();
            myHTable.setKeyAry(ary,n);
            myHTable.chaining();
            pictureBox1->Refresh();
        }
private: System::Void hScrollBar1_Scroll(……){ 略，参见 6.1.2 节。}
```

程序说明：

开散列是通过单链表解决冲突问题，有人形象地称这种结构为"哈希桶"。开散列中，所有关键码为同义词的元素被存储在一个单链表。这种结构的好处是不产生堆积，动态查找、插入和删除等基本操作容易实现，缺点是增加了结构性开销。

6.4 MD5 散列算法

MD5(Message Digest Version 5)是消息摘要算法第 5 版的简称，由 Ron Rivest 开发，在计算机安全领域应用广泛。MD5 是一种散列算法，能根据任意长度的输入数据算得一个长度为 128 位的散列值，该值被称为数字指纹。

MD5 具有单向、抗修改和抗碰撞的特性。单向性是指根据原数据计算 MD5 值容易，反之，则计算困难。抗修改是指对原数据进行任何修改，哪怕只修改 1 个字节，得到的散列值也相差极大。抗碰撞是指在已知原数据和对应 MD5 值的情况下，找到一个具有相同 MD5 值，而又不同于原数据的新数据，是计算困难的。

消息摘要的用途之一是防止信息被篡改。在互联网上传递文件或程序时，如果附上它们的 MD5 值，则接收方可通过验证 MD5 值是否一致，获知文件是否被篡改或者程序是否有木马植入。

MD5 的另一个重要用途是密码保护。应用系统的密码通常保存在系统的数据库中，如果直接保存密码，一旦不法分子获得数据库的使用权，则密码不再安全。安全的做法是在数据库中不保存用户登录的密码，而是保存用密码生成的 MD5 值。当用户登录需要密码验证时，系统根据用户输入的密码生成 MD5 值，通过比较该值与数据库中保存的值是否相同，来确定身份验证成功与否。

MD5 算法对任何输入的数据按 512 位进行分组，每一分组又被划分为 16 个 32 位子分组，经过一系列复杂的处理后，输出由 4 个 32 位分组级联后生成的 128 位散列值。

本节应用 Visual Studio 2010 提供的 MD5 算法实现，演示用户密码验证的实现方法。如图 6-7 所示，程序窗体分为上下两部分，上半部分为用户注册窗口，密码部分没有用星号显示，PWD 后面的字符串即为密码项对应的 MD5 值。下半部分是登录窗口，模拟了应用系统身份验证的过程。

图 6-7　MD5 散列算法应用演示程序界面

MD5 散列算法演示程序的设计步骤如下。

（1）创建窗体应用程序项目 ExampleCh6_7GUI。依据图 6-7 和表 6-6 设计窗体程序界面。

在 Form1.h 的前端，添加对 MD5 的引用语句：

```
using namespace System::Security::Cryptography;        //引用MD5
```

在 Form1 类的 private 部位添加数据成员如下：

```
String ^ name;              //用户名
String ^ pwd;               //密码
String ^ md5HashStr;        //MD5 值
```

表 6-6　MD5 散列算法演示程序控件与参数设置

控　件	名　称	属性设置	响应事件
Form	Form1	Size= 624, 437; MaximizeBox=False; StartPosition=CenterScreen;FormBorderStyle= FixedSingle;Text=MD5 散列算法应用演示程序;	
GroupBox	groupBox1	Size= 599, 180; Text=注册窗口;	
	groupBox2	Size= 599, 180; Text=登录窗口;	

续表

控件	名称	属性设置	响应事件
Button	button1	Text=注册; Location= 84, 129;	Click
	button2	Text=登录; Location= 84, 123;	
Label	label1	Text=用户名：; Location= 22, 34;	
	label2	Text=密码：; Location=22, 83;	
	label3	Text=用户名：; Location= 20, 33;	
	label4	Text=密码：; Location= 21, 77;	
	label5	Text=存储于数据库中信息：;	
	label6	Text=验证情况：; Location= 290, 30;	
TextBox	textBox1	Size=184,25;Location= 84, 29;	
	textBox2	Size=184,25;Location= 84, 78;	
	textBox3	Size=184,25;Location= 83, 30;	
	textBox4	Size=184,25;Location= 83, 73;	

(2) 添加自定义和事件响应函数。代码如下：

```
private: System::Void button1_Click(System::Object^  sender, System::EventArgs^  e) {
         name=textBox1->Text;
         pwd=textBox2->Text;
         md5HashStr = getMD5Hash(pwd);
         label5->Text = "存储于数据库中信息：\n\nname: "
                       +name+"\n\nPWD: "+md5HashStr;
         }
private: System::Void button2_Click(System::Object^  sender, System::EventArgs^  e) {
         String ^ myName = textBox3->Text;
         String ^ myPWD = textBox4->Text;
         if(myName != name){
              label6->Text = "验证情况：用户名输入错误！";
              return;
         }
         if(md5HashStr != getMD5Hash(myPWD) ){//若MD5值不等
              label6->Text = "验证情况：密码输入错误！";
              return;
         }
         label6->Text = "验证情况：登录成功！";
         }
private: String ^ getMD5Hash(String ^ input){          //输入字符串input，返回MD5值
         array<Byte> ^ buffer = System::Text::Encoding::UTF8->GetBytes(input);
         MD5 ^ md5 = gcnew MD5CryptoServiceProvider();
         array<Byte> ^ newBuffer = md5->ComputeHash(buffer);
         return BitConverter::ToString(newBuffer)->Replace("-","");
         }
```

程序说明：

在 Visual Studio 2010 开发平台中，系统已实现了大量与密码和数字签名相关的功能模块，用户可直接应用到所开发的程序之中。

习 题

1. 选择题

(1) 若查找每个元素的概率相等,则在长度为 n 的顺序表上查找任一元素的平均查找长度为( )。

  A. n B. $n+1$ C. $(n-1)/2$ D. $(n+1)/2$

(2) 对 22 个记录的有序表作折半查找,当查找失败时,至少需要比较( )次关键字。

  A. 3   B. 4   C. 5   D. 6

(3) 从具有 n 个结点的二叉排序树中查找一个元素时,在平均情况下的时间复杂度大致为( )。

  A. $O(n)$ B. $O(1)$ C. $O(\log_2 n)$ D. $O(n^2)$

(4) 静态查找与动态查找的根本区别在于( )。

  A. 它们的逻辑结构不一样   B. 施加在其上的操作不同

  C. 所包含的数据元素的类型不一样   D. 存储实现不一样

(5) 在平衡二叉树中插入一个结点后造成了不平衡,设低的不平衡结点为 A,并已知 A 的左孩子的平衡因子为-1,右孩子的平衡因子为 0,则应做( )型调整以使其平衡。

  A. LL   B. LR   C. RL   D. RR

(6) 若根据查找表(23,44,36,48,52,73,64,58)建立散列表,采用 $H(k)=k\%13$ 计算散列地址,则元素 64 的散列地址为( )。

  A. 4   B. 8   C. 12   D. 13

(7) 散列技术中的冲突指的是( )。

  A. 两个元素具有相同的序号   B. 两个元素的键值不同,而其他属性相同

  C. 数据元素过多   D. 不同键值的元素对应于相同的存储地址

(8) 在采用线性探测法处理冲突所构成的闭散列表上进行查找,可能要探测多个位置,在查找成功的情况下,所探测的这些位置的键值( )。

  A. 一定都是同义词   B. 一定都不是同义词

  C. 不一定都是同义词   D. 都相同

(9) 采用开放定址法解决冲突的散列查找中,发生聚集的原因主要是( )。

  A. 数据元素过多   B. 装填因子过大

  C. 散列函数选择不当   D. 解决冲突的算法不好

2. 填空题

(1) 在下列顺序查找算法中,补齐空白处的代码。

```
template <typename T>
int SeqList<T>::SeqSearch(T & x){
    int i=curLen;
```

```
        ptr[0]=_____
        while(ptr[i]!=x)
            _____
        return i;
}
```

(2) 补齐下列折半查找算法中空白处的代码。

```
int BinSearch(int arr[],int len,int key) {
    int low=0, high=len-1;
    int mid;
    while(low<=high)    {
        mid=_____
        if(key==arr[mid])
            return mid;
        else if(key>arr[mid])
            _____
        else
            _____
    }
    return -1;
}
```

(3) 以下是二叉排序树上查找结点 k 的递归算法，补齐其中空白处的代码。

```
template <typename T>
BiNode<T> * BiSortTree<T>::SearchBST(BiNode<T> * root,T k){    //查找值为k的结点
    if(root==NULL)
        return NULL;
    else
        if(root->data==k)
            return _____
        else
            if(root->data<k)
                return _____
            else
                return _____
}
```

3. 编程题

(1) 编写递归的折半查找算法。

(2) 试写一算法判别给定的二叉树是否为二叉排序树。设此二叉树以二叉链表为存储结构，且树中结点的关键字均不相同。

(3) 已知一个含有 1000 个数据元素的表，关键字为中国人姓氏的拼音，请给出此表的一个散列表设计方案，要求它在等概率情况下查找成功的平均长度不超过 3。

第 7 章
排　　序

　　排序是将数据元素按指定的顺序进行排列的过程，是数据处理中经常使用的一种操作。本章主要介绍直接插入排序、希尔排序、冒泡排序、快速排序、选择排序、堆排序、归并排序、桶排序等算法的实现。本章程序以顺序表为存储结构，关键码用正整数表示，所有排序结果默认为升序。

本章学习要点

　　本章讲解希尔、快速和冒泡等 9 个常见排序算法的实现，所有程序均可演示算法的运行机理。7.1 节介绍 2 个插入排序算法的实现，分别是直接插入排序和希尔排序。7.2 节介绍 2 个交换排序算法的实现，分别是冒泡排序和快速排序。7.3 节介绍 2 个选择排序算法的实现，分别是简单选择排序和堆排序。7.4 节介绍二路归并排序算法的实现。7.5 节介绍 2 个分配排序算法的实现，分别是桶排序和基数排序。7.6 节介绍荷兰国旗问题的解法及其编程实现。

7.1 插 入 排 序

插入排序的基本操作是将待排序数据元素插入已经排好序的有序序列中，得到新的有序序列，直到全部数据元素均都排好序。

7.1.1 直接插入排序算法实现

直接插入排序法将序列分为左右两个子序列，左侧为已排好序序列，右侧为待排序序列。最初左子序列仅有一个元素，排序过程中右子序列的最左元素不断地被插入左子序列，直至右子序列元素为零，排序结束。

如图 7-1 所示，在元素个数栏中输入需要生成的元素个数，单击"序列生成"按钮，随机生成待排序序列。序列中相同的键值，在第 2 次出现的键值上标注小 2，第 3 次出现的标注小 3，以此类推。程序右下方一组用方向箭头标注的按钮，用于显示排序过程中每趟排序的结果。每趟排序结果中，左侧下画线上元素为是已排好序部分，右侧下画线上元素是待排序子序列，第一个数值是数组中 0 号单元(即"哨兵")的值。

图 7-1 直接插入排序窗体演示程序界面

直接插入排序窗体程序设计步骤如下：

(1) 创建窗体应用程序项目 ExampleCh7_1GUI。添加 SequenceList.h 文件，在其中编写顺序表类 SequenceList，其中 InsertSort()为直接插入排序函数。代码如下：

```
#ifndef SEQUENCELIST_H
#define SEQUENCELIST_H
#include <iostream>
#include <ctime>
#include <fstream>
using namespace std;
struct Element{
```

```cpp
        int key;              //关键码值
        int order;            //相同关键码在序列中的次序,取值1、2、3...
        Element & operator=(Element & e){      //赋值运算符重载
            key=e.key;
            order=e.order;
            return *this;
        }
};
class SequenceList{                            //定义顺序表类
public:
    SequenceList():num(0),ptr(NULL){}
    ~SequenceList(){ Destroy(); }
    void Create(int n);
    void Destroy();
    void InsertSort();                         //直接插入排序函数
    int getNum(){return num;}
    int getKey(int i){return ptr[i].key;}
    int getOrder(int i){return ptr[i].order;}
private:
    Element * ptr;
    int num;
};
void SequenceList::Create(int n){
    num=n;
    ptr=new Element[num+1];
    srand((unsigned)time(NULL));
    for(int i=1;i<=num;i++){
        ptr[i].key=10+rand()%90;
        ptr[i].order=1;
    }
    int ord;
    for(int i=1;i<num;i++){
        if(ptr[i].order==1){
            ord=1;
            for(int j=i+1;j<=num;j++)
                if(ptr[i].key==ptr[j].key)
                    ptr[j].order=++ord;
        }
    }
}
void SequenceList::Destroy(){
    delete [] ptr;
    num=0;
}
void SequenceList::InsertSort(){
    ofstream outFile("..\\intMedSet.txt");    //该文件用于保存排序中间结果
    for(int i=2;i<=num;i++){
        ptr[0]=ptr[i];
        int j;
        for(j=i-1;ptr[0].key<ptr[j].key;j--)
            ptr[j+1]=ptr[j];
```

```
            ptr[j+1]=ptr[0];
            for(int t=0;t<num+1;t++)           //输出中间结果到文件 intMedSet.txt
                outFile<<ptr[t].key<<","<<ptr[t].order<<";";
            outFile<<endl;
        }
        outFile.close();
}
#endif
```

(2) 窗体程序界面设计。参照图 7-1 和表 7-1 添加、设置窗体程序控件属性和响应事件。

表 7-1　直接插入排序窗体演示程序控件与参数设置

控　件	名　　称	属性设置	响应事件
Form	Form1	Size= 838, 616; MaximizeBox=False; StartPosition=CenterScreen;FormBorderStyle= FixedSingle;Text=直接插入排序窗体演示程序;	
Button	button1	Text=序列生成	Click
	button2	Text=排序	
	button3	Text=|<<	
	button4	Text=<	
	button5	Text=>	
	button6	Text=>>|	
Label	label1	Text=元素个数:	
TextBox	textBox1	Size=55,25;Location= 172, 510; MaxLength=2;	KeyPress
PictureBox	pictureBox1	Size= 1780, 464; Location= 0, 0; BackColor=Black;	Paint
HScrollBar	hScrollBar1	Size=920,17;Location= 0, 446;	Scroll

(3) 在 Form1 类中，定义私有数据成员。

在 Form1.h 文件第二行添加语句#include "SequenceList.h"。

在 Form1 类之前添加文件操作引用语句 using namespace System::IO;，并定义顺序表对象 myList。

在 Form1 类的私有数据部分添加数据成员如下：

```
array<array<int,2>^> ^ sortList;    //记录每趟排序结果
array<int,2>^ initKeyList;          //随机键值序列
bool hasSort;                       //是否已排序
int firstLineIdx;                   //窗口显示的最上一行排序结果的行号
```

(4) 定义控件事件响应函数和自定义功能函数。代码如下：

```
private: void getSortResult(){    //从 intMedSet.txt 文件获取排序结果存于 sortList
            int n=myList.getNum();
            int i=0;
```

```cpp
                sortList= gcnew array<array<int,2>^>(n-1);
                StreamReader^ sr = gcnew StreamReader("..\\intMedSet.txt");
                array<String ^> ^ splitString=gcnew array<String ^>(0);
                array<String ^> ^ splitSubStr=gcnew array<String ^>(0);
                try{
                    String^ line;
                    while (line = sr->ReadLine()){
                        splitString=line->Split(';');
                        sortList[i]=gcnew array<int,2>(n+1,2);
                        for(int j=0;j<n+1;j++){
                            splitSubStr=splitString[j]->Split(',');
                            sortList[i][j,0]=Convert::ToInt32(splitSubStr[0]);
                            sortList[i][j,1]=Convert::ToInt32(splitSubStr[1]);
                        }
                        i++;
                    }
                }
                finally{
                    if ( sr )
                        delete (IDisposable^)sr;
                }
            }
    private: System::Void pictureBox1_Paint(System::Object^  sender,
                                 System::Windows::Forms::PaintEventArgs^  e) {
                Drawing::Font^ font1 = gcnew Drawing::Font("Arial", 18);
                Drawing::Font^ font2 = gcnew Drawing::Font("Arial", 8);
                SolidBrush^ brush = gcnew SolidBrush(Color::White);
                int n=myList.getNum(),x,y;
                if(n!=0){
                    x=150,y=40;
                    e->Graphics->DrawString("键值序列: ",font1,brush,(float)10,(float)y);
                    for(int i=0;i<n;i++){
                        e->Graphics->DrawString(Convert::ToString(initKeyList[i,0]),
                            font1,brush,(float)x+i*40,(float)y);
                        if(initKeyList[i,1]>1)
                            e->Graphics->DrawString(Convert::ToString(initKeyList[i,1]),
                            font2,brush,(float)x+i*40+15,(float)y-10);
                    }
                    x=150,y=100;
                    if(hasSort){
                        if(firstLineIdx>=1 && firstLineIdx<n)
                            DrawSortingProcess(1,firstLineIdx,e);
                        if(firstLineIdx+1>=1 && firstLineIdx+1<n)
                            DrawSortingProcess(2,firstLineIdx+1,e);
                        if(firstLineIdx+2>=1 && firstLineIdx+2<n)
                            DrawSortingProcess(3,firstLineIdx+2,e);
                    }
                }
            }
    private: void DrawSortingProcess(int line,int idx, Windows::Forms::
                 PaintEventArgs^ e){//在窗口第line行输出第idx趟排序结果
                int x=150,y=60,n=myList.getNum();
                Drawing::Font^ font1 = gcnew Drawing::Font("Arial", 18);
```

```cpp
                Drawing::Font^ font2 = gcnew Drawing::Font("Arial", 8);
                SolidBrush^ brush = gcnew SolidBrush(Color::White);
                Pen ^ penGreen=gcnew Pen(Color::Green,3);
                Pen ^ penRed=gcnew Pen(Color::Red,3);
                y=y+line*70;
                e->Graphics->DrawString("第"+Convert::ToInt32(idx)+"趟: ",
                    font1,brush,(float)10,(float)y);
                for(int i=0;i<n+1;i++){
                    e->Graphics->DrawString(Convert::ToString(sortList[idx-1][i,0]),
                        font1,brush,(float)x+i*40-40,(float)y);
                    if(sortList[idx-1][i,1]>1)
                        e->Graphics->DrawString(Convert::ToString(sortList[idx-1][i,1]),
                            font2,brush,(float)x+i*40+15-40,(float)y-10);
                }
                e->Graphics->DrawLine(penGreen,x,y+30,x+(idx+1)*40-2,y+30);
                e->Graphics->DrawLine(penRed,x+(idx+1)*40+2,y+30,x+n*40,y+30);
            }

    private: System::Void button1_Click(System::Object^  sender, System::EventArgs^ e) {
                myList.Destroy();
                myList.Create(Convert::ToInt32(textBox1->Text));
                hasSort=false;
                int n=myList.getNum();
                initKeyList=gcnew array<int,2>(n+1,2);
                for(int i=0;i<n;i++){
                    initKeyList[i,0]=myList.getKey(i+1);
                    initKeyList[i,1]=myList.getOrder(i+1);
                }
                pictureBox1->Refresh();
            }
    private: System::Void button2_Click(System::Object^  sender, System::EventArgs^ e) {
                if(!hasSort){                      //如果没有排序,调用插入排序函数
                    myList.InsertSort();
                    getSortResult();
                    hasSort=true;
                    firstLineIdx=1;
                    pictureBox1->Refresh();
                }
            }
    private: System::Void button3_Click(System::Object^  sender, System::EventArgs^ e) {
                firstLineIdx=1;
                pictureBox1->Refresh();
            }
    private: System::Void button4_Click(System::Object^  sender, System::EventArgs^ e) {
                firstLineIdx--;
                pictureBox1->Refresh();
            }
    private: System::Void button5_Click(System::Object^  sender, System::EventArgs^ e) {
                firstLineIdx++;
                pictureBox1->Refresh();
            }
    private: System::Void button6_Click(System::Object^  sender, System::EventArgs^ e) {
                firstLineIdx=myList.getNum()-1;
```

```
                picturebox1->Refresh();
            }
private: System::Void hScrollBar1_Scroll(System::Object^ sender,
                        System::Windows::Forms::ScrollEventArgs^ e) {
                int x=(pictureBox1->Size.Width/hScrollBar1->Maximum)*hScrollBar1->Value;
                pictureBox1->Location=Point(-x,pictureBox1->Location.Y);
            }
private: System::Void textBox1_KeyPress(System::Object^ sender,
                        System::Windows::Forms::KeyPressEventArgs^ e) {
                if(!(Char::IsNumber(e->KeyChar)) && e->KeyChar !=(char)8)
                    e->Handled=true;
            }
```

程序说明：

(1) 为区分关键码相同的元素，在 Element 结构体中定义了 order 域，对关键码进行标注。对于标注为 2 及以上数值的关键码，窗体程序将在关键码之上输出一个小字体的 order 值，来区别码值相同的关键码。

(2) 在 InsertSort 函数中，插入排序的每趟排序结果均被保存到文本文件 intMedSet.txt，排序过程演示窗口中的数据就来自该文件。

7.1.2　希尔排序算法实现

希尔排序是先将整个待排序序列分成若干子序列分别进行直接插入排序，待整个序列基本有序时，再对序列进行一次直接插入排序。其分割子序列的方法是以相隔某个"增量"为一组，初始时该增量为序列长度的一半，其后逐渐减半，直至最后增量为1。

如图 7-2 所示，希尔排序窗体程序中，d 表示每次分割的增量。第 1 趟排序 d=7，即最上一行子序列是按相隔 7 个元素为一组。以此类推，其后分别是间隔 3 个和 1 个组成子序列。

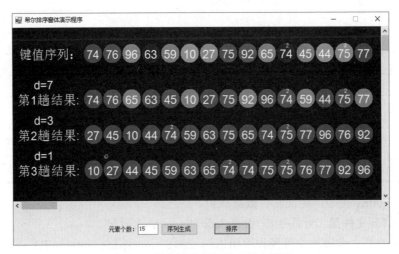

图 7-2　希尔排序窗体演示程序界面

下面介绍希尔排序窗体演示程序的设计方法。

(1) 创建窗体应用程序项目 ExampleCh7_2GUI。复制 7.1.1 节 ExampleCh7_1GUI 项

目中的 SequenceList.h 文件到本项目文件夹中。在解决方案资源管理中，右击"头文件"项，选择"添加"|"现有项"命令，引用 SequenceList.h 文件。

打开 SequenceList.h 文件，在其中增加希尔排序成员函数 ShellSort 如下：

```
void SequenceList::ShellSort(){          //希尔排序函数
    ofstream outFile("..\\intMedSet.txt");
    for(int d=num/2;d>=1;d=d/2){
        for(int i=d+1;i<=num;i++){
            ptr[0]=ptr[i];
            int j;
            for(j=i-d;j>0 && ptr[0].key<ptr[j].key;j=j-d)
                ptr[j+d]=ptr[j];
            ptr[j+d]=ptr[0];
        }
        for(int t=0;t<num+1;t++)          //输出中间结果至文件 intMedSet.txt
            outFile<<ptr[t].key<<","<<ptr[t].order<<";";
        outFile<<endl;
    }
    outFile.close();
}
```

(2) 窗体程序界面设计。参照图 7-2 和表 7-2 添加并设置控件属性和响应事件。

表 7-2 希尔排序窗体演示程序控件与参数设置

控 件	名 称	属性设置	响应事件
Form	Form1	Size= 1050, 577; MaximizeBox=False; StartPosition=CenterScreen;FormBorderStyle= Fixed3D;Text=希尔排序窗体演示程序;	
Button	button1	Text=序列生成	Click
	button2	Text=排序	
Label	label1	Text=元素个数：	
TextBox	textBox1	Size=55,25;Location= 345, 488;MaxLength=2	KeyPress
Panel	panel1	Size=1043,450;Location= 0, 0	
PictureBox	pictureBox1	Size= 1780, 464; Location= 0, 0; BackColor=Black	Paint
HScrollBar	hScrollBar1	Size=1043,17;Location= 0, 433	Scroll
VScrollBar	vScrollBar1	Size=18,433;Location= 1025, 0	

(3) 在 Form1 类中，定义私有数据成员。

在 Form1.h 文件第二行添加语句#include "SequenceList.h"。

在 Form1 类之前添加文件操作引用语句 using namespace System::IO;，并定义顺序表对象 myList。

在 Form1 类的私有数据部分添加数据成员如下：

```
array<array<int,2>^> ^ sortList;        //记录每趟排序过程
array<int,2>^ initKeyList;              //随机键值序列
bool hasSort;                           //是否已排序
array<int> ^ d;                         //保存每趟排序的增量
```

(4) 控件事件响应函数和自定义功能函数设计。hScrollBar1、vScrollBar1 和 textBox1 控件的事件响应函数与 7.1.1 节相同，不再重复。代码如下：

```
private: System::Void button1_Click(System::Object^ sender, System::EventArgs^ e) {
            myList.Destroy();
            myList.Create(Convert::ToInt32(textBox1->Text));
            hasSort=false;
            int n=myList.getNum();
            initKeyList=gcnew array<int,2>(n+1,2);
            for(int i=0;i<n;i++){
                initKeyList[i,0]=myList.getKey(i+1);
                initKeyList[i,1]=myList.getOrder(i+1);
            }
            pictureBox1->Refresh();
        }
private: System::Void button2_Click(System::Object^ sender, System::EventArgs^ e) {
            if(!hasSort){
                myList.ShellSort();
                getSortResult();
                hasSort=true;
                pictureBox1->Refresh();
            }
        }
private: void getSortResult(){           //从 intMedSet.txt 获取排序结果
            int n=myList.getNum(),m=n;
            int i=0;
            m/=2;
            while(m>=1){                 //计算排序结果有几趟
                i++;
                m/=2;
            }
            sortList= gcnew array<array<int,2>^>(i);
            d = gcnew array<int>(i);
            m=n;
            for(int l=0;l<i;l++){        //计算每趟排序的增量值并存于数组 d
                m/=2;
                d[l]=m;
            }
            StreamReader^ sr = gcnew StreamReader("..\\intMedSet.txt");
            array<String ^> ^ splitString=gcnew array<String ^>(0);
            array<String ^> ^ splitSubStr=gcnew array<String ^>(0);
            i=0;
            try{
                String^ line;
```

```
                    while (line = sr->ReadLine()){
                        splitString=line->Split(';');
                        sortList[i]=gcnew array<int,2>(n+1,2);
                        for(int j=0;j<n+1;j++){
                            splitSubStr=splitString[j]->Split(',');
                            sortList[i][j,0]=Convert::ToInt32(splitSubStr[0]);
                            sortList[i][j,1]=Convert::ToInt32(splitSubStr[1]);
                        }
                        i++;
                    }
                }
                finally{
                    if ( sr )
                        delete (IDisposable^)sr;
                }
            }
    private: System::Void pictureBox1_Paint(System::Object^  sender,
                    System::Windows::Forms::PaintEventArgs^  e) {
                Drawing::Font^ font1 = gcnew Drawing::Font("Arial", 18);
                Drawing::Font^ font2 = gcnew Drawing::Font("Arial", 8);
                SolidBrush^ brush = gcnew SolidBrush(Color::White);
                int n=myList.getNum(),x,y,d=n/2;
                if(n!=0){
                    x=150,y=40;
                    e->Graphics->DrawString("键值序列: ",font1,brush,(float)10,(float)y);
                    for(int i=0;i<n;i++){
                        DrawCircl((float)x+i*40-2,(float)y-8,i%d,e);
                        e->Graphics->DrawString(Convert::ToString(initKeyList[i,0]),
                            font1,brush,(float)x+i*40,(float)y);
                        if(initKeyList[i,1]>1)
                            e->Graphics->DrawString(Convert::ToString(initKeyList[i,1]),
                            font2,brush,(float)x+i*40+15,(float)y-10);
                    }
                    x=150,y=100;
                    if(hasSort){
                        for(int i=0;i<sortList->Length;i++)
                            DrawSortingProcess(i+1,i+1,e);
                    }
                }
            }
    private: void DrawCircl(int x,int y,int color,Windows::Forms::PaintEventArgs^  e){
                //以x,y为左上角画半径为38的实心圆,颜色编号为color
                array<SolidBrush^>^ brushs = gcnew array<SolidBrush^>{
                    gcnew SolidBrush(Color::Green),gcnew SolidBrush(Color::Teal),
                    gcnew SolidBrush(Color::DeepSkyBlue),gcnew SolidBrush(Color::Coral),
                    gcnew SolidBrush(Color::Purple),gcnew SolidBrush(Color::Orange),
                    gcnew SolidBrush(Color::DarkSalmon),gcnew SolidBrush(Color::Orchid),
                    gcnew SolidBrush(Color::Chartreuse),gcnew SolidBrush(Color::Maroon),
```

```
            gcnew SolidBrush(Color::Firebrick),gcnew SolidBrush(Color::Red)};
        e->Graphics->FillEllipse(brushs[color%12], x, y, 38, 38);
}
private: void DrawSortingProcess(int line,int idx,Windows::Forms::PaintEventArgs^ e){
        //输出一趟排序的结果，line 为输出的位置，idx 为第几趟结果
        int x=150,y=60,n=myList.getNum();
        Drawing::Font^ font1 = gcnew Drawing::Font("Arial", 18);
        Drawing::Font^ font2 = gcnew Drawing::Font("Arial", 8);
        SolidBrush^ brush = gcnew SolidBrush(Color::White);
        Pen ^ penGreen=gcnew Pen(Color::Green,3);
        Pen ^ penRed=gcnew Pen(Color::Red,3);
        y=y+line*70;
        e->Graphics->DrawString("d="+Convert::ToInt32(d[idx-1]),
            font1,brush,(float)40,(float)y-30);
        e->Graphics->DrawString("第"+Convert::ToInt32(idx)+"趟结果:",
            font1,brush,(float)6,(float)y);
        for(int i=1;i<n+1;i++){
            DrawCircl((float)x+i*40-42,(float)y-8,
                (i-1)%(d[idx-1]>1?d[idx-1]/2:d[idx-1]),e);
            e->Graphics->DrawString(Convert::ToString(sortList[idx-1][i,0]),
                font1,brush,(float)x+i*40-40,(float)y);
            if(sortList[idx-1][i,1]>1)
                e->Graphics->DrawString(Convert::ToString(sortList[idx-1][i,1]),
                    font2,brush,(float)x+i*40+15-40,(float)y-10);
        }
}
```

程序说明：

Form1 中定义的二维数组 sortList，保存了从文本文件 intMedSet.txt 读取的排序结果，而定义的一维数组 d 保存了每趟排序的增量，getSortResult 函数中完成了对 sortList 和 d 数组的赋值。

7.2 交 换 排 序

交换排序的基本思想是两两比较待排序数据元素，若次序相反，则交换两者的位置，直至所有元素排好序为止。

7.2.1 冒泡排序算法实现

冒泡排序算法采用的交换方法是从序列的一端向另一端，首次是将序列中最大(或最小)者交换到最终位置，以此类推，直至全部元素交换完毕。

如图 7-3 所示，冒泡排序窗体演示程序中单击 ">" 按钮，可动态演示大元素被移到右端的过程。柱状条的高低由元素的值决定，大者较高。键值取值范围从 10 到 99。

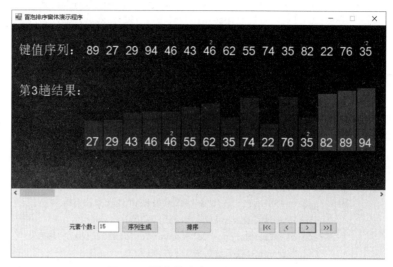

图 7-3　冒泡排序窗体演示程序界面

下面介绍冒泡排序窗体演示程序的设计步骤。

(1) 创建窗体应用程序项目 ExampleCh7_3GUI。复制 7.1.1 节 ExampleCh7_1GUI 项目中的 SequenceList.h 文件到本项目文件夹中。在解决方案资源管理中，右击"头文件"项，选择"添加"|"现有项"命令，引用 SequenceList.h 文件。

打开 SequenceList.h 文件，在其中添加冒泡排序成员函数 BubbleSort 如下：

```cpp
void SequenceList::BubbleSort(){                    //冒泡排序成员函数
    ofstream outFile1("..\\intMedSet.txt");          //记录每趟排序结果
    ofstream outFile2("..\\exchangeValue.txt");      //记录每趟排序交换区间
    int exchange=num;
    while(exchange!=0){
        int bound=exchange;
        exchange=0;
        for(int j=1;j<bound;j++){                    //一趟排序,区间[1,bound]
            if(ptr[j].key>ptr[j+1].key){
                ptr[0]=ptr[j];
                ptr[j]=ptr[j+1];
                ptr[j+1]=ptr[0];
                exchange=j;
            }
        }
        if(exchange){
            outFile2<<exchange<<endl;
            for(int t=0;t<num+1;t++)
                outFile1<<ptr[t].key<<","<<ptr[t].order<<";";
            outFile1<<endl;
        }
    }
    outFile1.close();
    outFile2.close();
}
```

(2) 窗体程序界面的设计。冒泡排序窗体演示程序控件与参数的设置与 7.1.1 节相似，可参照图 7-3 和表 7-1 完成。

(3) 在 Form1 类中，定义私有数据成员。

在 Form1.h 文件第二行添加语句#include "SequenceList.h"。在 Form1 类之前添加文件操作引用语句 using namespace System::IO;，并定义顺序表对象 myList。

在 Form1 类的私有数据部分添加数据成员如下：

```
array<array<int,2>^> ^ sortList;      //记录每趟排序过程
array<int>^ exchangeVal;              //每趟排序区间
array<int,2>^ initKeyList;            //随机键值序列
bool hasSort;                         //是否已排序
int currentIdx;                       //当前显示第几趟排序
```

(4) 控件事件响应函数和自定义功能函数设计。hScrollBar1 和 textBox1 控件的事件响应函数与 7.1.1 节相同，此处略。其余函数设计如下：

```
private: System::Void button1_Click(System::Object^ sender, System::EventArgs^ e) {
            myList.Destroy();
            myList.Create(Convert::ToInt32(textBox1->Text));
            hasSort=false;
            int n=myList.getNum();
            initKeyList=gcnew array<int,2>(n+1,2);
            for(int i=0;i<n;i++){
                initKeyList[i,0]=myList.getKey(i+1);
                initKeyList[i,1]=myList.getOrder(i+1);
            }
            pictureBox1->Refresh();
            button3->Enabled=false;
            button4->Enabled=false;
            button5->Enabled=false;
            button6->Enabled=false;
        }
private: System::Void button2_Click(System::Object^ sender, System::EventArgs^ e) {
            if(!hasSort){
                myList.BubbleSort();
                getSortResult();
                hasSort=true;
                currentIdx=1;
                pictureBox1->Refresh();
                EnDisableButtons();
            }
        }
private: int ReadExchangeVal(){           //读取 ExchangeVal.txt 文件并返回行数
            int val[100],i=0;
            StreamReader^ sr = gcnew StreamReader("..\\exchangeValue.txt");
            try{
                String ^ line;
                while((line=sr->ReadLine()))
                    val[i++]=Convert::ToInt32(line->ToString());
                exchangeVal=gcnew array<int>(i);
```

```
                    for(int j=0;j<i;j++)
                        exchangeVal[j]=val[j];
                }
                finally{
                    if ( sr )
                        delete (IDisposable^)sr;
                }
                return i;
            }
        private: void getSortResult(){         //从文件intMedSet.txt 读取每趟排序结果
                int n=myList.getNum(),i=0;
                int m=ReadExchangeVal();
                sortList= gcnew array<array<int,2>^>(m);
                StreamReader^ sr = gcnew StreamReader("..\\intMedSet.txt");
                array<String ^> ^ splitString=gcnew array<String ^>(0);
                array<String ^> ^ splitSubStr=gcnew array<String ^>(0);
                try{
                    String^ line;
                    while (line = sr->ReadLine()){
                        splitString=line->Split(';');
                        sortList[i]=gcnew array<int,2>(n+1,2);
                        for(int j=0;j<n+1;j++){
                            splitSubStr=splitString[j]->Split(',');
                            sortList[i][j,0]=Convert::ToInt32(splitSubStr[0]);
                            sortList[i][j,1]=Convert::ToInt32(splitSubStr[1]);
                        }
                        i++;
                    }
                }
                finally{
                    if ( sr )
                        delete (IDisposable^)sr;
                }
            }
        private: void EnDisableButtons(){ //控制每趟排序结果显示方向按钮的可用与否
                if(currentIdx>1){
                    button3->Enabled=true;
                    button4->Enabled=true;
                }
                else{
                    button3->Enabled=false;
                    button4->Enabled=false;
                }
                if(currentIdx<sortList->Length){
                    button5->Enabled=true;
                    button6->Enabled=true;
                }
                else{
                    button5->Enabled=false;
                    button6->Enabled=false;
                }
            }
        private: System::Void button3_Click(System::Object^  sender, System::EventArgs^  e) {
```

```cpp
            currentIdx=1;
            pictureBox1->Refresh();
            EnDisableButtons();
        }
private: System::Void button4_Click(System::Object^  sender, System::EventArgs^  e){
            currentIdx--;
            pictureBox1->Refresh();
            EnDisableButtons();
        }
private: System::Void button5_Click(System::Object^  sender, System::EventArgs^  e) {
            currentIdx++;
            pictureBox1->Refresh();
            EnDisableButtons();
        }
private: System::Void button6_Click(System::Object^  sender, System::EventArgs^  e) {
            currentIdx=sortList->Length;
            pictureBox1->Refresh();
            EnDisableButtons();
        }
private: System::Void pictureBox1_Paint(System::Object^  sender,
                    System::Windows::Forms::PaintEventArgs^  e) {
            Drawing::Font^ font1 = gcnew Drawing::Font("Arial", 18);
            Drawing::Font^ font2 = gcnew Drawing::Font("Arial", 8);
            SolidBrush^ brush = gcnew SolidBrush(Color::White);
            int n=myList.getNum(),x,y;
            if(n!=0){
                x=150,y=40;
                e->Graphics->DrawString("键值序列: ",font1,brush,(float)10,(float)y);
                for(int i=0;i<n;i++){
                    e->Graphics->DrawString(Convert::ToString(initKeyList[i,0]),
                        font1,brush,(float)x+i*40,(float)y);
                    if(initKeyList[i,1]>1)
                        e->Graphics->DrawString(Convert::ToString(initKeyList[i,1]),
                        font2,brush,(float)x+i*40+15,(float)y-10);
                }
                if(hasSort)
                    DrawSortingProcess(currentIdx,e);
            }
        }
private: void DrawSortingProcess(int idx,Windows::Forms::PaintEventArgs^  e){
            //输出第idx趟排序结果
            int x=170,y=120,n=myList.getNum();
            Drawing::Font^ font1 = gcnew Drawing::Font("Arial", 18);
            Drawing::Font^ font2 = gcnew Drawing::Font("Arial", 8);
            SolidBrush^ brush = gcnew SolidBrush(Color::White);
            SolidBrush^ brushGreen = gcnew SolidBrush(Color::Green);
            SolidBrush^ brushRed = gcnew SolidBrush(Color::Red);
            e->Graphics->DrawString("第"+Convert::ToInt32(idx)+"趟结果: ",
                font1,brush,(float)10,(float)y);
            for(int i=1;i<n+1;i++){
                if(i>exchangeVal[idx-1])
                    e->Graphics->FillRectangle(brushGreen,x+i*40-60,y+100-
```

```
                    sortList[idx-1][i,0],38,sortList[idx-1][i,0]+30);//画绿色柱状条
                else
                    e->Graphics->FillRectangle(brushRed,x+i*40-60,y+100-
                    sortList[idx-1][i,0],38,sortList[idx-1][i,0]+30);//画红色柱状条
            e->Graphics->DrawString(Convert::ToString(sortList[idx-1][i,0]),
                font1,brush,(float)x+i*40-60,(float)y+100);
            if(sortList[idx-1][i,1]>1)
                e->Graphics->DrawString(Convert::ToString(sortList[idx-1][i,1]),
                    font2,brush,(float)x+i*40+15-60,(float)y+90);
        }
    }
```

程序说明：

在 BubbleSort 函数中，定义了一个 int 型变量 exchange。该变量的作用是"感知"一趟排序过程中是否有元素交换，如果没有交换，说明序列已经有序，不需要再进行排序操作。此外，exchange 还是下一趟排序区间[1, bound)的右边界值。

7.2.2 快速排序算法实现

快速排序，又称划分交换排序，基本操作是在待排序的序列中取一个元素作为基准(轴值、支点)，交换基准元素的位置，将序列分割成左右两个子序列，其中左子序列元素的键值小于等于、右子序列元素的键值大于等于基准元素的键值，再对分割后的子序列重复上述过程，直到整个序列有序。

基准元素的选择有多种方法，本节程序使用选取序列中首元素的方法。

如图 7-4 所示，快速排序窗体演示程序能显示每次划分后排序的结果，其中序列下方的白线表示本次划分所操作的子序列。

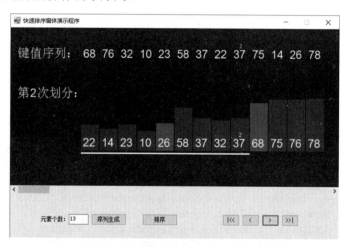

图 7-4　快速排序窗体演示程序界面

快速排序窗体演示程序的实现步骤如下。

(1) 创建窗体应用程序项目 ExampleCh7_4GUI。复制 7.1.1 节 ExampleCh7_1GUI 项目中的 SequenceList.h 文件到本项目文件夹中。通过添加现有项，导入 SequenceList.h

文件。

打开 SequenceList.h 文件,在其中添加快速排序成员函数 QuickSort 及其需要调用的快速排序递归函数和一次划分函数 Partition,相关代码如下:

```
void SequenceList::QuickSort(){                    //快速排序
    outFile1.open("..\\intMedSet.txt");
    outFile2.open("..\\povitLoc.txt");
    QuickSort(1,num);
    outFile1.close();
    outFile2.close();
}
void SequenceList::QuickSort(int first,int end){    //快速排序递归函数
    if(first<end){        //区间长度大于1,执行一次划分
        int pivot=Partition(first,end);
        //保存一次划分区间与基准元素位置
        outFile2<<first<<","<<end<<","<<pivot<<endl;
        for(int t=0;t<num+1;t++)
            outFile1<<ptr[t].key<<","<<ptr[t].order<<";";
        outFile1<<endl;
        QuickSort(first,pivot-1);                  //递归调用
        QuickSort(pivot+1,end);
    }
}
int SequenceList::Partition(int first,int end){    //一次划分算法实现函数
    int i=first,j=end;
    while(i<j){
        while(i<j && ptr[i].key<=ptr[j].key)       //右侧扫描
            j--;
        if(i<j){
            ptr[0]=ptr[i];
            ptr[i]=ptr[j];
            ptr[j]=ptr[0];
            i++;
        }
        while(i<j && ptr[i].key<=ptr[j].key)       //左侧扫描
            i++;
        if(i<j){
            ptr[0]=ptr[i];
            ptr[i]=ptr[j];
            ptr[j]=ptr[0];
            j--;
        }
    }
    return i;                                       //i==j,基准元素已调整到位
}
```

(2) 窗体程序界面设计。快速排序窗体演示程序控件与参数的设置与 7.1.1 节相似,可参照图 7-4 和表 7-1 完成。

(3) 在 Form1 类中,定义私有数据成员。

与 7.1.1 节类似,在 Form1.h 文件中插入#include "SequenceList.h",并添加语句 using namespace System::IO;，再定义顺序表对象 myList。

在 Form1 类的私有数据部分添加数据成员如下：

```
array<array<int,2>^> ^ sortList;        //记录每趟排序过程
array<int,2>^ povitRange;                //每次划分区间和基准位置
array<int,2>^ initKeyList;               //随机键值序列
bool hasSort;                            //是否已排序
int partitionIdx;                        //第几次划分
array<bool> ^ backColor;                 //背景颜色，绿色或红色
```

（4）控件事件响应函数和自定义功能函数设计。hScrollBar1 和 textBox1 控件的事件响应函数与 7.1.1 节同名函数相同，其余函数设计如下：

```
private: int ReadPovitLoc(){            //读取povitLoc.txt 文件并返回行数
            int val[100][3],i=0;
            StreamReader^ sr = gcnew StreamReader("..\\povitLoc.txt");
            array<String ^> ^ splitString=gcnew array<String ^>(0);
            try{
                String ^ line;
                while((line=sr->ReadLine())){
                    splitString=line->Split(',');
                    for(int l=0;l<3;l++)
                        val[i][l]=Convert::ToInt32(splitString[l]->ToString());
                    i++;
                }
                //生成i行3列数组,记录每次划分区间与基准位置
                povitRange=gcnew array<int,2>(i,3);
                for(int j=0;j<i;j++)
                    for(int l=0;l<3;l++)
                        povitRange[j,l]=val[j][l];
            }
            finally{
                if (sr)
                    delete (IDisposable^)sr;
            }
            return i;
        }
private: void getSortResult(){//获取intMedSet.txt 文件中的每次划分后的排序结果
            int n=myList.getNum(),i=0;
            int m=ReadPovitLoc();
            sortList= gcnew array<array<int,2>^>(m);
            backColor = gcnew array<bool>(n+1);
            StreamReader^ sr = gcnew StreamReader("..\\intMedSet.txt");
            array<String ^> ^ splitString=gcnew array<String ^>(0);
            array<String ^> ^ splitSubStr=gcnew array<String ^>(0);
            try{
                String^ line;
                while (line = sr->ReadLine()){
                    splitString=line->Split(';');
                    sortList[i]=gcnew array<int,2>(n+1,2);
                    for(int j=0;j<n+1;j++){
                        splitSubStr=splitString[j]->Split(',');
```

第 7 章 排序

```
                    sortList[i][j,0]=Convert::ToInt32(splitSubStr[0]);
                    sortList[i][j,1]=Convert::ToInt32(splitSubStr[1]);
                }
                backColor[i]=false;        //设置初始值
                i++;
            }
        }
        finally{
            if ( sr )
                delete (IDisposable^)sr;
        }
    }
private: void EnDisableButtons(){
        if(partitionIdx>1){
            button3->Enabled=true;
            button4->Enabled=true;
        }
        else{
            button3->Enabled=false;
            button4->Enabled=false;
        }
        if(partitionIdx<sortList->Length){
            button5->Enabled=true;
            button6->Enabled=true;
        }
        else{
            button5->Enabled=false;
            button6->Enabled=false;
        }
    }
private: System::Void button1_Click(System::Object^  sender, System::EventArgs^  e) {
        myList.Destroy();
        myList.Create(Convert::ToInt32(textBox1->Text));
        hasSort=false;
        int n=myList.getNum();
        initKeyList=gcnew array<int,2>(n+1,2);
        for(int i=0;i<n;i++){
            initKeyList[i,0]=myList.getKey(i+1);
            initKeyList[i,1]=myList.getOrder(i+1);
        }
        pictureBox1->Refresh();
        button3->Enabled=false;
        button4->Enabled=false;
        button5->Enabled=false;
        button6->Enabled=false;
    }
private: System::Void button2_Click(System::Object^  sender, System::EventArgs^  e) {
        if(!hasSort){
            myList.QuickSort();
            getSortResult();
            hasSort=true;
            partitionIdx=1;
            updateBackColor(partitionIdx);
```

```cpp
                    pictureBox1->Refresh();
                    EnDisableButtons();
                }
            }
    private: System::Void button3_Click(System::Object^  sender, System::EventArgs^  e) {
                 partitionIdx=1;
                 updateBackColor(partitionIdx);
                 pictureBox1->Refresh();
                 EnDisableButtons();
             }
    private: System::Void button4_Click(System::Object^  sender, System::EventArgs^  e) {
                 partitionIdx--;
                 updateBackColor(partitionIdx);
                 pictureBox1->Refresh();
                 EnDisableButtons();
             }
    private: System::Void button5_Click(System::Object^  sender, System::EventArgs^  e) {
                 partitionIdx++;
                 updateBackColor(partitionIdx);
                 pictureBox1->Refresh();
                 EnDisableButtons();
             }
    private: System::Void button6_Click(System::Object^  sender, System::EventArgs^  e) {
                 partitionIdx=sortList->Length;
                 updateBackColor(partitionIdx);
                 pictureBox1->Refresh();
                 EnDisableButtons();
             }
    private: System::Void pictureBox1_Paint(System::Object^  sender,
                         System::Windows::Forms::PaintEventArgs^  e) {
                 Drawing::Font^ font1 = gcnew Drawing::Font("Arial", 18);
                 Drawing::Font^ font2 = gcnew Drawing::Font("Arial", 8);
                 SolidBrush^ brush = gcnew SolidBrush(Color::White);
                 int n=myList.getNum(),x,y;
                 if(n!=0){
                     x=150,y=40;
                     e->Graphics->DrawString("键值序列: ",font1,brush,(float)10,(float)y);
                     for(int i=0;i<n;i++){
                         e->Graphics->DrawString(Convert::ToString(initKeyList[i,0]),
                             font1,brush,(float)x+i*40,(float)y);
                         if(initKeyList[i,1]>1)
                             e->Graphics->DrawString(Convert::ToString(initKeyList[i,1]),
                             font2,brush,(float)x+i*40+15,(float)y-10);
                     }
                     if(hasSort)
                         DrawSortingProcess(partitionIdx,e);
                 }
             }
    private: void DrawSortingProcess(int idx,Windows::Forms::PaintEventArgs^ e){
                 int x=170,y=120,n=myList.getNum();
                 Drawing::Font^ font1 = gcnew Drawing::Font("Arial", 18);
                 Drawing::Font^ font2 = gcnew Drawing::Font("Arial", 8);
                 SolidBrush^ brush = gcnew SolidBrush(Color::White);
```

```
            SolidBrush^ brushGreen = gcnew SolidBrush(Color::Green);
            SolidBrush^ brushRed = gcnew SolidBrush(Color::Red);
            e->Graphics->DrawString("第"+Convert::ToInt32(idx)+"次划分: ",
                      font1,brush,(float)10,(float)y);
            for(int i=1;i<n+1;i++){
                if(backColor[i])
                    e->Graphics->FillRectangle(brushGreen,x+i*40-60,y+100-
                        sortList[idx-1][i,0],38,sortList[idx-1][i,0]+30);//画绿色矩形
                else
                    e->Graphics->FillRectangle(brushRed,x+i*40-60,y+100-
                        sortList[idx-1][i,0],38,sortList[idx-1][i,0]+30);//画红色矩形
                e->Graphics->DrawLine(gcnew Pen(Color::White,3),
                    x+(povitRange[partitionIdx-1,0]-1)*40-20,y+135,
                            x+povitRange[partitionIdx-1,1]*40-20,y+135);
//画白线区间
                e->Graphics->DrawString(Convert::ToString(sortList[idx-1][i,0]),
                            font1,brush,(float)x+i*40-60,(float)y+100);
                if(sortList[idx-1][i,1]>1)
                    e->Graphics->DrawString(Convert::ToString(sortList[idx-1][i,1]),
                            font2,brush,(float)x+i*40+15-60,(float)y+90);
            }
        }
        private: void updateBackColor(int pt){      //更新 backColor 中的值
            for(int i=1;i<backColor->Length;i++)
                backColor[i]=false;
            for(int i=0;i<pt;i++)
                backColor[povitRange[i,2]]=true;
        }
```

程序说明:

Partition 函数对区间为[first,end]的序列进行一次划分, 把 first 上的元素交换到最终位置, 并返回交换后的位置。

递归函数 QuickSort(int first, int end)的功能是对区间[first, end]上的元素做快速排序, 其中变量 pivot 保存了 Partition 函数进行一次划分后的位置, 并据此把排序区间分为左右两个小区间, 再递归调用 QuickSort 对小区间上的元素进行排序。

7.3 选择排序

选择排序的基本操作是每次从待排序的数据元素中选出最小(或最大)的一个元素, 存放到序列的起始(或末端)位置, 待排序的元素减1, 直到全部待排序的数据元素排完。

7.3.1 简单选择排序算法实现

简单选择排序的基本思想是从待排序子序列中选择键值最小的元素与子序列最左位置上的元素交换, 再从剩余元素构成的子序列中选择键值最小元素交换到子序列的最左位, 依次类推, 直至排序结束。

如图 7-5 所示，简单选择排序窗体演示程序采用选择键值最小元素交换至左边的规则进行排序。白色箭头线表示这趟排序箭头上方位置上的元素进行了交换。

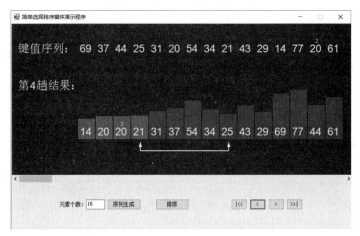

图 7-5 简单选择排序窗体演示程序界面

简单选择排序窗体演示程序实现方法如下。

(1) 创建窗体应用程序项目 ExampleCh7_5GUI。复制 7.1.1 节 ExampleCh7_1GUI 项目中的 SequenceList.h 文件到本项目文件夹中。通过添加现有项，导入 SequenceList.h 文件。

打开 SequenceList.h 文件，在其中添加简单排序成员函数 SelectSort，代码如下：

```
void SequenceList:: SelectSort(){          //简单选择排序函数
    int index;                              //键值最小元素的位置
    ofstream outFile1("..\\intMedSet.txt");
    ofstream outFile2("..\\exchangeLoc.txt");
    for(int i=1;i<num;i++){
        index=i;
        for(int j=i+1;j<=num;j++)
            if(ptr[j].key<ptr[index].key)
                index=j;
        if(index!=i){
            ptr[0]=ptr[i];                  //数组 0 号单元用于数据交换
            ptr[i]=ptr[index];
            ptr[index]=ptr[0];
        }
        outFile2<<i<<","<<index<<endl;
        for(int t=0;t<num+1;t++)
            outFile1<<ptr[t].key<<","<<ptr[t].order<<";";
        outFile1<<endl;
    }
    outFile1.close();
    outFile2.close();
}
```

(2) 窗体程序界面设计。简单选择排序窗体演示程序控件与参数的设置与 7.1.1 节相似，参照图 7-5 和表 7-1 完成。

(3) 在 Form1 类中，定义私有数据成员。

与 7.1.1 节类似，在 Form1.h 中，添加#include "SequenceList.h"，using namespace System::IO 和 SequenceList myList 语句。

在 Form1 类的私有数据部分添加数据成员：

```
array<array<int,2>^> ^ sortList;        //记录每趟排序过程
array<int,2> ^ exchangeLoc;             //记录每趟交换位置
array<int,2>^ initKeyList;              //随机键值序列
bool hasSort;                           //是否已排序
int currentIdx;                         //当前显示第几趟排序
```

(4) 控件事件响应函数和自定义功能函数代码设计。hScrollBar1 和 textBox1 控件的事件响应函数参见 7.1.1 节，其余函数设计如下：

```
private: System::Void button1_Click(System::Object^ sender, System::EventArgs^ e){
            //略，与7.2.2节相应函数同。
        }
private: System::Void button2_Click(System::Object^ sender, System::EventArgs^ e) {
            if(!hasSort){
                myList.SelectSort();
                getSortResult();
                hasSort=true;
                currentIdx=1;
                pictureBox1->Refresh();
                EnDisableButtons();
            }
        }
private: System::Void button3_Click(System::Object^ sender, System::EventArgs^ e) {
            currentIdx=1;
            pictureBox1->Refresh();
            EnDisableButtons();
        }
private: System::Void button4_Click(System::Object^ sender, System::EventArgs^ e) {
            currentIdx--;
            pictureBox1->Refresh();
            EnDisableButtons();
        }
private: System::Void button5_Click(System::Object^ sender, System::EventArgs^ e) {
            currentIdx++;
            pictureBox1->Refresh();
            EnDisableButtons();
        }
private: System::Void button6_Click(System::Object^ sender, System::EventArgs^ e) {
            currentIdx=sortList->Length;
            pictureBox1->Refresh();
            EnDisableButtons();
        }
private: void EnDisableButtons(){
            if(currentIdx>1){
```

```
                    button3->Enabled=true;
                    button4->Enabled=true;
                }
                else{
                    button3->Enabled=false;
                    button4->Enabled=false;
                }
                if(currentIdx<sortList->Length){
                    button5->Enabled=true;
                    button6->Enabled=true;
                }
                else{
                    button5->Enabled=false;
                    button6->Enabled=false;
                }
            }
    private: void ReadExchangeLoc(){            //读取 exchangeLoc.txt 文件
                int n=myList.getNum();
                StreamReader^ sr = gcnew StreamReader("..\\exchangeLoc.txt");
                exchangeLoc = gcnew array<int,2>(n-1,2);
                array<String ^> ^ splitString=gcnew array<String ^>(0);
                try{
                    String ^ line;
                    for(int i=0;i<n-1;i++){
                        line=sr->ReadLine();
                        splitString=line->Split(',');
                        exchangeLoc[i,0]=Convert::ToInt32(splitString[0]);
                        exchangeLoc[i,1]=Convert::ToInt32(splitString[1]);
                    }
                }
                finally{
                    if ( sr )
                        delete (IDisposable^)sr;
                }
            }
    private: void getSortResult(){
                int n=myList.getNum(),i=0;
                sortList= gcnew array<array<int,2>^>(n-1);
                //略, 余下部分与 7.2.2 中同名函数相同。
            }
    private: System::Void pictureBox1_Paint(System::Object^  sender,
System::Windows::Forms::PaintEventArgs^  e) {
                Drawing::Font^ font1 = gcnew Drawing::Font("Arial", 18);
                Drawing::Font^ font2 = gcnew Drawing::Font("Arial", 8);
                SolidBrush^ brush = gcnew SolidBrush(Color::White);
                int n=myList.getNum(),x,y;
                if(n!=0){
                    x=150,y=40;
```

```
                    e->Graphics->DrawString("键值序列: ",font1,brush,(float)10,(float)y);
                    for(int i=0;i<n;i++){
                        e->Graphics->DrawString(Convert::ToString(initKeyList[i,0]),
                            font1,brush,(float)x+i*40,(float)y);
                        if(initKeyList[i,1]>1)
                            e->Graphics->DrawString(Convert::ToString(initKeyList[i,1]),
                                font2,brush,(float)x+i*40+15,(float)y-10);
                    }
                    if(hasSort)
                        DrawSortingProcess(currentIdx,e);
                }
            }
private: void DrawSortingProcess(int idx,Windows::Forms::PaintEventArgs^ e){
                int x=170,y=120,n=myList.getNum();
                Drawing::Font^ font1 = gcnew Drawing::Font("Arial", 18);
                Drawing::Font^ font2 = gcnew Drawing::Font("Arial", 8);
                SolidBrush^ brush = gcnew SolidBrush(Color::White);
                SolidBrush^ brushGreen = gcnew SolidBrush(Color::Green);
                SolidBrush^ brushRed = gcnew SolidBrush(Color::Red);
                e->Graphics->DrawString("第"+Convert::ToInt32(idx)+"趟结果: ",
                    font1,brush,(float)10,(float)y);
                for(int i=1;i<=n;i++){
                    if(i<idx+1)
                        e->Graphics->FillRectangle(brushGreen,x+i*40-60,y+100-
                            sortList[idx-1][i,0],38,sortList[idx-1][i,0]+30);
                    else
                        e->Graphics->FillRectangle(brushRed,x+i*40-60,y+100-
                            sortList[idx-1][i,0],38,sortList[idx-1][i,0]+30);
                    e->Graphics->DrawString(Convert::ToString(sortList[idx-1][i,0]),
                        font1,brush,(float)x+i*40-60,(float)y+100);
                    if(sortList[idx-1][i,1]>1)
                        e->Graphics->DrawString(Convert::ToString(sortList[idx-1][i,1]),
                            font2,brush,(float)x+i*40+15-60,(float)y+90);
                }
                DrawArrowLine(exchangeLoc[idx-1,0],exchangeLoc[idx-1,1],e);
            }
private: void DrawArrowLine(int first,int idx,Windows::Forms::PaintEventArgs^ e){
                int x=130,y=255;
                Pen ^ p=gcnew Pen(Color::White,2);
                Pen ^ q=gcnew Pen(Color::White,2);
                SolidBrush^ brush = gcnew SolidBrush(Color::Red);
                p->CustomEndCap = gcnew Drawing2D::AdjustableArrowCap(4, 6);//箭头
                e->Graphics->DrawLine(p,x+40*first,y+20,x+40*first, y);
                e->Graphics->DrawLine(p,x+40*idx,y+20,x+40*idx, y);
                e->Graphics->DrawLine(q,x+40*first,y+20,x+40*idx, y+20);
            }
```

程序说明:

在演示窗口中,程序能用箭头准确地标明第几趟排序过程中是哪两个元素进行了交

换。该功能的实现方法是：首先，在 SelectSort 函数中，将每趟元素交换的位置信息写入文本文件 exchangeLoc.txt；其次，由 Form1 的 ReadExchangeLoc 函数，把该文件中的内容解析到托管堆上的二维数组 exchangeLoc；最后，DrawArrowLine 函数根据数组中的位置值画出箭头。

7.3.2 堆排序算法实现

堆是一棵完全二叉树，其中每个非叶子结点的关键码均大于(或小于)等于其孩子结点的关键码。大根堆是指结点的关键码大于等于其孩子结点关键码的堆。若相反，则称为小根堆。

如图 7-6 所示，堆排序窗体演示程序能显示每趟排序结果和对应的大根堆。大根堆中，已交换到位的结点不再与其双亲结点相连。

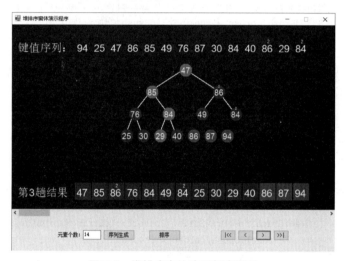

图 7-6 堆排序窗体演示程序界面

堆排序窗体演示程序实现步骤与方法如下。

(1) 创建窗体应用程序项目 ExampleCh7_6GUI。与 7.3.1 节相同复制 SequenceList.h 文件，在其中添加堆排序成员函数 HeapSort 及其堆调整函数 Sift，代码如下：

```
void SequenceList::HeapSort(){
    ofstream outFile("..\\intMedSet.txt");
    for(int i=num/2;i>=1;i--)                    //初始建堆
        Sift(i,num);
    for(int t=0;t<num+1;t++)                     //结果保存至文件
        outFile<<ptr[t].key<<","<<ptr[t].order<<";";
    outFile<<endl;
    for(int i=1;i<num;i++){
        ptr[0]=ptr[1];
        ptr[1]=ptr[num-i+1];
        ptr[num-i+1]=ptr[0];
        for(int t=0;t<num+1;t++)
            outFile<<ptr[t].key<<","<<ptr[t].order<<";";
```

```
            outFile<<endl;
            Sift(1,num-i);                              //堆调整
    }
        outFile.close();
}
void SequenceList::Sift(int k,int m){
    int i=k,j=2*i;
    while(j<=m){
        if(j<m && ptr[j].key<ptr[j+1].key)       //j指向左右孩子中较大者
            j++;
        if(ptr[i].key>ptr[j].key)
            break;
        else{
            ptr[0]=ptr[i];
            ptr[i]=ptr[j];
            ptr[j]=ptr[0];
            i=j;j=2*i;
        }
    }
}
```

(2) 窗体程序界面设计。与 7.3.1 节相似，略。

(3) 在 Form1.h 中，添加#include "SequenceList.h"，using namespace System::IO 和 SequenceList myList 语句。在 Form1 类的私有数据部分添加数据成员与 7.3.1 节相同。

(4) 控件事件响应函数和自定义函数设计。hScrollBar1、textBox1、Button 等控件的事件响应函数与 7.3.1 节相同。以下是在窗口中绘制堆和数组相关部分的代码。

```
private: System::Void pictureBox1_Paint(System::Object^ sender,
                    System::Windows::Forms::PaintEventArgs^ e) {
    Drawing::Font^ font1 = gcnew Drawing::Font("Arial", 18);
    Drawing::Font^ font2 = gcnew Drawing::Font("Arial", 8);
    SolidBrush^ brush = gcnew SolidBrush(Color::White);
    int n=myList.getNum(),x,y;
    if(n!=0){
        x=150,y=40;
        e->Graphics->DrawString("键值序列：",font1,brush,(float)10,(float)y);
        for(int i=0;i<n;i++){
            e->Graphics->DrawString(Convert::ToString(initKeyList[i,0]),
                font1,brush,(float)x+i*40,(float)y);
            if(initKeyList[i,1]>1)
                e->Graphics->DrawString(Convert::ToString(initKeyList[i,1]),
                    font2,brush,(float)x+i*40+15,(float)y-10);
        }
        if(hasSort)
            DrawSortingProcess(currentIdx,e);
    }
}
private: void DrawSortingProcess(int idx,Windows::Forms::PaintEventArgs^ e){
    int x=170,y=360,n=myList.getNum();
    Drawing::Font^ font1 = gcnew Drawing::Font("Arial", 18);
```

```
            Drawing::Font^ font2 = gcnew Drawing::Font("Arial", 8);
            SolidBrush^ brush = gcnew SolidBrush(Color::White);
            SolidBrush^ brushGreen = gcnew SolidBrush(Color::Green);
            SolidBrush^ brushRed = gcnew SolidBrush(Color::Red);
            e->Graphics->DrawString((idx==0?"初建堆结果":("第"+Convert::ToInt32(idx)
        +"趟结果")),font1,brush,(float)10,(float)y+10);
            for(int i=1;i<=n;i++){
                if(i>n-idx)                                                    //画矩形
                    e->Graphics->FillRectangle(brushGreen,x+i*40-60,y,38,40);//绿色
                else
                    e->Graphics->FillRectangle(brushRed,x+i*40-60,y,38,40);    //红色
                e->Graphics->DrawString(Convert::ToString(sortList[idx][i,0]),
                    font1,brush,(float)x+i*40-60,(float)y+10);
                if(sortList[idx][i,1]>1)
                    e->Graphics->DrawString(Convert::ToString(sortList[idx][i,1]),
                    font2,brush,(float)x+i*40+15-60,(float)y);
            }
            int depth=Depth(0,n);                    //获取二叉树的深度
            DrawTree(0,100*depth,90,depth,0,idx,e);
        }
private: void DrawTree(int idx,int x,int y,int depth,int tag,
        int curIdx,Windows::Forms::PaintEventArgs^ e){    //画二叉树递归函数
            Pen ^ p=gcnew Pen(Color::White,2);
            SolidBrush^ brushRed = gcnew SolidBrush(Color::Red);
            SolidBrush^ brushGreen = gcnew SolidBrush(Color::Green);
            SolidBrush^ brushGray = gcnew SolidBrush(Color::Gray);
            SolidBrush^ brushWhite = gcnew SolidBrush(Color::White);
            String ^ str;
            int num=myList.getNum();
            if (idx+1<=num)    {
                int xMoveParent = (int)(pow(2.0, depth + 1) / 4);
                if (tag != 0 && idx<num-curIdx){
                    e->Graphics->DrawLine(p,x+10,y+10,
                        x-xMoveParent*20*tag+10,y-50+10);
                }
                int xMove = (int)(pow(2.0, depth) / 4);
                depth--;
                DrawTree(2*idx+1, x - xMove * 20, y + 50, depth, -1,curIdx,e);
                DrawTree(2*idx+2, x + xMove * 20, y + 50, depth, 1,curIdx,e);
                str = Convert::ToString(sortList[curIdx][idx+1,0]);
                if(idx<num-curIdx)
                    if(curIdx>0 && sortList[curIdx][idx+1,0]!=sortList[curIdx-1][idx+1,0])
                        e->Graphics->FillEllipse(brushGray,x-2,y-2,30,30);    //灰色
                    else
                        e->Graphics->FillEllipse(brushRed,x-2,y-2,30,30);    //红色
                else
                    e->Graphics->FillEllipse(brushGreen,x-2,y-2,30,30);
                e->Graphics->DrawString(str, gcnew System::Drawing::Font("Arial", 14),
                    brushWhite,(float)(x)-1, (float)(y)+3);
                if(sortList[curIdx][idx+1,1]>1)
                    e->Graphics->DrawString(
                    Convert::ToString(sortList[curIdx][idx+1,1]),
```

```
                gcnew Drawing::Font("Arial", 6),
                brushWhite,(float)(x)+10, (float)(y)-5;
        }
    }
private: int Depth(int idx,int num){    //计算树高
        int ldep,rdep;
        if(idx>=num)
            return 0;
        else{
            ldep=Depth(2*idx+1,num);
            rdep=Depth(2*idx+2,num);
            return (ldep>rdep?ldep:rdep)+1;
        }
    }
```

程序说明:

完全二叉树可以采用顺序存储结构，反之，一个顺序表也可以视为一棵完全二叉树。利用顺序存储二叉树中双亲与孩子的位置关系，堆排序的策略是将待排序区间上码值大的元素向根结点方向调整成为大根堆，交换根结点(区间上的码值最大的结点)与最后一个叶子结点，使最大元素调整到位。堆排序算法的关键所在是堆调整。

在 HeapSort 函数中，先用堆调整函数 Sift 将待排序序列调整成堆，调整是从树中最后一个有孩子结点(序列的中间元素)的子树开始，自右向左，依次向上，一直调整到根结点。其后的调整发生在每趟排序之中，将最大元素调整到根结点。

7.4 二路归并排序算法实现

归并排序是将两个或多个有序序列合并成一个有序序列的排序方法。所谓二路归并排序，就是每次选用两个序列进行合并的归并排序。

如图 7-7 所示，窗体演示程序显示每趟归并排序结果，其中 h=2 表示下一趟归并排序序列的长度为 2。

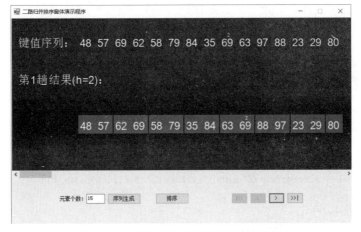

图 7-7　二路归并排序窗体演示程序界面

二路归并排序窗体演示程序实现步骤如下。

(1) 创建窗体应用程序项目 ExampleCh7_7GUI。复制 7.1.1 节的 SequenceList.h 文件，并添加到本项目中。在 SequenceList 中，添加公有成员函数 MergeSort，受保护成员函数 Merge 和 MergePass，详细代码如下：

```cpp
void SequenceList::MergeSort(){                    //二路归并排序
    int h=1;
    Element * r1=new Element[num+1];               //申请同等大小的数组 r1
    ofstream outFile("..\\intMedSet.txt");
    while(h<num){
        MergePass(ptr,r1,num,h);
        r1[0].key=h;r1[0].order=1;
        for(int t=0;t<num+1;t++)
            outFile<<r1[t].key<<","<<r1[t].order<<";";
        outFile<<endl;
        h=2*h;
        MergePass(r1,ptr,num,h);
        if(h<num){
            ptr[0].key=h;ptr[0].order=1;
            for(int t=0;t<num+1;t++)
                outFile<<ptr[t].key<<","<<ptr[t].order<<";";
            outFile<<endl;
        }
        h=2*h;
    }
    outFile.close();
    delete [] r1;                 //释放 r1 数组空间
}
void SequenceList::Merge(Element * r,Element * r1,int s,int m,int t){   //一次归并
    int i=s,j=m+1,k=s;
    while(i<=m && j<=t){
        if(r[i].key<=r[j].key)
            r1[k++]=r[i++];
        else
            r1[k++]=r[j++];
    }
    if(i<=m)
        while(i<=m)
            r1[k++]=r[i++];
    else
        while(j<=t)
            r1[k++]=r[j++];
}
void SequenceList::MergePass(Element * r,Element * r1,int n,int h){     //一趟归并
    int i=1;
    while(i<=n-2*h+1){
        Merge(r,r1,i,i+h-1,i+2*h-1);
        i+=2*h;
```

```
        }
        if(i<n-h+1)
            Merge(r,r1,i,i+h-1,n);
        else
            for(int k=i;k<=n;k++)
                r1[k]=r[k];
}
```

(2) 窗体程序界面的设计。与 7.3.1 节相似，略。

(3) 在 Form1.h 中，添加#include "SequenceList.h"，using namespace System::IO 和 SequenceList myList 语句。在 Form1 类的私有数据部分添加数据成员与 7.3.1 节相同。

(4) 控件事件响应函数和自定义功能函数代码设计。仅列出与前面不同部分。

```
private: void getSortResult(){
            int n=myList.getNum(),i=0,k=1,m=0;
            while(k<n){
                m++;
                k=2*k;
            }
            sortList= gcnew array<array<int,2>^>(m);
            //以下与7.2.2节中同名函数相同
        }
private: System::Void pictureBox1_Paint(System::Object^ sender,
                        System::Windows::Forms::PaintEventArgs^ e) {
            Drawing::Font^ font1 = gcnew Drawing::Font("Arial", 18);
            Drawing::Font^ font2 = gcnew Drawing::Font("Arial", 8);
            SolidBrush^ brush = gcnew SolidBrush(Color::White);
            int n=myList.getNum(),x,y;
            if(n!=0){
                x=150,y=40;
                e->Graphics->DrawString("键值序列：",font1,brush,(float)10,(float)y);
                for(int i=0;i<n;i++){
                    e->Graphics->DrawString(Convert::ToString(initKeyList[i,0]),
                        font1,brush,(float)x+i*40,(float)y);
                    if(initKeyList[i,1]>1)
                        e->Graphics->DrawString(Convert::ToString(initKeyList[i,1]),
                            font2,brush,(float)x+i*40+15,(float)y-10);
                }
                if(hasSort)
                    DrawSortingProcess(currentIdx,e);
            }
        }
private: void DrawSortingProcess(int idx,Windows::Forms::PaintEventArgs^ e){
            int x=170,y=120,n=myList.getNum();
            Drawing::Font^ font1 = gcnew Drawing::Font("Arial", 18);
            Drawing::Font^ font2 = gcnew Drawing::Font("Arial", 8);
            SolidBrush^ brush = gcnew SolidBrush(Color::White);
            SolidBrush^ brushGreen = gcnew SolidBrush(Color::Green);
            SolidBrush^ brushRed = gcnew SolidBrush(Color::Red);
```

```
            int s,h=sortList[idx-1][0,0],j,k;
            h=2*h;
            s=n/h;
            e->Graphics->DrawString("第"+idx+"趟结果(h="+h+"): ",
            font1,brush,(float)10,(float)y);
            for(k=1,j=1;j<=s;k+=h,j++)        //长度等于h的分块
                e->Graphics->FillRectangle(brushGreen,x+k*40-60,y+90,40*h-2,40);
            if(n-s*h>0)                       //画最后小于h的分块
                e->Graphics->FillRectangle(brushGreen,x+k*40-60,y+90,
            40*(n-s*h)-2,40);
            for(int i=1;i<=n;i++){
                e->Graphics->DrawString(Convert::ToString(sortList[idx-1][i,0]),
                    font1,brush,(float)x+i*40-60,(float)y+100);
                if(sortList[idx-1][i,1]>1)
                    e->Graphics->DrawString(Convert::ToString(sortList[idx-1][i,1]),
                        font2,brush,(float)x+i*40+15-60,(float)y+90);
            }
        }
```

程序说明：

二路归并排序函数 MergeSort 中定义了与待排序列等长的数组 r1，用作归并算法实现时的辅助空间。MergePass 函数根据给定的归并长度 h，对序列做一趟归并排序操作，每次归并操作由 Merge 函数完成，它将有序序列中[s,m]和[m+1,t]两个子序列合并为一个新的有序序列。

7.5 分配排序

前面介绍的排序方法主要利用比较和交换操作，而分配排序则是采用分配和收集两种基本操作进行排序。

7.5.1 桶排序算法实现

桶排序(bucket sort)是一种简单的分配排序，其基本思想是：假设有一组长度为 n 的序列，根据关键码分布划分 m 个子区间，每一子区间是一个桶。将序列中 n 个元素依关键码分配到各个桶中。由于同一桶中元素的关键码不尽相同，须先对各个桶中元素进行排序，然后依次将各非空桶中的元素连接(收集)起来，获得有序序列。

如图 7-8 所示，桶排序窗体演示程序使用 0～9 之间的整数为关键码，由于窗体空间较小，这里限定序列中元素个数不超过 9。待排序序列采用静态链表作为存储结构，图中最左侧静态链表是待排序列。中间是链队列存储桶，其中左列为队头指针 front，右列为队尾指针 rear。图中最右侧静态链表是已排好序序列，first 指针指向了 4。

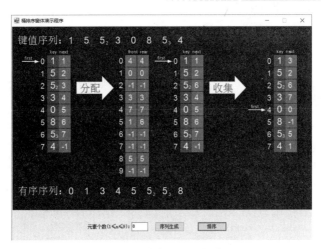

图 7-8 桶排序窗体演示程序界面

下面介绍桶排序窗体演示程序设计过程。

(1) 创建窗体应用程序项目 ExampleCh7_8GUI。复制 7.1.1 节的 SequenceList.h 文件，并添加到本项目中。在文件添加新代码，其中相同部分用"……"表示省略，代码如下：

```
#ifndef SEQUENCELIST_H
……
struct Element{
    ……
};
struct Node{                //定义静态链表结点
    Element data;
    int next;
};
struct QueueNode{   //定义静态链表队列存储桶结点
    int front;              //队头位置
    int rear;               //队尾位置
};
class SequenceList{
public:
    SequenceList():num(0),ptr(NULL){}
    ~SequenceList(){ Destroy(); }
    void Create(int n,int l);
    void Destroy();
    int getNum(){return num;}
    int getFirst(){ return first; }
    int getKey(int i){return ptr[i].data.key;}
    int getOrder(int i){return ptr[i].data.order;}
    int getNext(int i){return ptr[i].next;}
    int getQueueF(int i){return queue[i].front;}
    int getQueueR(int i){return queue[i].rear;}
    int getM(){return m;}
    void Distribute();
    void Collect();
    void BucketSort();
```

```cpp
    private:
        Node * ptr;                            //待排序序列指针
        int num;                               //序列中元素个数
        int first;                             //第一个元素指针
        QueueNode * queue;                     //链队列存储桶指针
        int m;                                 //桶中元素个数
};
void SequenceList::Create(int n,int t=10){     //t 是关键码划分子区间的个数
    num=n;
    ptr=new Node[num];                         //申请 num 个空间的 Node 数组
    first=0;
    srand((unsigned)time(NULL));
    for(int i=0;i<num;i++){                    //填充静态链表中数据元素
        ptr[i].data.key=rand()%t;              //产生[0,t)间的随机数
        ptr[i].data.order=1;
        ptr[i].next=(i==num-1)?-1:i+1;         //建立静态指针链
    }
    int ord;
    for(int i=0;i<num;i++){                    //为关键码相同的元素标序号
        if(ptr[i].data.order==1){
            ord=1;
            for(int j=i+1;j<num;j++)
                if(ptr[i].data.key==ptr[j].data.key)
                    ptr[j].data.order=++ord;
        }
    }
    m=t;                                       //链队列存储桶的个数
    queue=new QueueNode[m];                    //链队列存储桶
    for(int i=0;i<m;i++)
        queue[i].front=queue[i].rear=-1;       //初始值均为-1
}
void SequenceList::Destroy(){
    delete [] ptr;
    delete [] queue;
    num=first=m=0;
}
void SequenceList::Distribute(){               //分配
    int i=first,k;
    while(i!=-1){                              //从头遍历序列中所有元素
        k=ptr[i].data.key;
        if(queue[k].front==-1)                 //若关键码 k 对应的链队列为空
            queue[k].front=i;
        else
            ptr[queue[k].rear].next=i;         //修改队尾所指向元素的 next 域为 i
        queue[k].rear=i;                       //置链队列尾指针为 i
        i=ptr[i].next;                         //静态链表指针后移
    }
}
void SequenceList::Collect(){                  //收集
    int k=0,last;
```

```
            while(queue[k].front==-1)        //从链队列存储桶找到首个非空队列
                k++;
            first=queue[k].front;            //修改 first 指针
            last=queue[k].rear;              //last 为链队列中最后一位元素指针
            while(k<m){                      //遍历链队列存储桶中后继元素
                if(queue[k].front!=-1){      //若链队列不空
                    ptr[last].next=queue[k].front;  //修改 next 域指向下一个元素
                    last=queue[k].rear;      //保存当前的链队列尾指针
                }
                k++;
            }
            ptr[last].next=-1;               //设置最后元素的指针为-1
}
void SequenceList::BucketSort(){
    Distribute();
    Collect();
}
#endif
```

(2) 窗体程序界面设计。与 7.1.2 节类似，略。

(3) 在 Form1.h 中，添加#include "SequenceList.h"和 SequenceList myList 语句。在 Form1 类的私有数据部分添加数据成员如下：

```
array<int,2> ^ sortList;              //排序后序列
array<int,2>^ initKeyList;            //随机生成序列
array<int,2>^ midKeyList;             //分配后序列
array<int,2>^ lastKeyList;            //收集后序列
array<int,2>^ queueAry;               //队列
int initFirst,midFirst,lastFirst;     //对应 first 指针位置
bool hasSort;                         //是否已排序
```

(4) 控件事件响应函数和自定义函数设计。代码如下：

```
private: System::Void button1_Click(System::Object^ sender, System::EventArgs^ e) {
        //序列生成按钮响应事件
            myList.Destroy();
            myList.Create(Convert::ToInt32(textBox1->Text),10);
            hasSort=false;
            int n=myList.getNum();
            initKeyList=gcnew array<int,2>(n,3);
            GetKeyStaticLink(initKeyList,n);
            initFirst=myList.getFirst();
            pictureBox1->Refresh();
        }
private: System::Void button2_Click(System::Object^ sender, System::EventArgs^ e) {
        //排序按钮响应事件
            if(!hasSort){
                int n=myList.getNum();
                myList.Distribute();                    //分配
                GetQueueAry();
```

```cpp
                midKeyList=gcnew array<int,2>(n,3);
                GetKeyStaticLink(midKeyList,n);
                midFirst=myList.getFirst();
                myList.Collect();                        //收集
                lastKeyList=gcnew array<int,2>(n,3);
                GetKeyStaticLink(lastKeyList,n);
                lastFirst=myList.getFirst();
                sortList=gcnew array<int,2>(n,2);
                GetSortList(sortList,n);
                hasSort=true;
                pictureBox1->Refresh();
            }
         }
    private: void GetKeyStaticLink(array<int,2>^ keyList,int n){  //获取静态链表信息
                for(int i=0;i<n;i++){
                    keyList[i,0]=myList.getKey(i);
                    keyList[i,1]=myList.getOrder(i);
                    keyList[i,2]=myList.getNext(i);
                }
             }
    private: void GetSortList(array<int,2>^ keyList,int n){    //获取排序结果
                int p=myList.getFirst(),i=0;
                while(p!=-1){
                    keyList[i,0]=myList.getKey(p);
                    keyList[i,1]=myList.getOrder(p);
                    i++;
                    p=myList.getNext(p);
                }
             }
    private: void GetQueueAry(){//获取链队列中信息
                int m=myList.getM();
                queueAry=gcnew array<int,2>(m,2);
                for(int i=0;i<m;i++){
                    queueAry[i,0]=myList.getQueueF(i);
                    queueAry[i,1]=myList.getQueueR(i);
                }
             }
    private: System::Void pictureBox1_Paint(System::Object^  sender,
                    System::Windows::Forms::PaintEventArgs^  e) {
                Drawing::Font^ font1 = gcnew Drawing::Font("Arial", 18);
                Drawing::Font^ font2 = gcnew Drawing::Font("Arial", 8);
                Drawing::Font^ font3 = gcnew Drawing::Font("Arial", 14);
                SolidBrush^ brush = gcnew SolidBrush(Color::White);
                SolidBrush^ brushGreen = gcnew SolidBrush(Color::Green);
                SolidBrush^ brushGray = gcnew SolidBrush(Color::Gray);
                Pen ^ p=gcnew Pen(Color::White,30);
                p->CustomEndCap = gcnew Drawing2D::AdjustableArrowCap(2,1);    //箭头
                int x=90,y=70;
```

```
            int n=myList.getNum();
            if(n!=0){
                e->Graphics->DrawString("键值序列: ",font1,brush,(float)10,(float)y-50);
                for(int i=0;i<n;i++){
                    e->Graphics->DrawString(Convert::ToString(initKeyList[i,0]),
                        font1,brush,(float)x+i*40+50,(float)y-50);
                    if(initKeyList[i,1]>1)
                        e->Graphics->DrawString(Convert::ToString(initKeyList[i,1]),
                            font2,brush,(float)x+i*40+68,(float)y-37);
                }
                if(hasSort){
                    DrawStaticLink(x,y,initFirst,initKeyList,n,e);
                    DrawQueue(x+200,y,myList.getM(),queueAry,e);
                    DrawStaticLink(x+340,y,midFirst,midKeyList,n,e);
                    DrawStaticLink(x+580,y,lastFirst,lastKeyList,n,e);
                    e->Graphics->DrawLine(p,165,150,260,150);
                    e->Graphics->DrawLine(p,505,150,600,150);
                    e->Graphics->DrawString("分配",font1,brushGreen,170,138);
                    e->Graphics->DrawString("收集",font1,brushGreen,510,138);
                    e->Graphics->DrawString("有序序列: ",font1,brush,(float)10,(float)y+320);
                    for(int i=0;i<n;i++){
                        e->Graphics->DrawString(Convert::ToString(sortList[i,0]),
                            font1,brush,(float)x+i*40+50,(float)y+320);
                        if(sortList[i,1]>1)
                            e->Graphics->DrawString(Convert::ToString(sortList[i,1]),
                                font2,brush,(float)x+i*40+68,(float)y+335);
                    }
                }
            }
        }
private: void DrawStaticLink(int x,int y,int f,array<int,2>^ list,int n,
            Windows::Forms::PaintEventArgs^ e){    //输出静态链表
        Drawing::Font^ font1 = gcnew Drawing::Font("Arial", 18);
        Drawing::Font^ font2 = gcnew Drawing::Font("Arial", 8);
        Drawing::Font^ font3 = gcnew Drawing::Font("Arial", 14);
        SolidBrush^ brushWhite = gcnew SolidBrush(Color::White);
        SolidBrush^ brushGreen = gcnew SolidBrush(Color::Green);
        SolidBrush^ brushGray = gcnew SolidBrush(Color::Gray);
        Pen ^ p=gcnew Pen(Color::White,2);
        p->CustomEndCap = gcnew Drawing2D::AdjustableArrowCap(4, 6);  //箭头
        for(int i=0;i<n;i++){
            e->Graphics->DrawString(Convert::ToString(i),font3,
                brushWhite,(float)x-20,(float)y+i*30+4);
            e->Graphics->FillRectangle(brushGreen,x,y+i*30,30,29);     //绿色矩形
            e->Graphics->FillRectangle(brushGray,x+30,y+i*30,30,29);   //灰色矩形
        }
        if(n!=0){
            e->Graphics->DrawString("key  next",font2,brushWhite,
            (float)x+5,(float)y-15);
```

```
                    e->Graphics->DrawLine(p,x-65,y+f*30+15,x-20,y+f*30+15);
                    e->Graphics->DrawString("first",font2,brushWhite,(float)x-60,(float)y+f*30);
                    for(int i=0;i<n;i++){
                        e->Graphics->DrawString(Convert::ToString(list[i,0]),
                            font1,brushWhite,x+4,y+i*30);
                        if(list[i,1]>1)
                            e->Graphics->DrawString(Convert::ToString(list[i,1]),
                                font2,brushWhite,(float)x+20,(float)y+i*30+12);
                        e->Graphics->DrawString(Convert::ToString(list[i,2]),
                            font3,brushWhite,x+34,y+i*30+3);
                    }
                }
            }
        private: void DrawQueue(int x,int y,int m,array<int,2>^ q,
                            Windows::Forms::PaintEventArgs^ e){//输出链队列
                Drawing::Font^ font2 = gcnew Drawing::Font("Arial", 8);
                Drawing::Font^ font3 = gcnew Drawing::Font("Arial", 14);
                SolidBrush^ brushWhite = gcnew SolidBrush(Color::White);
                SolidBrush^ brushGray = gcnew SolidBrush(Color::Gray);
                for(int i=0;i<m;i++){
                    e->Graphics->FillRectangle(brushGray,x-1,y+i*30,30,29); //灰色矩形
                    e->Graphics->FillRectangle(brushGray,x+30,y+i*30,30,29);
                }
                if(m!=0){
                    e->Graphics->DrawString("front  rear",font2,brushWhite,
                        (float)x+5,(float)y-15);
                    for(int i=0;i<m;i++){
                        e->Graphics->DrawString(Convert::ToString(i),
                            font3,brushWhite,x-20,y+i*30+3);
                        e->Graphics->DrawString(Convert::ToString(q[i,0]),
                            font3,brushWhite,x+4,y+i*30+3);
                        e->Graphics->DrawString(Convert::ToString(q[i,1]),
                            font3,brushWhite,x+34,y+i*30+3);
                    }
                }
            }
```

程序说明：

桶排序采用静态链表存储待排序序列。例程中的关键码是 0~9，queue 是有 10 个单元的结构体数组，其每个下标对应一个关键码，front 域保存了序列中该关键码首元素的位置，rear 域保存了尾元素的位置。在图 7-8 中，链队列存储桶的 queue[5]的 front 值为 1、rear 值为 6，即静态链表中关键码值为 5 的第一个元素在 ptr[1]，最后一个在 ptr[6]。

分配函数 Distribute，通过遍历静态链表中的元素，为 queue 赋值，并修改静态链表中部分元素的 next 域值。在图 7-8 中，分配操作结束后，ptr[2]单元的 next 域值由 3 改为 6，使得关键码为 5 的 3 个元素构成一个链队列(ptr[1],ptr[2],ptr[6])，而该队列的队头和队尾信息保存在 queue[5]中。queue[2]中值均为-1，表示待排序列中无关键码为 2 的元素。

收集函数 Collect，通过遍历 queue 数组，修改静态链表中的 next 域，使序列有序。在图 7-8 中，ptr[6].next 由 7 改为 queue[8].front 中的 5，ptr[3].next 由 4 改为 queue[4].front 中的 7。

7.5.2 基数排序算法实现

基数排序(radix sort)是桶排序方法的推广。其基本思想是：将多关键码(通常为整数)分割成不同的单关键码(数字)，然后按单关键码分别进行桶排序。

根据分割多关键码的不同策略，基数排序可分为最主位优先(most significant digit first)和最次位优先(least significant digit first)两种方法。例如，多关键码为正整数，最次位优先法的排序过程是从整数的个位开始，依次逐位进行桶排序，直至最高位完成排序。

如图 7-9 所示，基数排序的序列采用单链表存储，排序采用最次位优先法，即依次按个、十、百位对序列进行桶排序。排序过程中设置了 10 个链队列(0~9)，每个队列分别保存关键码中相应位上值相同的元素。分配操作时，序列中元素入队；收集操作时，序列中元素出队。排序过程主要是修改单链表中各结点的指针，分配操作结束时，单链表中元素个数为 0；收集操作结束时，队列中无任何元素。

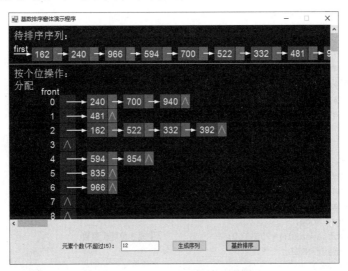

图 7-9 基数排序窗体演示程序界面

下面介绍基数排序窗体程序的设计过程。

(1) 创建窗体应用程序项目 ExampleCh7_9GUI。在 LinkList.h 文件中，添加 LinkList 类，类中含分配 Distribute、收集 Collect 和基数排序 RadixSort 等函数。代码如下：

```
//文件名：LinkList.h
#ifndef LINKLIST_H
#define LINKLIST_H
#include <iostream>
#include <ctime>
#include <string>
using namespace std;
struct Node{                        //定义链结点结构体
```

```cpp
        int data;
        Node * next;
};
class LinkList{                         //无头结点的单链表
public:
    LinkList();
    ~LinkList();
    void Destroy();
    void Create(int n);                 //建立含 n 个元素的单链表
    void Distribute(int base);          //分配,base 为 1(个位)、10(十位)、100(百位)
    void Collect();                     //收集
    void RadixSort();                   //基数排序
    string GetList();                   //获取单链表中数据,用于显示
    string GetQueue(int x);             //获取第 x 个队列中数据,用于显示
private:
    Node * first;                       //指向首结点指针
    Node * front[10];                   //10 个链队列的首结点指针数组
    Node * rear[10];                    //10 个链队列的尾结点指针数组
};
LinkList::LinkList():first(NULL){ }
LinkList::~LinkList(){
    Destroy();
}
void LinkList::Destroy(){
    Node * p;
    while(first!=NULL){
        p=first;
        first=first->next;
        delete p;
    }
}
void LinkList::Create(int n){
    Node * p=first,* s;
    srand((unsigned)time(NULL));
    for(int i=0;i<n;i++){
        s=new Node;
        s->data=rand()%900+100;         //生成 3 位随机整数
        s->next=NULL;
        if(i==0)
            first=p=s;
        else{
            p->next=s;
            p=s;
        }
    }
}
void LinkList::Distribute(int base){
    int k;
    for(int i=0;i<10;i++)
        front[i] = rear[i] = NULL;
    while(first!=NULL){
        k=(first->data/base)%10;
        if(front[k]==NULL)              //链表中首元素入队
```

```cpp
            front[k]=rear[k]=first;
        else
            rear[k]=rear[k]->next=first;
        first=first->next;                    //指向下一个元素
    }
}
void LinkList::Collect(){
    Node * tail;                              //用于首尾相接
    for(int i=0;i<10;i++){
        if(front[i]==NULL)
            continue;
        if(first==NULL)
            first=front[i];
        else
            tail->next=front[i];
        tail=rear[i];
    }
    tail->next=NULL;                          //单链表尾部加标志
}
void LinkList::RadixSort(){
    for(int i=1;i<=100;i*=10){                //仅处理1000以内的整数
        Distribute(i);                        //分配
        Collect();                            //收集
    }
}
string LinkList::GetList(){                   //返回单链表中元素组成的字符串
    string listStr="";
    Node * p=first;
    while(p){
        listStr += std::to_string(long long(p->data))+";";    //用分号分隔
        p=p->next;
    }
    return listStr;
}
string LinkList::GetQueue(int x){             //返回第x号队列中元素组成的字符串
    string queueStr = "";
    int n=0;
    Node * p;
    for(p=front[x];true;p=p->next ){
        if(p==NULL)                           //队列为空时
            break;
        queueStr += std::to_string(long long(p->data))+";";  //用分号分隔
        n++;
        if(p==rear[x])                        //p到队尾时,结束
            break;
    }
    queueStr+=std::to_string(long long(n))+";";              //最后加上队列中元素个数
    return queueStr;
}
#endif
```

(2) 窗体程序界面设计。参照图 7-9 和表 7-3 从工具箱拖曳控件，设置控件属性和响应事件。

表 7-3 基数排序窗体演示程序控件与参数设置

控 件	名 称	属性设置	响应事件
Form	Form1	Size= 731, 534; MaximizeBox=False; StartPosition=CenterScreen;FormBorderStyle= Fixed3D;Text=基数排序窗体演示程序;	
Button	button1	Text=生成序列	Click
	button2	Text=基数排序	
Label	label1	Text=元素个数(不超过 15):	
TextBox	textBox1	Size=83,21;Location= 244, 453; MaxLength=2	KeyPress Leave
Panel	panel1	Size=721,424;Location= 0, 0	
PictureBox	pictureBox1	Size= 1260, 1500; Location= 0, 0; BackColor=Black	Paint
HScrollBar	hScrollBar1	Size=704,17;Location= 0, 407	Scroll
VScrollBar	vScrollBar1	Size=17,424;Location= 704, 0	

(3) 在 Form1.h 中，添加包含文件#include "LinkList.h"和 LinkList myList 对象定义语句。在 Form1 类的私有数据部分添加数据成员如下：

```
array<String ^,2>^ listView;      //记录排序过程中单链表的信息
array<String ^,3>^ queueView;     //记录排序过程中 10 个链队列的信息
int num;                          //排序序列中元素个数
bool isSort;                      //是否已完成排序
```

(4) 控件事件响应函数和自定义函数设计。代码如下：

```
private: System::Void textBox1_KeyPress(System::Object^ sender,
                     System::Windows::Forms::KeyPressEventArgs^ e) {
             if(!(Char::IsNumber(e->KeyChar)) && e->KeyChar !='\b')
                 e->Handled=true;
         }
private: System::Void button1_Click(System::Object^ sender, System::EventArgs^ e) {
             num=Convert::ToInt32(textBox1->Text);
             myList.Destroy();
             myList.Create(num);
             listView = gcnew array<String ^,2>(4,num);
             queueView = gcnew array<String ^,3>(3,10,num+1);
             isSort=false;
             GetListMsg(0);
             pictureBox1->Refresh();
         }
private: System::Void button2_Click(System::Object^ sender, System::EventArgs^ e) {
             int base=1;
             for(int i=0;i<3;i++,base*=10){
                 myList.Distribute(base);
                 GetQueueMsg(i);
```

```cpp
                    myList.Collect();
                    GetListMsg(i+1);
                }
                isSort=true;
                pictureBox1->Refresh();
        }
private: void GetListMsg(int idx){            //获取排序不同阶段单链表中的信息
            //idx=0 为待排序序列，1 为个位收取后的序列，2 和 3 依次为十位和百位
            string str=myList.GetList();
            String ^ s = gcnew String(str.c_str());
            array<String ^> ^ linkListStr = gcnew array<String ^>(0);
            linkListStr = s->Split(';');        //分解数值字符串
            for(int i=0;i<linkListStr->Length-1;i++)
                listView[idx,i]=linkListStr[i];
        }
private: void GetQueueMsg(int idx){
            String ^ s;
            array<String ^> ^ splitStr = gcnew array<String ^>(0);
            array<String ^,2>^ queueAry = gcnew array<String ^,2>(10,num+1);
            //定义栈 stack，辅助分解队列字符串中元素
            array<String ^> ^ stack = gcnew array<String ^>(20);
            int top = -1,n=0;        //top 栈顶指针，n 为队列元素个数
            for(int i=0;i<10;i++){
                s = gcnew String(myList.GetQueue(i).c_str());    //第 i 个队列字符串
                splitStr = s->Split(';');                        //分解用分号分隔的串
                for(int j=0;j<splitStr->Length-1;j++)
                    stack[++top] = splitStr[j];        //进栈
                n = Convert::ToInt32(stack[top]);    //获取队列中元素个数
                queueAry[i,0] = stack[top--];        //出栈
                while(n>0)
                    queueAry[i,n--]=stack[top--];    //保存至 queueAry
            }
            for(int i=0;i<10;i++)
                for(int j=0;j<num+1;j++)
                    queueView[idx,i,j]=queueAry[i,j];
        }
private: void DrawList(int idx,int x,int y,Windows::Forms::PaintEventArgs^ e){
            Drawing::Font^ font = gcnew Drawing::Font("Arial", 14);
            SolidBrush^ brushWhite = gcnew SolidBrush(Color::White);
            SolidBrush^ brushGreen = gcnew SolidBrush(Color::Green);
            SolidBrush^ brushGray = gcnew SolidBrush(Color::Gray);
            Pen ^ p=gcnew Pen(Color::White,2);
            p->CustomEndCap = gcnew Drawing2D::AdjustableArrowCap(4, 6);
            e->Graphics->DrawString("first",font,brushWhite,(float)x-3,(float)y-8);
                e->Graphics->DrawLine(p,x,y+14,x+40,y+14);
            for(int i=0;i<num;i++){
                e->Graphics->FillRectangle(brushGreen,x+i*80+40,y,45,29);//画绿色矩形
                e->Graphics->DrawString(listView[idx,i],font,brushWhite,(float)x+i*80+43,
                    (float)y+4);
                e->Graphics->FillRectangle(brushGray,x+i*80+86,y,20,29);  //画灰色矩形
                if(i==num-1)
```

```
                        e->Graphics->DrawString("∧",font,brushWhite,
                                (float)x+i*80+83,(float)y+6);
                    else
                        e->Graphics->DrawLine(p,x+i*80+96,y+14,x+i*80+120,y+14);
                }
            }
        private: void DrawQueue(int idx,int x,int y,Windows::Forms::PaintEventArgs^ e){
            Drawing::Font^ font = gcnew Drawing::Font("Arial", 14);
            SolidBrush^ brushRed = gcnew SolidBrush(Color::Red);
            SolidBrush^ brushWhite = gcnew SolidBrush(Color::White);
            SolidBrush^ brushGreen = gcnew SolidBrush(Color::Green);
            SolidBrush^ brushGray = gcnew SolidBrush(Color::Gray);
            Pen ^ p=gcnew Pen(Color::White,2);
            p->CustomEndCap = gcnew Drawing2D::AdjustableArrowCap(4, 6);
            e->Graphics->DrawString("front",font,brushWhite,(float)x-3,(float)y-8);
            for(int i=0;i<10;i++){
                e->Graphics->DrawString(Convert::ToString(i),font,brushWhite,
                        (float)x+16,(float)y+i*30+14);
                e->Graphics->FillRectangle(brushRed,x+40,y+10+i*30,35,29);//红色
                int n = Convert::ToInt32(queueView[idx,i,0]);
                if(n==0)
                    e->Graphics->DrawString("∧",font,brushWhite,
                            (float)x+43,(float)y+i*30+15);
                else
                    e->Graphics->DrawLine(p,x+55,y+i*30+25,x+100,y+i*30+25);
                for(int j=1;j<=n;j++){
                    e->Graphics->FillRectangle(brushGreen,
                            x+j*80+20,y+10+i*30,45,29);   //画绿色矩形
                    e->Graphics->DrawString(queueView[idx,i,j],font,brushWhite,
                            (float)x+j*80+24,(float)y+10+i*30+4);
                    e->Graphics->FillRectangle(brushGray,x+j*80+66,
                            y+10+i*30,20,29);             //画灰色矩形
                    if(j==n)
                        e->Graphics->DrawString("∧",font,brushWhite,
                                (float)x+j*80+62,(float)y+i*30+15);
                    else
                        e->Graphics->DrawLine(p,x+j*80+75,y+i*30+25,
                                x+j*80+100,y+i*30+25);
                }
            }
        }
        private: System::Void pictureBox1_Paint(System::Object^  sender,
                        System::Windows::Forms::PaintEventArgs^  e) {
            Drawing::Font^ font = gcnew Drawing::Font("Arial", 15);
            SolidBrush^ brushWhite = gcnew SolidBrush(Color::White);
            array<String ^> ^ str = gcnew array<String ^>{"个","十","百"};
            int y=45,dy =455;
            if(isSort){
                e->Graphics->DrawString("待排序序列：",font,brushWhite,7,10);
                DrawList(0,10,y,e);
```

```cpp
                for(int i=1;i<=3;i++){
                    e->Graphics->DrawLine(gcnew Pen(Color::Yellow,1),0,
                        80+(i-1)*dy,1260,80+(i-1)*dy);
                    e->Graphics->DrawString("按"+str[i-1]+"位操作: ",
                        font,brushWhite,7,90+(i-1)*dy);
                    e->Graphics->DrawString("分配",font,brushWhite,7,115+(i-1)*dy);
                    DrawQueue(i-1,70,135+(i-1)*dy,e);
                    e->Graphics->DrawString("收集",font,brushWhite,7,455+(i-1)*dy);
                    DrawList(i,20,490+(i-1)*dy,e);
                }
            }else{
                e->Graphics->DrawString("待排序序列: ",font,brushWhite,7,10);
                DrawList(0,10,y,e);
            }
        }
private: System::Void hScrollBar1_Scroll(System::Object^  sender,
             System::Windows::Forms::ScrollEventArgs^  e) {
             int x=(pictureBox1->Size.Width/hScrollBar1->
                 Maximum)*hScrollBar1->Value;
             pictureBox1->Location=Point(-x,pictureBox1->Location.Y);
         }
private: System::Void vScrollBar1_Scroll(System::Object^  sender,
             System::Windows::Forms::ScrollEventArgs^  e) {
             int y=(pictureBox1->Size.Height/vScrollBar1->
                 Maximum)*vScrollBar1->Value;
             pictureBox1->Location=Point(pictureBox1->Location.X,-y);
         }
private: System::Void textBox1_Leave(System::Object^  sender, System::EventArgs^  e) {
             int value;
             if(textBox1->Text!=""){
                 value=Convert::ToInt32(textBox1->Text);
                 if(value==0)
                     textBox1->Text="";
                 if(value<2)
                     MessageBox::Show("难道1个元素也需要排序吗？！","错误提示",
                         MessageBoxButtons::OK,MessageBoxIcon::Warning);
                 if(value>15){
                     MessageBox::Show("序列长度不能超过15！","错误提示",
                         MessageBoxButtons::OK,MessageBoxIcon::Warning);
                     textBox1->Text=textBox1->Text->Substring(0,
                         textBox1->Text->Length==2?1:2);//删除最后数字
                     textBox1->Select(textBox1->Text->Length,0);//光标定位到尾部
                 }
             }
         }
```

程序说明：

(1) LinkList 类中封装了 front 和 rear 指针数组，分别指向分配和收集过程中用到的单关键码链队列的队头和队尾。分配操作时链表的结点被拆下后接到队列中，收集操作则正好相反，所有操作均没有新增和删除链结点，只修改了链接指针。

(2) 窗体中用于绘制链表和队列的结点信息被分别保存于二维数组 listView 和三维数组 queueView 中。自定义函数 DrawList 是根据形参 idx 值到 listView 读取一行数据，绘制链表，而 DrawQueue 函数是依据从 queueView 获取的队列信息，绘画出队列。

7.6　荷兰国旗问题

荷兰国旗问题：现在有若干红、白、蓝三种颜色的球随机排列成一条直线，重新排列这些小球，使得同色球排在一起。该问题是由 Dijkstra 提出，之所以叫荷兰国旗问题是因为荷兰国旗由红、白、蓝三色组成。

荷兰国旗问题可视为在线性表上以颜色为关键码进行排序，其难点在于要求排序算法的时间复杂度为 $O(n)$。

下面介绍一趟遍历即完成排序的算法。首先为待排序数组设置指针 begin 和 end，初始分别指向数组的始端和末尾，再设置 current 指针从头遍历数组。当 current 小于等于 end 时，执行操作如下。

(1) 若 current 指向的小球为红色，则和 begin 上元素进行交换，current 和 begin 各前进 1 位。

(2) 若 current 指向的小球为白色，则不做任何交换，current 前进 1 位。

(3) 若 current 指向的小球为蓝色，则和 end 上元素进行交换，current 保持不变，end 后退 1 位。

荷兰国旗问题窗体程序界面如图 7-10 所示。

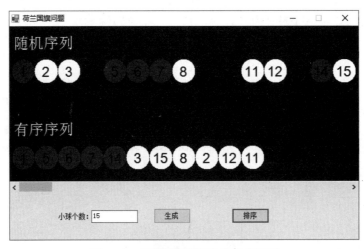

图 7-10　荷兰国旗问题窗体程序界面

下面介绍荷兰国旗问题窗体程序的设计过程。

(1) 创建窗体应用程序项目 ExampleCh7_10GUI。在头文件夹下创建 DutchFlag.h 文件如下：

```cpp
//文件名：DutchFlag.h
#ifndef DUTCHFLAG_H
#define DUTCHFLAG_H
#include <iostream>
#include <time.h>
using namespace std;
enum FlagColor{Red=0,White,Blue};      //国旗颜色枚举类型
struct Ball{                            //小球结构体
    FlagColor color;                    //球的颜色
    int number;                         //球的编号
};
class DutchFlag{                        //定义荷兰国旗类
public:
    DutchFlag():ptr(NULL),size(0){}
    ~DutchFlag(){ Destroy(); }
    void Create(int s);                 //随机生成小球序列
    void Destroy();                     //销毁已有序列
    void Sort();                        //排序
    Ball & operator[](int idx);         //访问序列中元素
protected:
    FlagColor setColor(int x);
    void swap(int i,int j);
private:
    Ball * ptr;                         //数组指针
    int size;                           //元素个数
};
void DutchFlag::Create(int s){
    srand((unsigned)time(NULL));
    if(ptr==NULL){
        ptr=new Ball[s];
        size=s;
        for(int i=0;i<s;i++){
            ptr[i].color=setColor(rand()%3);
            ptr[i].number=i+1;
        }
    }
}
void DutchFlag::Destroy(){
    if(ptr!=NULL){
        delete [] ptr;
        size=0;
        ptr=NULL;
    }
}
void DutchFlag::Sort(){
    int begin=0;
    int end=size-1;
    int current=begin;
    while(current<=end){
```

```
            switch(ptr[current].color){
                case Red:                           //红色小球
                    if(current!=begin)
                        swap(current,begin);
                    current++;
                    begin++;
                    break;
                case White:                         //白色小球
                    current++;
                    break;
                case Blue:                          //蓝色小球
                    swap(current,end);
                    end--;
                    break;
            }
        }

}
void DutchFlag::swap(int i,int j){
    Ball tmp;
    if(i==j)
        return;
    tmp.color=ptr[i].color;
    tmp.number=ptr[i].number;
    ptr[i].color=ptr[j].color;
    ptr[i].number=ptr[j].number;
    ptr[j].color=tmp.color;
    ptr[j].number=tmp.number;
}
Ball & DutchFlag::operator[](int idx){
    return ptr[idx];
}
FlagColor DutchFlag::setColor(int x){
    FlagColor color;
    switch(x){
    case 0:
        color=Red;
        break;
    case 1:
        color=White;
        break;
    case 2:
        color=Blue;
        break;
    }
    return color;
}
#endif
```

　　(2) 窗体程序界面设计。依据图 7-10 和表 7-4 从工具箱拖曳控件，并设置控件属性和响应事件。

表7-4 荷兰国旗问题窗体程序控件与参数设置

控 件	名 称	属性设置	响应事件
Form	Form1	Size= 818, 483; MaximizeBox=False; StartPosition=CenterScreen;FormBorderStyle=FixedSingle;Text=荷兰国旗问题;	
Button	button1	Text=生成	Click
	button2	Text=排序	
Label	label1	Text=小球个数:	
TextBox	textBox1	Size=107,25;Location= 191, 386; MaxLength=2	KeyPress Leave
Panel	panel1	Size=812,346;Location= 0, 0	
PictureBox	pictureBox1	Size= 5000, 346; Location= 0, 0; BackColor=Black	Paint
HScrollBar	hScrollBar1	Size=812,21;Location= 0, 325	Scroll

(3) 在 Form1.h 中，添加包含文件#include "DutchFlag.h"和对象定义语句 DutchFlag myFlag;。在 Form1 类中定义私有数据成员，用于控制窗体中的图形显示。代码如下：

```
bool isCreate,isSort;       //标记随机序列、有序序列生成与否
array<int,2> ^ randAry;     //保存随机序列数据
array<int,2> ^ sortAry;     //保存有序序列数据
int size;                   //序列中元素个数
```

(4) 控件事件响应函数和自定义函数设计。代码如下：

```
private: System::Void button1_Click(System::Object^ sender, System::EventArgs^ e) {
        myFlag.Destroy();
        size=Convert::ToInt32(textBox1->Text);
        myFlag.Create(size);
        randAry=gcnew array<int,2>(size,2);
        for(int i=0;i<size;i++){
            randAry[i,0]=(int)myFlag[i].color;
            randAry[i,1]=myFlag[i].number;
        }
        isCreate=true;
        isSort=false;
        pictureBox1->Refresh();
    }
private: System::Void button2_Click(System::Object^ sender, System::EventArgs^ e) {
        myFlag.Sort();
        sortAry=gcnew array<int,2>(size,2);
        for(int i=0;i<size;i++){
            sortAry[i,0]=(int)myFlag[i].color;
            sortAry[i,1]=myFlag[i].number;
        }
        isSort=true;
        pictureBox1->Refresh();
```

```cpp
            }
    private: System::Void textBox1_KeyPress(System::Object^ sender,
                    System::Windows::Forms::KeyPressEventArgs^ e) {
                if(!(Char::IsNumber(e->KeyChar)) && e->KeyChar !=(char)8)
                    e->Handled=true;
            }
    private: System::Void pictureBox1_Paint(System::Object^ sender,
    System::Windows::Forms::PaintEventArgs^ e) {
                int x,y;
                Drawing::Font^ font = gcnew Drawing::Font("Arial", 18);
                SolidBrush^ brush = gcnew SolidBrush(Color::White);
                if(isCreate){
                    x=4,y=55;
                    e->Graphics->DrawString("随机序列",font,brush,(float)x,(float)y-40);
                    for(int i=0;i<size;i++){
                        DrawBall(x+i*40,y,randAry[i,0],randAry[i,1],e);
                    }
                }
                if(isSort){
                    x=4,y=200;
                    e->Graphics->DrawString("有序序列",font,brush,(float)x,(float)y-40);
                    for(int i=0;i<size;i++){
                        DrawBall(x+i*40,y,sortAry[i,0],sortAry[i,1],e);
                    }
                }
            }
    private: void DrawBall(int x,int y,int color,int number,Windows::Forms::PaintEventArgs^ e){
                array<SolidBrush^>^ brushs = gcnew array<SolidBrush^>{
                    gcnew SolidBrush(Color::Red),
                        gcnew SolidBrush(Color::White),
                        gcnew SolidBrush(Color::Blue)};
                e->Graphics->FillEllipse(brushs[color], x, y, 40, 40);        //画圆
                Drawing::Font^ font = gcnew Drawing::Font("Arial", 18);
                SolidBrush^ brush = gcnew SolidBrush(Color::Black);
                e->Graphics->DrawString(Convert::ToString(number),font,brush,(float)x+(number>9?2:9),(float)y+8);        //标注球号
            }
    private: System::Void hScrollBar1_Scroll(System::Object^ sender,
                        System::Windows::Forms::ScrollEventArgs^ e) {
                int x=(pictureBox1->Size.Width/hScrollBar1->Maximum)*hScrollBar1->Value;
                pictureBox1->Location=Point(-x,pictureBox1->Location.Y);
            }
```

程序说明：
　　荷兰国旗问题的另一种解法是先分别统计红、白、蓝三种颜色球的个数，再根据色球的个数和排列次序，在存放球的顺序表中依次填写球色，即先填红色，当达到红球个数后，再填白色，之后在剩余部分填上蓝色。

习 题

1. 选择题

(1) 若一个元素序列基本有序，则选用( )排序法速度较快。
   A. 直接插入   B. 简单选择   C. 堆   D. 快速

(2) 下述排序方法中，时间性能与待排序记录的初始状态无关的是( )。
   A. 插入排序和快速排序   B. 归并排序和快速排序
   C. 选择排序和归并排序   D. 插入排序和归并排序

(3) 在局部有序或序列长度较小的情况下，最佳排序方法是( )。
   A. 直接插入排序   B. 冒泡排序
   C. 简单选择排序   D. 归并排序

(4) 一组记录的关键码为(46，24，57，23，40，15)，则利用冒泡排序的方法，第二趟排序的结果是( )。
   A. 24，23，40，15，46，57   B. 24，46，23，40，15，57
   C. 24，40，23，46，15，57   D. 23，24，15，46，40，57

(5) 假定一个初始堆为(1，5，3，9，12，7，15，10)，则进行第一趟堆排序后得到的结果为( )。
   A. 3，5，7，9，12，10，15，1 B. 3，5，9，7，12，10，15，1
   C. 3，7，5，9，12，10，15，1 D. 3，5，7，12，9，10，15，1

(6) 对下列 4 个序列进行快速排序，各以第一个元素为基准进行第一次划分，则在该次划分过程中需要移动元素次数最多的序列为( )。
   A. 1，3，5，7，9   B. 9，7，5，3，1
   C. 5，3，1，7，9   D. 5，7，9，1，3

(7) 堆的形状是一棵( )。
   A. 二叉排序树   B. 满二叉树   C. 完全二叉树   D. 平衡二叉树

(8) 在下列排序方法中，关键字比较的次数与记录的初始排列次序无关的是( )。
   A. 希尔排序   B. 冒泡排序   C. 插入排序   D. 选择排序

(9) 设有 5000 个元素，希望用最快的速度挑选出前 10 个最大的元素，采用( )方法最好。
   A. 快速排序   B. 堆排序   C. 希尔排序   D. 归并排序

(10) 已知关键码序列{78，19，63，30，89，84，55，69，28，83}采用基数排序，第一趟排序后的关键码序列为( )。
   A. {19，28，30，55，63，69，78，83，84，89}
   B. {28，78，19，69，89，63，83，30，84，55}
   C. {30，63，83，84，55，78，28，19，89，69}
   D. {30，63，83，84，55，28，78，19，69，89}

2. 填空题

(1) 补齐下列直接插入排序算法实现中空白处的代码。

```
template <template T>
void InsertSort(T* array, int n) {
        int i, j;
  T temp;
        for (i = 1; i < n; i++) {
            j = i;
            temp =_____
            while (j > 0 && temp < array[j - 1]) {
                array[j] = _____
                j--;
            }
            array[j] = _____
        }
}
```

(2) 在下列希尔排序函数中，补齐空白处的代码。

```
void ShellSort(int * ptr,int num){
    for(int d=num/2;d>=1;d=_____){
        for(int i=d+1;i<=num;i++){
            ptr[0]=ptr[i];
            int j;
            for(j=i-d;j>0 && ptr[0]<ptr[j];j=_____)
                ptr[j+d] = ptr[j];
            ptr[j+d]=_____
        }
    }
}
```

(3) 下列函数实现的是快速排序算法中的一次划分算法，补齐空白处的代码。

```
int Partition(int * ptr, int first, int end){
    int i=first,j=end;
    while(i<j){
        while(i<j && ptr[i]<=ptr[j])
            _____
        if(i<j){
            ptr[0]=ptr[i]; ptr[i]=ptr[j]; ptr[j]=ptr[0];
            _____
        }
        while(i<j && ptr[i]<=ptr[j])
            _____
        if(i<j){
            ptr[0]=ptr[i]; ptr[i]=ptr[j]; ptr[j]=ptr[0];
            _____
        }
    }
    return i;       //i==j,基准元素已调整到位
}
```

(4) 补齐下列简单选择排序算法实现中空白处的代码。

```
void SelectSort(int * ptr, int num){
    int index;
    for(int i=1;i<num;i++){
        index=i;
        for(int j=i+1;j<=num;j++)
            if(_____)
                index=j;
        if(_____){
            ptr[0]=ptr[i];
            ptr[i]=ptr[index];
            ptr[index]=ptr[0];
        }
    }
}
```

3. 编程题

(1) 编写在基于单链表表示的待排序序列上进行简单选择排序的算法。

(2) 编写快速排序的非递归调用算法。

(3) 编写计数排序算法。计数排序算法的基本思想是，对于给定的输入序列中的每一个元素 x，确定该序列中的元素数值小于 x 的个数。一旦有了这个信息，就可以将 x 直接存放到最终的输出序列的正确位置上。

(4) 一个线性表中的元素为正整数或负整数。设计一个算法将正整数和负整数分开，使线性表的前半部分为负整数，后半部分为正整数。注意：不要求对这些元素排序，但要求尽量减少比较的次数。

(5) 给定 n 个记录的有序序列 $A[n]$ 和 m 个记录的有序序列 $B[m]$，将它们归并为一个有序序列，存放在 $C[m+n]$ 中，试写出这一算法。

参 考 文 献

[1] 王红梅，胡明，王涛. 数据结构(C++版)[M]. 2 版. 北京：清华大学出版社，2011.

[2] 吴克力. C++面向对象程序设计——基于 Visual C++ 2010[M]. 北京：清华大学出版社，2013.

[3] Nell Dale. C++ Plus Data Structures, 3rd Edition. Jones and Bartlett Publishers,Inc. 2003.

[4] Mark Allen Weiss. 数据结构与算法分析：C 语言描述[M] 2 版. 冯舜玺，译. 北京：机械工业出版社，2019.

[5] Sartaj Sahni. 数据结构、算法与应用：C++语言描述[M] 2 版. 王立柱，刘志红，译. 北京：机械工业出版社，2015.